侵蚀沟地面激光扫描与无人机遥感监测技术

李斌兵　冯　林　黄　磊　著

科 学 出 版 社

北　京

内 容 简 介

本书针对实际需求，总结地面激光雷达和无人机技术在黄土高原侵蚀沟监测及水土保持方面的最新研究成果。在地面激光雷达应用方面，系统介绍利用地面激光雷达获取侵蚀沟三维点云数据、点云数据的预处理、DEM构建、地形特征提取以及侵蚀泥沙量估算的方法，并通过实例进行验证。在无人机应用方面，介绍图像三维建模的原理与方法，详细阐述无人机监测侵蚀沟过程中的图像获取、外业实施、内业处理、三维模型建立及精度分析的方法，并在野外侵蚀沟监测中进行应用验证与分析讨论。

本书注重理论与实践相结合，配有大量应用实例，可供水土保持监测、预报和规划相关领域的技术人员与院校师生阅读参考。

图书在版编目（CIP）数据

侵蚀沟地面激光扫描与无人机遥感监测技术 / 李斌兵，冯林，黄磊著．—北京：科学出版社，2018.6

ISBN 978-7-03-057883-9

Ⅰ．①侵… Ⅱ．①李… ②冯… ③黄… Ⅲ．①沟壑－激光扫描 ②沟壑－无人驾驶飞机－航空遥感－监测 Ⅳ．①P931.2

中国版本图书馆 CIP 数据核字（2018）第 127169 号

责任编辑：祝 洁 / 责任校对：郭瑞芝

责任印制：张 伟 / 封面设计：陈 敬

科学出版社 出版

北京东黄城根北街16号

邮政编码：100717

http://www.sciencep.com

北京中石油彩色印刷有限责任公司 印刷

科学出版社发行 各地新华书店经销

*

2018年6月第 一 版 开本：720 × 1000 B5

2018年6月第一次印刷 印张：16 1/8

字数：320 000

定价：105.00元

(如有印装质量问题，我社负责调换)

前　言

侵蚀沟是在长期地理条件和人类活动作用下形成的特殊地貌，包括细沟、浅沟、切沟及冲沟等，黄土高原丘陵沟壑区侵蚀沟的分布面积占沟间地面积的70%左右。侵蚀沟演变过程中剥离了地表的沃土，导致大量土壤的沉淀和退化，并将泥沙淤积于河道，造成地表的割裂，对农业生产、水利安全以及交通出行等造成了极大的危害。

近年来，随着地面三维激光扫描技术及无人机技术的不断成熟，其在黄土高原侵蚀沟监测中的应用逐渐成为水土保持领域关注的焦点和热点。鉴于我国系统介绍三维激光扫描技术、无人机技术在侵蚀沟监测中的理论与技术方面的书籍较少，特别是基于图像的三维建模、三维点云提取谷脊线特征、基于倾斜影像与正射影像的侵蚀沟建模等方面少有涉及，因此亟须相关书籍作为指导，以提高三维激光扫描技术、无人机技术在水土保持领域的应用水平，进而对深入了解侵蚀过程演变、揭示侵蚀机理提供帮助。

本书研究成果主要来自作者主持的国家自然科学基金面上项目“黄土丘陵区切沟侵蚀过程的三维数值模拟研究”(41171224)以及水利部黄土高原水土流失过程与控制重点实验开放课题“黄土沟壑区切沟沟岸侵蚀监测及不确定性研究”(201402)。本书根据近年来野外及室内模拟降雨试验结果，将高精度地面三维激光扫描及无人机技术应用于侵蚀沟监测过程研究，讨论将地面三维激光扫描技术应用于侵蚀沟监测中涉及的关键理论和技术问题，主要内容包括基于地面三维激光扫描技术的数据采集与预处理、地形表面重建、侵蚀沟地形特征提取与分析，以及误差模型与分析等方面的理论与技术介绍，针对现有方法的不足，提出了相应的改进算法与编程实现，并给出三维激光扫描技术在侵蚀沟的形态发育、动态演变、侵蚀量估算及不确定性分析中的应用案例。

本书内容包括三个部分。第一部分为绪论，首先对侵蚀沟监测的内容、目的与意义进行详细说明，其次重点介绍地面三维激光扫描技术与无人机技术及其在侵蚀沟监测中的应用现状。第二部分是地面三维激光扫描技术在侵蚀沟监测中的应用，包含点云数据的获取与预处理、DEM构建、地形特征提取以及侵蚀沟变化分析四个章节。第2章首先介绍激光点云数据的获取与预处理。由地面激光雷达系统组成与原理的介绍开始，而后说明侵蚀沟激光点云数据的获取方法，最后详细说明与分析点云数据的配准拼接、滤波去噪、空洞修补、压缩抽稀等预处理方法。

第3章首先阐述与分析DEM插值算法，然后由实际点云数据构建实验区的DEM并展开分析。第4章首先阐明了基于DEM的地形特征提取方法并进行实验演示，然后基于切沟三维点云计算其法向量、曲率，进而得到三维谷脊线特征并进行实验与分析。第5章主要介绍了基于点云的侵蚀沟变化比较算法泥沙负载量估算与不确定性分析方法。第三部分介绍无人机在侵蚀沟监测中的应用。第6章首先对图像重建技术进行介绍，其次重点分析了基于匹配特征点的稀疏重建与稠密重建等关键步骤，最后通过室内外实验进行检验与分析。第7章采用无人机作为侵蚀沟图像获取手段，基于图像重建技术进行侵蚀沟的建模与分析，详细说明了实验的流程、硬件设备与软件工具、外业实施与内业处理过程，并分别对基于倾斜影像与正射影像的侵蚀沟建模进行了实验与分析。本书写作分工为：第1章由李斌兵、冯林撰写；第2章由冯林、马鼎、柳方明、李斌兵、黄磊撰写；第3章由冯林撰写；第4章由冯林、李斌兵撰写；第5章由冯林、李斌兵撰写；第6章由李俊利、李斌兵、黄磊撰写；第7章由冯林、李斌兵、黄磊撰写；最后由李斌兵汇总定稿，黄磊和冯林参加了书稿文字和图片的整理工作。

作者在切沟侵蚀监测与水土保持预报建模研究过程中，得到了中国科学院水利部水土保持研究所黄土高原土壤侵蚀与干旱地农业国家重点实验室、西安理工大学教育部西北水资源与环境生态重点实验室、水利部黄土高原水土流失过程与控制重点实验室、神木侵蚀与环境试验站、黄河水利委员会天水水土保持科学试验站的积极支持和大力协助。感谢李占斌、郑粉莉、王占礼、李鹏等老师的热情指导，感谢马鼎、李俊利、柳方明、姚京威、刘睿、赵浩浩、薛冰融、唐辉等研究生的努力工作和辛勤劳动。

由于作者水平有限，书中难免有不妥和疏漏之处，敬请同仁批评指正。

作　者

2017年12月

目　　录

第1章 绪　论

1.1 侵蚀沟监测的目的和意义

侵蚀沟是地表径流集中冲刷土壤和母质并切入地表内形成的沟壑。典型的侵蚀沟是一条长而深的沟，它可以分为沟顶、沟底、水道、冲击圆锥及侵蚀沟岸地带等几个部分。沟蚀即侵蚀沟造成的土壤侵蚀，是一种重要的土壤侵蚀类型，主要发生在坡耕地。在坡面侵蚀过程中，径流汇集产生的细沟不断发育、拓宽、加深，形成更长、更深、更宽的沟道，最终农耕过程也无法修复这些沟道，它们由面蚀发育成沟蚀。对沟蚀的研究大都开始于19世纪70年代。Foster(1986)将沟蚀作为一种单独的侵蚀类型进行研究；Horton(1945)与Schumm(1956)给出了沟道产生的临界坡长与发生侵蚀沟道的临界面积的明确定义，为区分沟蚀提供了理论依据。我国学者曾根据坡面侵蚀机理，主要针对黄土高原侵蚀沟对沟道类型进行了分类。朱显谟(1956)从土壤侵蚀的角度，根据沟蚀发展阶段、演变时期和侵蚀强度等，将沟蚀划分为细沟(rills)侵蚀、浅沟(ephemeral gullies)侵蚀和切沟侵蚀，所有的沟蚀发展都是由细沟侵蚀、浅沟侵蚀到切沟侵蚀，它们构成了一个完整的发育体系。

Poesen 等(2003)研究指出，在不同的时空尺度上，侵蚀沟产沙量占整个水蚀产沙量的10%～94%。侵蚀沟剥离了地表的沃土，导致大量土壤的沉淀和退化，并将泥沙淤积于河道，造成了地表的割裂，蚕食了大量的土地，对农业生产、水利安全和交通出行等带来了极大的危害。作为一个人口大国与农业大国，我国也是世界上土壤侵蚀最严重的国家之一。侵蚀的面积广大，强度也较为剧烈，造成的危害非常严重(郑粉莉等，2008)。第二次全国土地调查统计显示，截至2012年底，我国耕地总面积为1.35×10^8hm^2，其中受土壤侵蚀影响的耕地面积高达34.3%，平均年流失耕地表土为33×10^8t，相当于损失了约为1cm厚的耕地表层土。据估算，我国每年因土壤侵蚀造成的经济损失相当于GDP的2.25%(彭珂珊, 2016)。

我国独特的自然地理环境，形成区域特点明显的三大侵蚀类型区，即西北风力侵蚀区、东部水力侵蚀区以及青藏高原冻融侵蚀区(郑粉莉等，2008)。其中，黄土高原是我国乃至全球范围内土壤侵蚀最严重的地区。西北黄上高原丘陵沟壑区侵蚀沟的分布面积占沟间地面积的70%左右(唐克丽等，1991)。黄土高原丘陵沟壑区地质构造特殊、自然条件严峻、生态环境脆弱以及人类活动影响强烈，导致解决该区土壤侵蚀问题至今仍是世界水土保持工作中最具有挑战性的课题。除此以外，作为我国重要的粮食和工业生产基地，随着近百年来东北黑土区土地利用方式的转变，尤其是中华人民共和国成立以来大规模的快速开发和大面积的开荒整治，土壤侵蚀情况也日趋严重。东北黑土区内现有侵蚀沟 25 万多条，侵占耕地 59 万多公顷(张学俭等，2007)。这不仅造成了黑土地资源的丧失，并且威胁该区农业和社会经济的发展。

随着生态环境的不断恶化，防治土壤侵蚀已成为世界各国政府和研究人员共同关注的重要问题，对侵蚀沟的相关研究已引起了国内外学者的普遍重视。研究侵蚀沟的基础是全面认识侵蚀沟，这就需要在不同时空尺度下对侵蚀沟的形态发展、水力特性以及土质特征等进行详细的监测。尤其是对侵蚀沟发育形态的监测，对于了解侵蚀沟的形成机制和发展状况，构建侵蚀沟评估与预测模型具有重要的作用。因此，研究合适的侵蚀沟监测方法对侵蚀沟的形态发展进行监测，对于深入认识侵蚀沟及其发展规律，制订有效的防治政策与措施具有重要意义。

过去技术手段的欠缺，加上侵蚀沟形成和发展的阶段性和复杂机制使得侵蚀沟监测非常困难，已经严重地制约了土壤侵蚀普查、预报和治理。为了解侵蚀沟的形成、发展及估计侵蚀量变化，以往的研究多以数字高程模型(digital elevation model，DEM)为基础，来解释侵蚀沟的形成与周围地形特征关系。借助准确和详细的地形信息，能够帮助人们更好地掌握侵蚀沟在何时、何地出现以及侵蚀沟的形态特征如何随着时间演化。目前，DEM 产品的空间分辨率一般为 1～30m，这个精度难以满足侵蚀沟调查的要求，特别是在人工试验小区内的侵蚀监测。其范围一般为 5m×30m，在如此小的尺度范围内，DEM 很难满足侵蚀沟变化监测的要求。为了捕捉影响沟壑形成和发展的地形微结构变化，DEM 的空间分辨率应该为 5mm～15cm(Schmid et al.，2004)。

1.2 侵蚀沟监测的内容和要求

1.2.1 侵蚀沟监测的内容

1. 侵蚀沟的形态监测

不同类型的侵蚀沟在不同的发展阶段具有不同的几何形态，研究侵蚀沟不同阶段的形态有助于认清土壤侵蚀过程。例如，黄土高原沟壑区在降雨条件下，坡面侵蚀是一个逐渐发展演化的过程。在降雨初期，由于雨滴击溅和坡面薄层水流侵蚀的作用，坡面上主要发生面蚀；随着降雨的进行，坡面逐渐出现跌坎并发展演化成细沟，坡面侵蚀形态由面蚀逐渐向细沟侵蚀演化；随着细沟的发育发展，细沟侵蚀逐渐向切沟侵蚀演变。

通过常用的测量手段可以获得侵蚀沟不同发育阶段的沟长、沟宽、面积和体积等参数，从而了解和掌握不同阶段的沟蚀演变。例如，Hancock 等(2006)利用三维激光地形测量技术进行了切沟沟头定位，获得了较高的精度；Evans 等(2010)利用三维激光扫描仪进行了切沟系统制图和参数提取，也获得了较高的精度。

2. 侵蚀速率监测

侵蚀速率是反映地貌形态变化的重要指标，与地貌形态有着密切的关系。对于人工径流小区侵蚀沟侵蚀速率的监测可直接采用手工、示踪法或三维激光扫描(terrestrial laser scanning, TLS)测量方式；而对于野外切沟、冲沟侵蚀速率的监测可以采用直接法和间接法两类方法(Whitford et al., 2010)。直接法主要进行周期性观测以及对侵蚀沟参数进行定期调查；间接法包括使用不同年份的航空影像或数字高程模型对比等。与直接法相比，间接法在监测较大时空尺度的切沟侵蚀时更有优势。

侵蚀速率监测的传统方法主要采用插钎法或测针观测等，而现代方法多采用三维激光扫描仪、全球定位系统(global positioning system, GPS)、卫星以及航空遥感影像解译等方法。一般来说，插钎法、三维激光扫描仪以及 GPS 技术等方法更适合应用于短期内，进行小范围内的侵蚀沟监测；而遥感影像解译适用于较大时空尺度的侵蚀沟监测，通过不同时段的高分辨率影像，提取侵蚀沟变化特征，从而获得侵蚀沟的侵蚀速率。

于章涛(2005)从侵蚀沟线性特征、面状特征和体积参数出发，研究侵蚀沟的侵蚀速率，通过 GPS 测量数据生成的一维、二维、三维空间形态上的变化来揭示侵蚀速率的快慢，并探讨了侵蚀速率与地形特征的关系。

3. 侵蚀量监测

通过测量采集的点数据经插值处理，运用 GIS 分析功能，结合历史数据进行体积变化计算，从而估算侵蚀量。侵蚀量的估算对于摸清土壤侵蚀程度，分析侵蚀沟形态的动态演变过程，并对制订水土保持措施具有重要意义。侵蚀量的估算从侵蚀钎、纵断面测绘器、水准测量、树根裸露分析、摄影和示踪法等发展到 3S 技术(GPS、GIS、RS)、激光扫描仪的应用。张鹏等(2008)对比分析了高精度 GPS、徕卡(Leica)激光扫描仪和测针板法对坡面侵蚀量的估算精度。对三种测量方法采集的点数据经栅格插值处理，运用三维分析功能进行体积量计算，估算侵蚀量，发现徕卡激光扫描仪估算侵蚀量的精度最高，其误差仅为 4.56%，高精度 GPS 的估算误差为 7.38%，而测针板法为−17.19%。

1.2.2 侵蚀沟监测的要求

侵蚀沟监测是在一定时间尺度内对地理空间对象的监测，因此具有时间与空间两方面的要求。

时间方面，通常侵蚀沟的监测要在一段时间内按照一定的周期进行连续监测。理想的侵蚀沟监测应基于次降雨观测，但是因为难以预知准确的降雨时间，所以监测的代价大，且受降雨影响不便于即时测量。因此，通常是采用暴雨前和暴雨后分别观测，利用高精度测量技术观测侵蚀沟的形态变化，同时记录侵蚀沟产流降雨过程。

空间方面主要包括尺度与精度两项要求。监测的空间尺度主要由研究区域的大小决定，可以是流域内复杂的侵蚀沟系统或单条侵蚀沟。显然，监测的空间尺度越大，监测的工作量越大，代价越高。监测精度则主要由研究目的或相应模型的类型与特性决定。过高的监测精度要求会使监测工作的复杂度、时间以及费用增加，而过低的精度又会造成监测的误差过大，无法满足相应的研究分析需求。因此，需要根据相应的精度要求与实验条件，选定合适的监测技术。

从已有的侵蚀沟研究成果来看，插钎法、三维激光扫描仪和 GPS 技术等方法更多应用于短期(1～2 年)小范围内的侵蚀沟监测；而遥感、航空摄影测量等可以对侵蚀沟进行较大时空尺度的监测(十几年至几十年)。尤其是在时间尺度上，因为短期的侵蚀速率不能代表长期的侵蚀速率，所以高分辨率遥感影像在较大时间尺度的侵蚀速率分析上比实地监测技术更具有优势。但是受到分辨率的限制，对侵蚀沟的短期发展变化还无法进行分析。在我国，目前主要是基于 GPS 技术对侵蚀沟进行短期(1～2 年)的监测，随着技术的发展，近景摄影测量、三维激光扫描甚至无人机(unmanned aerial vehicle, UAV)技术，也逐渐开始在侵蚀沟监测中得到应用。例如，在研究次降雨对侵蚀沟发育的影响时，已经开始应用近景摄影测量和三维激光扫描等高精度地面监测方法。

1.3 常见侵蚀沟监测技术

近年来，侵蚀沟监测技术的不断发展，使得侵蚀沟监测从传统的皮尺、插钎等测量方法，发展到 GPS 技术、三维激光扫描地形测量和高分辨率遥感影像等新技术的应用。

1.3.1 传统皮尺、坡度计监测与地形剖面测量仪

传统皮尺、坡度计监测就是在不同时间，利用皮尺、坡度计沿侵蚀沟每隔一定的距离，测量侵蚀沟的横截面参数(上下截面宽、左右坡度和坡长)以及沟长、沟岸的各种形状参数，以此计算侵蚀沟的体积，比较不同时间的体积变化情况，

从而确定侵蚀沟的土壤侵蚀速率。此方法可以通过测量切沟不同部位的横断面的面积和横断面的间距来获得切沟的体积，具有操作简便的优点。但是此方法只能测量切沟整体体积的变化，无法对沟内具体部位的侵蚀/堆积进行监测。

地形剖面测量仪是研究人员为测量地形剖面而研制的测量设备。早期多为测针式地形剖面测量仪，目前结合激光测距技术，已出现了激光地形剖面测量仪。该方法成本低，但费时费力，测量精度受测量人员专业水平以及侵蚀沟的复杂程度影响，误差具有一定的不确定性。

Casalí 等(2006)分析了使用皮尺和测针式剖面地形测量仪对细沟和浅沟的剖面进行测量时，测量间距对侵蚀沟体积计算误差的影响。结果表明，测量间距为1～5m 时，体积计算误差小于 10%。Castillo 等(2011)分析对比了几种实地测量技术对切沟测量的精度。结果表明，在剖面面积测量方面，激光地形剖面测量仪的误差超过 10%；在体积计算方面，激光地形剖面测量仪的测量值均偏小，且误差较大。

1.3.2 侵蚀针监测

侵蚀针监测是开发建设项目土壤流失监测的一种常用方法，目前根据工程监测需要已有一系列改良的侵蚀针监测方法。传统的侵蚀针监测是在需要监测土壤侵蚀部位相隔一定的距离，钉下一系列侵蚀针，作为侵蚀基准点，并在露出地面的地方做好标记，每隔一段时间记录侵蚀针出露的高度，并以此计算该区域土壤侵蚀量及侵蚀速率,或者利用全站仪准确测量侵蚀针雨季前后的出露高度的变化，以此计算侵蚀量和侵蚀速率(范建容等，2004)。采用侵蚀针进行土壤侵蚀监测，操作简单，易学易用，且监测精度相比皮尺测量更有保障，缺点是侵蚀针位置若固定在易发生崩塌或其他土体不稳的地方,有加剧土体失稳引起土壤侵蚀的可能，且易丢失该侵蚀针的监测数据。

随着光电传感器技术的发展，改进的光电侵蚀针也开始得到发展应用。该设备将光信号转变为电信号，形成可测光电流，根据探针传感器的电压与探针暴露长度呈正比例关系推算侵蚀深度，自动监测土壤侵蚀和沉积过程，连续记录地貌变化(Lawler，1991)。

1.3.3 遥感监测

遥感是一种远离目标，通过非直接接触而判定、测量并分析目标性质的技术。Patton 等(1975)将遥感影像第一次应用于切沟体积计算与侵蚀程度分析中。随着遥感技术的不断发展，遥感监测技术也不断发展完善。通过分析、解译不同时期或者不同来源的遥感图像，可以获得侵蚀沟的形态发展信息，计算出侵蚀沟的体积、侵蚀量和侵蚀速率等。因此，越来越多的研究人员将其应用于侵蚀沟的监测中。

目前，基于遥感影像的米级分辨率切沟侵蚀监测已较为成熟(Daba et al.，2003；Martinez-Casasnovas，2003；Vandaele et al.，1997)。

根据传感器工作方式的不同，遥感器可分为被动式遥感器与主动式遥感器两类。被动式遥感器是一种收集太阳光的反射及目标物辐射的电磁波的遥感传感器；主动式遥感器是向目标物发射电磁波，然后收集目标物反射回来的电磁波的遥感传感器。在遥感系统中，搭载遥感器的工具称为遥感平台。遥感平台包括人造卫星、飞机与无人机和气球等超低空平台。在侵蚀沟监测中，主要可以采用卫星遥感技术与航空摄影测量技术。相对于传统方法，遥感监测技术具有可长期周期性监测以及测量精度可度量等优势，因此相关研究与应用在不断完善与丰富。

1. 卫星遥感

卫星遥感影像具有多光谱特征，空间范围大，具有易于获得不同时间尺度数据的优势。但早期的遥感影像，如 Landsat、SPOT、ASTER、IRS 和 ENVISAT 等的空间分辨率较低，只能用来分析大中型切沟。近年来，高分辨率卫星影像的快速发展以及遥感影像处理技术和 GIS 技术的进步，为研究中小型侵蚀沟及其变化提供了条件，也给开展较大时空尺度的沟蚀研究带来了可能。

Vrieling 等(2007)使用多光谱 QuickBird 影像和实地调查数据验证了 ASTER 影像空间(分辨率 15m)提取切沟的可行性；Shruthi 等(2011)使用卫星影像 IKONOS(多光谱数据分辨率 1m)和立体 GEOEYE-1 数据(全色波段分辨率 0.5m)，创建了基于目标的切沟提取方法，实现了切沟形态的高精度半自动化提取。在我国，闫业超等(2010)依据 Corona(分辨率 2.7m)和 SPOT-5(分辨率 2.5m)影像，对东北典型黑土区 1965～2005 年切沟(长度在 7～8 个像元以上的切沟)的数量进行了统计分析；杜国明等(2011)基于 SPOT-5 影像(分辨率 2.5m)提取切沟信息，对东北黑土区切沟的空间格局分布特征进行了研究；马玉凤等(2009)利用 QuickBird 影像(分辨率 0.61m)和航片，结合 GPS，提取图像信息，并绘制二维和三维图，对青海省共和盆地沙沟河流域典型冲沟进行了不同时间尺度的动态监测；李建伟等(2012)介绍了松辽流域水土保持监测中心站采用3S技术在乌裕尔河和讷谟尔河流域开展大尺度范围内的侵蚀沟动态监测的实践，详细介绍了大尺度条件下侵蚀沟的动态监测技术及研究过程。

以上实践说明，卫星遥感可应用于大范围侵蚀沟发育速率的研究，依据卫星遥感数据还能够对切沟的溯源侵蚀、沟坡横向侵蚀的发展进行监测；但受遥感影像分辨率的影响，将其应用于监测切沟侵蚀速率的研究还不多见，特别是对于垂直的下切侵蚀，现在的研究还无法进行说明。

2. 航空摄影测量

航空摄影测量主要指在一定高度的遥感平台上利用光学摄影技术获取地面沟蚀区域立体像对影像，并根据立体像对获取高程信息，生成 DEM 后纠正航空影像获得正射影像，最后从正射影像上获取侵蚀沟谷信息。航空摄影测量是一种方便、快捷的沟蚀监测方法，其技术关键是保证地面分辨率以及图像的几何精确性。

胡文生等(2004)对摄影测量技术在土壤侵蚀研究中的应用做了总结，回顾和评价了国内外摄影测量技术在土壤侵蚀研究中的应用，对国内外摄影测量的主要产品进行了探讨。研究指出，摄影测量方法在土壤侵蚀研究中具有传统方法不可替代的优势，但成熟技术的引入和广泛应用仍需要进一步的研究。近年来，研究者为了保证地面分辨率，以使沟蚀状况能被最大限度地呈现出来，使用各种方法搭建了各式各样的遥感平台。Ries 等(2003)在西班牙埃布罗盆地中部应用热气球作为遥感平台，在不同的飞行高度(10～300m)和镜头焦距(50mm、28mm)组合下获得比例尺从 1∶100 到 1∶10000 的影像，精度能满足不同侵蚀沟的监测需求。范建容等(2006)利用四川省西昌大箐梁子 1957 年、1979 年和 2000 年的航空影像获取该区侵蚀沟沟长变化信息，并经过野外调查和验证符合实际情况。Marzolff 等(2009)在西班牙半干旱地区利用汽艇和风筝(飞行高度为 40m 左右)作为摄影平台，采用 LPS 8.7 徕卡相机拍摄侵蚀沟形状特征，完成了对侵蚀沟的监测，获得 5cm×5cm 和 7.5cm×7.5cm 的高分辨率 DEM，且保证了监测误差在 0.5 个栅格单元之内。近年来，随着无人机遥感监测系统的成功研制，该技术在环境监测领域的应用也逐渐增多。崔红霞等(2005)利用中国测绘科学研究院研制的无人机遥感监测系统 UAVRS2II，对试验区采用无人机搭载焦距 20mm、视场角为 42°的镜头以定高 300m 飞行获得 10km^2 的地面影像，影像精度高(平面中误差 0.111mm，高程中误差 0.117mm)，满足了摄影测量的精度要求，也能满足侵蚀沟变化信息的监测需求。

国外早期的沟蚀测量采用热气球或飞机在切沟上方飞行，用正射影像技术获得连续的大比例尺的航空相片，但是热气球在高空中的稳定性不高，飞行的忽高忽低及受紊乱气流影响都可能对相片数据的采集造成影响，飞行测量的花费普遍偏高，因此主要用于国家地质调查及地矿测量研究。执行这类航摄任务的手续繁杂、周期较长、成本费用高且经济效益不好，现有的航空摄影专业单位一般很难承担分散的小面积区域测量，限制了摄影测量在水土保持方面的应用。

最近，随着无人机技术的飞速发展，轻小型(重量小于 5kg)、低成本的多旋翼无人机开始广泛应用于低空摄影测量(Lucieer et al.，2014；Mancini et al.，2013；Harwin et al.，2012；Niethammer et al.，2012；Rosnell et al.，2012)，这些无人机可以沿着设定好的航线在固定高度自动地进行摄影测量。李兵等(2008)基于无人机低空遥感平台，通过高清数码相机对测量物体进行拍摄，在对北京市海淀区北安河镇，面积为 1.5km^2 试验区的飞行测量中发现，平面中误差为 ± 0.246m。说明该方法能很好地满足野外测量特别是小区域测量的要求。

1.3.4 高精度 GPS 监测

GPS 以其精度高、速度快以及全天候等优点成为野外快速测量侵蚀沟形态的先进手段。通过 GPS 可以快速准确地对沟蚀区域的监测点定位，确定各点地貌参数，提取监测区域 DEM 信息，从而获取侵蚀沟体积以及相关参数，计算得出侵蚀沟的侵蚀量及侵蚀速率等。GPS 监测具有以下优点：①不受气候等外界条件影响，可常年、全天候监测；②测量点之间可以互不通视，容易实施远距离的精确定位；③可以实现高精度的监测，最高可达 ± 1mm。

相关研究表明，利用高精度 GPS 在小范围内进行实时作业具有速度快、定位精度高的优势，在恶劣的天气下仍然具有良好的稳定性。利用 GPS 对侵蚀沟进行测量时，首先通过野外测量获得沟道的地理坐标和高程信息等地形参数，然后再利用相关 GIS 软件进行数据处理，获得一定分辨率的 DEM 数据。通过对 DEM 的分析与处埋，最终得到侵蚀沟的长度、面积和体积等侵蚀沟形态参数。该监测方法能够对侵蚀沟进行短期的高精度监测，但也存在较大的局限性，主要是野外测量费时费力，主要适用于小范围内切沟的监测，难以应用于大尺度范围的研究(游智敏等，2004)。利用 GPS 进行侵蚀沟的监测，结果的精度主要取决于所建立侵蚀沟 DEM 的质量。而 GPS 测量间距不同，会导致由 DEM 获取的地形信息必然存在很大的不确定性，影响侵蚀监测的准确性。只有确保沟缘线、沟底地形等特征线测量的质量，才能得到高精度的研究结果。因此，选择 GPS 技术监测侵蚀沟变化信息时，应根据监测精度需求确定 GPS 测量点间距。

游智敏等(2004)使用实时动态(real-time kinematic, RTK)GPS 测量技术对东北漫岗黑土区的一条切沟进行侵蚀监测，对切沟形态数据采集及数据匹配进行研究；胡刚等(2004)利用 GPS 技术，在鹤山农场境内对 5 条侵蚀沟进行了 5 次野外数据观测，其研究结果表明采样间距在 2m 左右可以满足东北漫岗黑土区切沟形态测量；何福红等(2006)在长江上游西昌地区马家松坡小流域的研究表明，5m 的测量距离是长江中下游地区描述切沟地形的理想尺度；伍永秋等(2004)在定边县使用高精度 GPS 测量设备 Trimble 4700，获得点间距小于等于 0.2m 的侵蚀沟表面点数据，得出该区侵蚀沟溯源侵蚀速率；张鹏等(2008)采用连续模拟降雨试验，对坡沟系统概化模型进行坡面沟蚀发育过程模拟，再现了坡面片蚀—细沟侵蚀—切沟侵蚀演变过程；李建伟等(2014)选取 3 个典型小流域为研究对象，利用差分 GPS 实地测量获取侵蚀沟 2013 年雨季发育数据，计算各流域 2013 年雨季降雨侵蚀力，分析得到不同流域降雨侵蚀力与侵蚀沟发育的关系。

1.4 地面三维激光扫描技术

1.4.1 三维激光扫描技术发展现状

三维激光扫描设备能用于切沟侵蚀的演变监测，对侵蚀量的估算精度也显著高于传统方法，这使得长期以来切沟侵蚀研究的技术瓶颈在一定程度上有所突破(张鹏等，2008)。通过三维激光扫描设备向需要监测的沟蚀区域发射激光，然后根据接收到的激光回波信号可以计算出地面目标与扫描原点的距离，再根据激光的发射角度，就可以得到目标的空间三维坐标。通过对整个监测区域的扫描，就可以得到该区域的三维坐标点云，最终建立相应的三维地面模型。与其他监测技术相比，三维激光扫描技术具有以下优点。

(1) 数据获取速度快，实时性强。

(2) 数据量大，精度较高。

(3) 主动式测量，能全天候工作。

(4) 全数字数据，易于传输、加工和表达。

利用三维激光扫描设备进行切沟侵蚀监测，首先要在野外测量坡面侵蚀形态，然后利用相关软件对测量数据进行处理，从而获得侵蚀沟不同发育阶段沟长、沟宽、面积和体积等参数，并生成不同阶段的沟蚀演变图像。三维激光扫描技术在切沟横断面测量(Ritchie et al., 1994; Jackson et al., 1988)、沟头定位(Hancock et al., 2006)和切沟系统制图、参数提取方面(Evans et al., 2010)都具有较高的精度。

三维激光扫描技术为快速获得高分辨 DEM 提供了有效的途径，在微观尺度的侵蚀监测方面具有很大的优势。微观地形具有地形表面起伏相对较小，侵蚀过程地形地貌的变化不显著等特点，这就要求对微地形的测量手段具有很高的精确性，而三维激光扫描技术通过非接触、精确扫描获得的点云数据恰好可以满足该要求，同时其非接触性测量的特点可以保证微地形表面在测量过程不被破坏、侵蚀过程不被干扰，保证了侵蚀过程的完整性和自然性。通过对点云数据进行插值生成 DEM，进而通过 GIS 分析可获得集水面积、坡度、地表曲率(curvature)、沟底线及侵蚀沟横截面等，同时也可以计算地表粗糙度、侵蚀沟形态参数及体积变化，从而反映侵蚀沟形态特征和侵蚀量的变化。因此，三维激光扫描技术在土壤侵蚀领域有着广泛的应用前景。近年来，国外学者已将三维激光扫描技术成功用于不同土地类型及不同空间尺度的侵蚀沟调查中。例如，山区(Perroy et al., 2010)、林地(James et al., 2007)、荒漠(Park, 2008)的侵蚀沟调查以及山体滑坡监测(Roering et al., 2009; Hsiao et al., 2004)，应用范围也进一步从浅沟到早期切沟形成阶段的调查。

James 等(2007)尝试利用机载三维激光扫描数据分析两个森林地区的沟系发育状况，并与实地测量的差分 GPS 数据进行了对比。在沟系尺度上，机载三维激光扫描数据提供了精确的地形信息，在细沟等细小地物的识别应用中，误差出现了上升。而在沟壑细节尺度上，透过树木冠层识别沟壑特征的成功率较低。Evans 等(2010)尝试利用高精度的机载三维激光扫描数据提取了英国北部 Bleaklow 高原的沟壑侵蚀分布，并且通过插值方法计算了侵蚀沟的深度信息，而后通过高分辨率遥感影像和实地调查进一步验证了结果的准确性。Perroy 等(2010)的研究表明，机载三维激光扫描技术在估算大尺度切沟侵蚀方面优于地面三维激光扫描技术，但地面三维激光扫描技术可以获得更高的采样点密度。

张鹏等(2008)采用人工降雨试验模拟坡面沟蚀发育过程，证实了三维地面激光扫描仪在沟蚀过程监测和侵蚀量估算方面优于 GPS(Trimble 5700)和测针板法。张姣等(2011)在介绍地面三维激光扫描技术基本原理的基础上，详述了用地面三维激光扫描技术实现沟蚀发育过程动态监测的方法和流程。刘向东等(2013)以大岗山某水电站为例，运用地面三维激光扫描技术对侵蚀沟进行为期三个月的激光扫描监测。通过多次监测扫描得到数据进行建模对比，准确描绘了侵蚀沟的形态变化并计算出了侵蚀沟水土流失量。孙玉柱等(2014)结合地面三维激光扫描技术和 GIS 技术，采用地面三维激光扫描技术动态监测连续 4 场次模拟降雨实验，数据导入 GIS 处理软件并生成 DEM，采用断面分析方法提取坡长方向上单位长度侵蚀沟断面的宽度和深度，分析坡面侵蚀沟发育特征。当前，国内地面三维激光测量技术主要应用于坡面细沟侵蚀的动态监测(霍云云等，2011；张鹏等，2008)，关于切沟侵蚀的监测研究还不是很多。

1.4.2　地面三维激光扫描技术应用于侵蚀沟监测的几个难点问题

1. 点云空洞

首先，三维激光扫描仪在测量侵蚀沟地形时，会受设备自身、自然环境和沟壁地形等因素的影响，特别是当沟壁遮挡严重、存在扫描死角时，获取的地形点云中往往存在部分数据缺失形成点云空洞。其次，传感器与目标距离的远近变化，造成点云的密度不均匀，距离近处密集，距离远处稀疏。点云空洞与密度不均匀的问题都会导致所建立的地表模型不能准确地反映侵蚀沟地形，尤其在点云空洞或点云稀疏区很可能漏掉某些地形特征信息。因此，点云空洞的填补对精确重建地形有重要的意义。要解决点云的空洞问题，除了增设测站努力确保对测量区的完整覆盖外，也可采用将近景摄影测量与地面激光扫描相结合的方法，或通过技术手段对点云空洞进行修补。

2. 点云压缩抽稀

地面三维激光扫描得到的原始点云数据量巨大且密度分布不均匀，数据点通常无组织的杂乱分布，有的区域点云密度很大但并不包含重要的地形特征点，给后续建模、存储以及显示等造成冗余负担。因此，有必要把其中的冗余信息过滤或压缩，使得空间点均匀分布。对此，一方面可在扫描前根据目标物的形状及分辨率要求科学设置扫描参数(采样间隔、分辨率等)，减少相邻测站的重叠，从而精简点云数据；另一方面可在数据采集完成后，利用点云数据压缩算法在确保物体特征完整性的前提下，减少点云数据量。

3. 侵蚀沟地形特征提取

虽然三维激光扫描技术具有便捷、精确的特点，但是该技术得到的原始点云数据规模巨大，并且只有各点的空间位置、激光回光强度等信息，缺乏各点之间的几何拓扑结构信息，从三维点云中直接提取地形特征，如沟底线、沟缘线及横剖面等，还存在很大的困难。目前，有研究者通过由点云建立三角网格或栅格来进行地形特征线的提取，其精度主要取决于所建立的三角网格或栅格的质量。另一些学者尝试直接从点云中提取地形特征线。因为地形特征线的提取与点云的表面重建密切相关，而点云的几何特征对点云的表面重建有着强烈的影响，所以首先需要在缺乏几何拓扑信息的离散点云中计算出相关的几何特征参数，如表面曲率或法向量等，才能进行地形特征线的提取，得到高精度的地形特征。

4. 侵蚀沟体积变化估算的误差问题

侵蚀量通常由侵蚀沟体积变化计算而来，体积计算的常用方法是表面重建方法，即先由散乱点云通过表面重建生成规则格网或进行三角剖分生成不规则格网，然后将格网单元视为平面，分别由每一格网的表面积和高度来计算体积，从而得到侵蚀沟的总体积，再根据两期 DEM 或 TIN 的体积之差就得到了体积变化量，即侵蚀量。点云数据的采集、数据预处理和表面重建都存在影响体积计算精度的因素。首先，DEM 和 TIN 都是对实际地形的无限逼近和近似模拟，不可能完全真实反映地形，在此基础上计算的体积，无疑与实际体积存在误差；其次，DEM 的格网间距直接影响计算精度，但对于复杂地形很难确定合适的格网间距，计算结果往往与实际情况出入较大；最后，不同体积计算方法的精度差别很大(郭景仁等，2014)。体积计算的误差是一个误差传递积累过程，虽然经过严格质量控制和纠正，可把粗差(gross error)剔除并将系统误差减弱到最低程度，但偶然误差却会不可避免地传播至体积计算。一般来说，点云扫描分辨率越高，点云密度越高，体积相对误差越小，结果越精确。

5. 植被识别与滤除

在黄土高原地区，在实施退耕还林等措施后，地表往往覆盖着大量低矮的草本灌丛，利用三维激光扫描设备采集数据时，由于这些低矮植被的遮挡，获得的点云数据难以避免地存在大量植物噪点，真实地面脚点与大量植被点相互混杂、界限模糊、不易区分，给侵蚀沟的建模和几何特征识别带来了很大的挑战。因此，为了构建精确的三维模型，有必要对点云进行滤波处理，在去除植被噪点的同时，尽可能保持侵蚀沟的几何特征。

1.5　无人机图像三维建模技术

1.5.1　无人机图像三维建模技术发展现状

在摄影测量与计算机视觉领域，随着位姿估计(pose estimation)、光束法平差(bundle adjustment)(Hartley et al., 2000)、相机自校准(camera self-calibration)(Pollefeys et al., 1999)以及基于特征和基于区域的图像匹配算法的发展(Furukawa et al., 2010；Hirschmuller，2008；Pierrot-Deseilligny et al., 2006；Lowe，2004)，研究人员实现了通过非量测图像(non-metric images)生成三维模型的方法。该方法主要包括运动恢复结构(structure from motion，SFM)算法与多视图立体视觉(multi-view stereo，MVS)算法两步。SFM 算法能够对相机的参数进行估计，得到稀疏点云(sparse point cloud)数据；多视图立体视觉算法能够根据多视角图像生成对象表面的稠密点云(dense point cloud)。

结合计算机视觉领域的最新进展，通过无人机航空遥感图像可以快速、便捷地生成高精度的三维地形模型。因此，无人机在侵蚀沟的监测领域应用发展迅速。目前，已有许多研究人员通过无人机影像建立的厘米级精度高分辨率三维地形模型对侵蚀沟体积、侵蚀速率估计以及侵蚀沟形态发育分析等应用进行了研究(Peter et al., 2014；D'oleire-Oltmanns et al., 2012；Marzolff et al., 2009)。除了航空摄影以外，也有研究人员使用地面拍摄的影像对侵蚀沟进行三维建模。Gómez-Gutiérrez 等(2006)比较了地面激光雷达(light detection and ranging, LiDAR)与图像三维建模得到的侵蚀沟三维模型。Kaiser 等(2014)研究了摩洛哥地区复杂切沟形态发展的三维建模与侵蚀体积估计。Castillo 等(2014)提出了由 SFM 得到的数字地面模型直接定位切沟的方法。Gómez-Gutiérrez 等(2015)使用基于 SFM-MVS 算法的三维模型重建软件 123D Catch 建立了侵蚀沟的三维点云，获得的点云数据具有密度高、分布均匀的特点。结果表明，该方法实现了厘米级的精度，可以用于侵蚀过程的详细监测。

1.5.2 无人机图像三维建模技术应用于侵蚀沟监测的几个难点问题

1. 视线遮挡

对于坡面切沟等复杂的侵蚀沟，其包含的悬壁、内切沟壁与沟头等立体结构在一般无人机获得的正射航图(相机俯仰角为 90°)中会造成视线遮挡问题(Marzolff et al.，2009)。Liu 等(2016)首次将无人机应用于黄土高原切沟侵蚀的研究中。基于正射航图与地面控制点(ground control point, GCP)，获得了水平中误差 0.5m，垂直中误差 0.2m 的侵蚀沟高分辨率地形数据。但在其研究中也指出，由于坡度陡峭，无人机在岸坡沟谷侵蚀区域存在视角限制，有必要引入倾斜航图克服该问题。

2. 精度评估

在无人机图像三维建模过程中，无人机定位/定向误差、相机拍摄误差以及地面控制点测量误差等都会对最终成果的误差造成影响，因此需要独立的建模误差评估方法。通常可根据参考真实值的不同，分为基于面参考与基于点参考的误差评估方法。基于面参考的误差评估就是将无人机三维重建得到的点云与地面激光扫描等得到的三维点云进行比较，通过点到点距离等评价指标对无人机图像三维建模精度进行评估。显然该方法能够全面评估各区域的建模精度，但也存在地面激光扫描参考数据不易获得的局限。基于点参考的误差评估则是通过地面控制点的测量值(由全站仪、RTK 等获得)与无人机图像构建的三维点云的对应地面控制点坐标的差值作为建模精度的度量。该方法作业量小，便于操作实施，但地面控制点的部署方式与量测方法会直接影响精度评估，因此需要对相关问题进行深入研究。

3. 植被识别与滤除

与地面三维激光扫描技术类似，无人机图像三维建模也会受到植被的影响。在建模过程中，一方面植被在不同视角下的差异较大；另一方面在风吹影响下植被会发生移动。这些都会造成相关区域的建模失败，从而在最终建模成果中形成大片的空洞。而对于无人机图像成功建模得到的三维点云，则与地面三维激光扫描得到的点云类似，可以通过相关算法进行植被点的识别与剔除。

4. 计算开销大

图像三维建模包含特征点提取、特征点匹配、迭代光束法平差以及稠密点云重建等大规模计算处理，对处理器与内存的需求较大。因此，对大规模无人机航图的处理需要从硬件与软件等方面着手提高建模效率，如通过大内存的工作站与计算集群等确保建模的成功展开、通过高性能的 GPU 提高特征点提取等计算密集任务的处理效率、利用图像的定位与定向(position and orientation, POS)信息等辅助信息降低计算复杂度等。

参考文献

陈雷，2002. 中国的水土保持[J]. 中国水土保持, (7): 8-10.

崔红霞，林宗坚，孙杰，2005. 无人机遥感监测系统研究[J]. 测绘通报, (5): 12-15.

杜国明，雷国平，宗晓丹，2011. 东北典型黑土漫岗区切沟侵蚀空间格局分析[J]. 水土保持研究, 18(2): 94-98.

范建容，刘淑珍，周从斌，等，2004. 元谋盆地土地利用/土地覆盖对冲沟侵蚀的影响[J]. 水土保持学报，18(2): 130-132.

范建容，杨阿强，李勇，等，2006. 坡耕地增长对沟谷发育的影响——以四川西昌大箐梁子为例[J]. 山地学报，24(6): 60-64.

郭景仁，王艳林，丁蕾，2014. 基于三维激光扫描数据的不规则实体表面积和体积计算方法[J]. 山东理工大学学报(自然科学版), 28(6): 73-78.

何福红，李勇，张晴雯，等，2006. 基于 GPS 不同测量间距的 DEM 地形信息提取沟蚀参数对比[J]. 水土保持学报，20(5): 116-120.

胡刚，伍永秋，刘宝元，等, 2004. GPS 和 GIS 进行短期沟蚀研究初探——以东北漫川漫岗黑土区为例[J]. 水土保持学报, 18(4): 16-19, 41.

胡文生，蔡强国，陈浩，2004. 摄影测量技术在土壤侵蚀研究中的应用[J]. 水土保持研究, 11(4): 150-153.

霍云云，吴淑芳，冯浩，等，2011. 基于三维激光扫描仪的坡面细沟侵蚀动态过程研究[J]. 中国水土保持科学，9(2): 32-37.

李兵，岳京宪，李和军，2008. 无人机摄影测量技术的探索与应用研究[J]. 北京测绘, (1): 1-3.

李建伟，顾广贺，王岩松，等，2014. 降雨侵蚀力与东北黑土区典型小流域侵蚀沟发育关系研究[J]. 水土保持应用技术, (5): 1-3.

李建伟，孟令钦，白建宏, 2012. 东北典型黑土区侵蚀沟动态监测及实践[J]. 东北水利水电, 30(3): 4-6, 71.

刘向东，周杰，2013. 地面三维激光技术在水土保持监测中的应用[J]. 测绘与空间地理信息, 36(10): 146-147, 150.

马玉凤，严平，王耿锐，等, 2009. 青海共和盆地威连滩冲沟侵蚀遥感监测的初步结果[J]. 水土保持研究, 16(2): 1-5.

彭珂珊, 2016. 我国水土保持在生态文明建设中的实践与思考[J]. 首都师范大学学报(自然科学版), 37(5):58-69.

孙玉柱，郑粉莉，张姣, 2014. 基于 LiDAR 和 GIS 技术的坡面侵蚀沟空间发育分析[J]. 水土保持研究, 21(3): 20-24.

唐克丽，陈永宗，景可, 1991. 黄土高原地区土壤侵蚀区域特征及其治理途径[M]. 北京：中国科学技术出版社.

伍永秋，程宏，2004. 切沟侵蚀的监测[C]. 全国地貌与第四纪学术会议暨丹霞地貌研讨会，海峡两岸地貌与环境学术研讨会: 186-187.

闫业超，张树文，岳书平, 2010. 近 40 a 黑土典型区坡沟侵蚀动态变化[J]. 农业工程学报, 26(2): 109-115.

游智敏，伍永秋，刘宝元, 2004. 利用 GPS 进行切沟侵蚀监测研究[J]. 水土保持学报, 18(5): 91-94.

于章涛, 2005. 东北黑土地四个小流域切沟侵蚀监测与侵蚀初步研究[D]. 北京：北京师范大学.

张姣，郑粉莉，温磊磊，等，2011. 利用三维激光扫描技术动态监测沟蚀发育过程的方法研究[J]. 水土保持通报，

31(6): 89-94.

张鹏, 郑粉莉, 王彬, 等, 2008. 高精度 GPS、三维激光扫描和测针板三种测量技术监测沟蚀过程的对比研究[J]. 水土保持通报, 28(5): 11-15, 20.

张学俭, 武龙甫, 2007. 东北黑土地水土流失修复[M]. 北京: 中国水利水电出版社.

郑粉莉, 王占礼, 杨勤科, 2008. 我国土壤侵蚀科学研究回顾和展望[J]. 自然杂志, 30 (1): 12-16, 63.

朱显谟, 1956. 黄土区土壤侵蚀的分类[J]. 土壤学报, 4(2): 99-115.

CASALÍ J, LOIZU J, CAMPO M A, et al., 2006. Accuracy of methods for field assessment of rill and ephemeral gully erosion[J]. Catena, 67(2): 128-138.

CASTILLO C, ROUSKAS G N, HARFOUSH K, 2011. Online algorithms for advance resource reservations[J]. Journal of parallel and distributed computing, 71(7): 963-973.

CASTILLO D T, JOSEPH J S, THARP A T, et al., 2014. Externalizing and internalizing subtypes of posttraumatic psychopathology and anger expression[J]. Journal of traumatic stress, 27(1): 108-115.

DABA S, RIEGER W, STRAUSS P, et al., 2003. Assessment of gully erosion in eastern Ethiopia using photogrammetric techniques[J]. Catena, 50(2-4): 273-291.

D'OLEIRE-OLTMANNS S, MARZOLFF I, PETER K D, et al., 2012. Unmanned aerial vehicle (UAV) for monitoring soil erosion in Morocco[J]. Remote sensing, 4(11): 3390-3416.

EVANS M, LINDSAY J, 2010. High resolution quantification of gully erosion in upland peatlands at the landscape scale[J]. Earth surface processes and landforms, 35(8): 876-886.

FOSTER G R, 1986. Understanding ephemeral gully erosion[J]. Soil conservation, (2): 90-125.

FURUKAWA Y, PONCE J, 2010. Accurate, dense, and robust multiview stereopsis[J]. IEEE transactions on pattern analysis and machine intelligence, 32(8): 1362-1376.

GÓMEZ-GUTIÉRREZ Á, DE SANJOSÉBLASCO J, LOZANOPARRA J, et al., 2015. Does HDR pre-processing improve the accuracy of 3D models obtained by means of two conventional SFM-MVS software packages? The case of the corral del veleta rock glacier[J]. Remote sensing, 7(8): 10269-10294.

GÓMEZ-GUTIÉRREZ Á, SCHVANS K G, 2006. Channel head location and characteristics using digital elevation models[J]. Earth surface processes and landforms, 31(71): 809-824.

HANCOCK G R, EVANS K G, 2006. Channel head location and characteristics using digital elevation models[J]. Earth surface processes and landforms, 31(7): 809-824.

HARTLEY R, ZISSERMAN A, 2000. Multiple View Geometry in Computer Vision[M]. New York: Cambridge University Press.

HARWIN S, LUCIEER A, 2012. Assessing the accuracy of georeferenced point clouds produced via multi-view stereopsis from unmanned aerial vehicle (UAV) imagery[J]. Remote sensing, 4(6): 1573-1599.

HIRSCHMULLER H, 2008. Stereo processing by semiglobal matching and mutual information[J]. IEEE transactions on pattern analysis and machine intelligence, 30(2): 328-341.

HORTON R E, 1945. Erosional development of streams and their drainage basins; hydrophysical approach to quantitative morphology[J]. Geological society of America bulletin, 56(3): 275-370.

HSIAO K H, LIU J K, YU M F, et al., 2004. Change detection of landslide terrains using ground-based LiDAR data[C]. International archives of photogrammetry and remote sensing: 1-5.

JACKSON T, RITCHIE J, WHITE J, et al., 1988. Airborne laser profile data for measuring ephemeral gully erosion[J]. Photogrammetric engineering and remote sensing, 54(8): 1181-1185.

JAMES L A, WATSON D G, HANSEN W F, 2007. Using LiDAR data to map gullies and headwater streams under forest canopy: South Carolina, USA[J]. Catena, 71(1): 132-144.

KAISIER A, NEUGIRG F, ROCK G, et al., 2014. Small-scale surface reconstruction and volume calculation, of soil erosion in complex moroccan gully morphology using structure from motion[J]. Remote sensing, 6(8): 7050-7080.

LAWLER D M, 1991. A new technique for the automatic monitoring of erosion and deposition rates[J]. Water resources research, 27(8): 2125-2128.

LIU K, DING H, TANG G, et al., 2016. Detection of catchment-scale gully-affected areas using unmanned aerial vehicle (UAV) on the Chinese Loess Plateau[J]. ISPRS international journal of geo-information, 5(12):238.

LOWE D G, 2004. Distinctive image features from scale-invariant keypoints[J]. Intenational journal of computer vision, 60(2): 91-110.

LUCIEER A, TURNER D, KING D H, et al., 2014. Using an unmanned aerial vehicle (UAV) to capture micro-topography of Antarctic moss beds[J]. International journal of applied earth observation and geoinformation, 27(4): 53-62.

MANCINI F, DUBBINI M, GATTELLI M, et al., 2013. Using unmanned aerial vehicle (UAV) for high-resolution reconstruction of topography: The structure from motion approach on coastal environments[J]. Remote sensing, 5(12): 6880-6898.

MARTINEZ-CASASNOVAS J A, 2003. A spatial information technology approach for the mapping and quantification of gully erosion[J]. Catena, 50(2-4): 293-308.

MARZOLFF I, POESEN J, 2009. The potential of 3D gully monitoring with GIS using high-resolution aerial photography and a digital photogrammetry system[J]. Geomorphology, 111(1): 48-60.

NIETHAMMER U, JAMES M R, ROTHMUND S, et al., 2012. UAV-based remote sensing of the Super-Sauze landside: Evaluation and results[J]. Engineering geology, 128(11): 2-11.

PARK A, 2008. Evaluation of Terrestrial LiDAR for monitoring geomorphic change at archaeological sites in grand canyon national[R]. Technical report of the United States Geological Survey: 1384.

PATTON P C, SCHUMM S A, 1975. Gully erosion, Northwestern Colorado: A threshold phenomenon[J]. Geology, 3(2): 88-90.

PERROY R L, BOOKHAGEN B, ASNER G P, et al., 2010. Comparison of gully erosion estimates using airborne and ground-based LiDAR on Santa Cruz Island, California[J]. Geomorphology, 118(3-4): 288-300.

PETER K D, D'OLEIRE-OLTMANNS S, RIES J B, et al., 2014. Soil erosion in gully catchments affected by land-levelling measures in the Souss Basin, Morocco, analysed by rainfall simulation and UAV remote sensing data[J]. Catena, 113(2): 24-40.

PIERROT-DESEILLIGNY M, PAPARODITIS N, 2006. A multiresolution and optimization-based image matching approach: An application to surface reconstruction from SPOT-5 HRS stereo imagery[C]. Proceeding of ISPRS Ankara workshop 2006 "Topographic Mapping from Space":1-5.

POESEN J, NACHTERGAELE J, VERSTERAETEN G, et al., 2003. Gully erosion and environmental change: Importance and research needs[J]. Catena, 50(2): 91-133.

POLLEFEYS M, KOCH R, GOOL L V, 1999. Self-calibration and metric reconstruction in spite of varying and unknown intrinsic camera parameters[J]. International journal of computer vision, 32(1): 7-25.

RIES J B, MARZOLFF I, 2003. Monitoring of gully erosion in the central ebro basin by large-scale aerial photography taken from a remotely controlled blimp[J]. Catena, 50(2): 309-328.

RITCHIE J C, GRISSINGER E H, MURPHEY J B, et al., 1994. Measuring channel and gully cross-sections with an airborne laser altimeter[J]. Hydrological processes, 8(3): 237-243.

ROERING J J, STIMELY L L, MACKEY B H, et al., 2009. Using DInSAR, airborne LiDAR, and archival air photos to quantify landsliding and sediment transport[J]. Geophysical research letters, 36(19): 206-211.

ROSNELL T, HONKAVAARA E, 2012. Point cloud generation from aerial image data acquired by a quadrocopter type micro unmanned aerial vehicle and digital still camera[J]. Sensors, 12(1): 453-480.

SCHMID T, SCHACK-KIRCHNER H, HILDEBRAND E, 2004. A case study of terrestrial laser-scanning in erosion research: Calculation of roughness indices and volume balance at a logged forest site[J]. International archives of photogrammetry, remote sensing and spatial information sciences, 36(8): 114-118.

SCHUMM S A, 1956. Evolution of drainage systems and slopes in badlands at Perth Amboy, New Jersey[J]. Geological society of America bulletin, 67(5): 597-646.

SHRUTHI R B V, KERLE N, JETTEN V, 2011. Object-based gully feature extraction using high spatial resolution imagery[J]. Geomorphology, 134(3-4): 260-268.

VANDAELE K, POESEN J, DESILVA J R M, et al., 1997. Assessment of factors controlling ephemeral gully erosion in southern Portugal and Central Belgium using aerial photographs[J]. Zeitschrift f ür geomorphologie, 41(3): 273-287.

VRIELING A, RODRIGUES S, BARTHOLOMEUS H, et al., 2007. Automatic identification of erosion gullies with ASTER imagery in the Brazilian Cerrados[J]. International journal of remote sensing, 28(12): 2723-2738.

WHITFORD J A, NEWHAM L T H, VIGIAK O, et al., 2010. Rapid assessment of gully sidewall erosion rates in data-poor catchments: A case study in Australia[J]. Geomorphology, 118(3-4): 330-338.

WU Y Q, CHENG H, 2005. Monitoring of gully erosion on the loess plateau of china using a global positioning system[J]. Catena, 63(2-3): 154-166.

第 2 章　激光点云数据的获取与预处理

2.1　地面激光扫描系统简介

地面激光扫描系统是将三维激光扫描仪设置于地面上，对建筑物或地形环境等目标进行测量的 LiDAR 系统。图 2-1(a)为横扫式地面激光扫描系统示意图，图 2-1(b)为纵扫式地面激光扫描系统示意图。地面激光扫描系统采用非接触式高速激光测量方式，以点云的形式获取地形及复杂物体三维表面的阵列式几何图形数据，实时获取的数据具有高密度和高精度等特点。由于扫描范围及角度所限，通常需要综合多个测站的数据才能获得完整的场景信息。

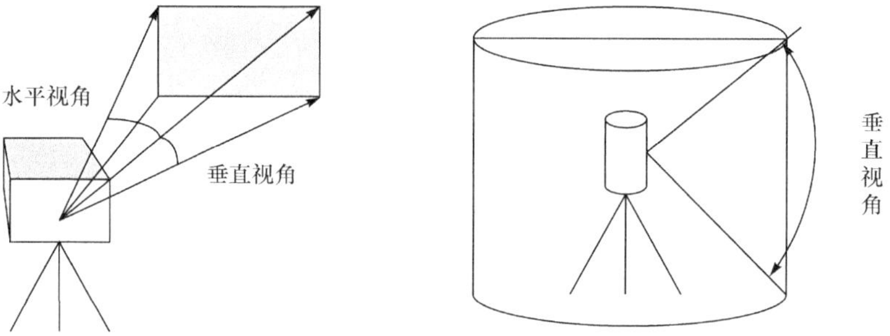

(a) 横扫式　　(b) 纵扫式

图 2-1　地面激光扫描系统示意图

地面激光扫描系统的组成部分主要包括三维激光扫描仪、控制器(计算机)、电源供应系统(发电机)和支架系统等(图 2-2)。其中，扫描仪本身又主要包括激光测距系统和激光扫描系统，同时集成电荷耦合元件(charge-coupled device, CCD)相机和仪器内部控制及校正系统等。扫描仪工作时，首先由激光发射器发射一个脉冲信号，信号经物体表面漫反射之后，沿相同路径反射回接收传感器，并利用精密时钟控制编码器同步获取扫描角度信息，从而可由激光反射时间计算出目标点与扫描仪的距离，同时同步测量每个激光脉冲的横、纵向扫描角度观测值 α、θ。一般地面激光扫描仪还会同步记录接收到的信号强度 I，并经校正后与拍摄的彩色相片结合获得每一激光脚点的 RGB 颜色信息等。

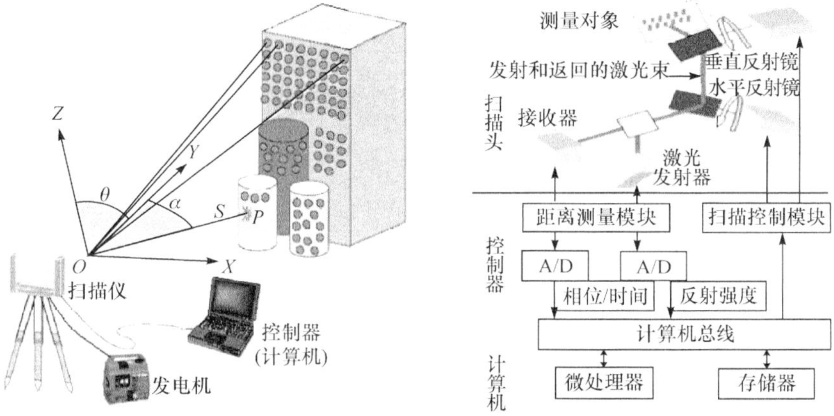

图 2-2　地面激光扫描系统的组成

扫描仪的内部有一个固定的空间直角坐标系统。当在一个扫描站内不能完整测量全部物体而需要在不同位置进行测量，或者需要将扫描数据转换到特定的工程坐标系中时，都需要进行坐标转换。为此，就需要测量一定数量的公共点，用于计算坐标变换参数。为了保证转换精度，公共点一般采用特制的球面标靶或平面标靶，如图 2-3 所示。

图 2-3　点云拼接的球面标靶和平面标靶

三维激光扫描定位的关键是获得扫描中心点到目标的距离 S，其测距精度决定了激光扫描系统的定位精度。另外，三维激光扫描系统还有测量范围、测量速度和测量采样密度等技术指标。目前，激光扫描系统的测距原理主要分为脉冲式、相位式和三角测量式等几种。脉冲式扫描仪使用脉冲测距技术从固定中心沿视线测量距离，其扫描速度较慢，测距范围一般可达几千米，扫描精度受光线影响较小，适用于室外测量，如地形地貌测量、古建筑数字化等；相位式扫描仪利用光学干涉原理进行测量，扫描速度较快，范围较小，点云数量和精度受光线影响较大，主要用于科研、考古和工业测量等；三角测量式扫描仪主要利用立体相机和结构化光源，通过获得两条光线建立立体投影关系进行测量，扫描距离一般为几米到数十米，主要用于工业测量。

2.1.1　激光扫描定位原理

地面激光扫描的测量点定义在仪器自定义的坐标系下，根据测距、测角计算得到测量点坐标。依照扫描方式不同分为横扫式与纵扫式，两种方式的测量原理如图 2-4 所示。

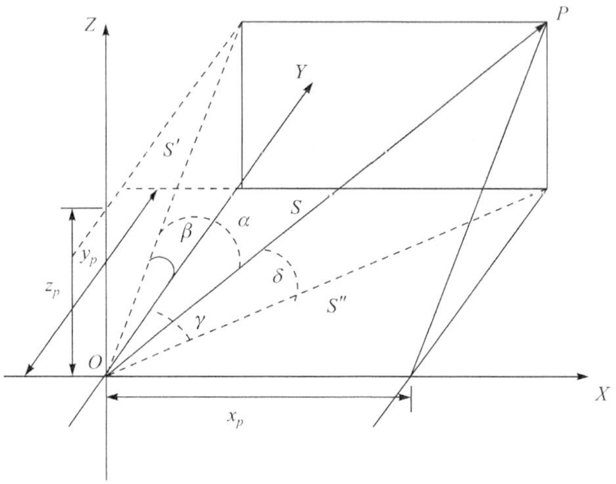

图 2-4　地面 LiDAR 测量原理

横扫式地面 LiDAR 由测距参数与测角参数计算激光脚点的坐标为

$$\begin{cases} x_p = S\sin\alpha \\ y_p = S\cos\alpha\cos\beta \\ z_p = S\cos\alpha\sin\beta \end{cases} \tag{2-1}$$

式中，(x_p, y_p, z_p)为点 P 的空间坐标；S 为点 P 距离扫描点的距离；α 为直线 OP 与平面 Y-O-Z 的夹角；β 为直线 OP 在平面 Y-O-Z 上的投影与 Y 轴的夹角。

纵扫式地面 LiDAR 由测距参数与测角参数计算激光脚点的坐标为

$$\begin{cases} x_p = S\sin\gamma\cos\delta \\ y_p = S\cos\gamma\cos\delta \\ z_p = S\sin\delta \end{cases} \tag{2-2}$$

式中，δ 为直线 OP 与平面 $X\text{-}O\text{-}Y$ 的夹角；γ 为直线 OP 在平面 $X\text{-}O\text{-}Y$ 上的投影与 Y 轴的夹角。

地面激光扫描点云坐标依据式(2-1)与式(2-2)计算得到。若能获得测距与测角的精度，也可通过上式进行误差计算，得到激光脚点的定位精度。

2.1.2　激光扫描点坐标精度

点云的精度无法直接依据扫描点进行检测，只能由仪器给定的测距与测角精度来计算。若已知地面激光扫描系统坐标原点，对于单一测站的数据，可以由点坐标推得测距、测角观测值，并可分析误差传播至点云坐标的过程。

1. 横扫式

根据点的坐标推算测距与测角的关系为

$$\begin{cases} S = \sqrt{x_p^2 + y_p^2 + z_p^2} \\ \alpha = \arctan\left(\dfrac{x_p}{\sqrt{y_p^2 + z_p^2}}\right) \\ \beta = \arctan\left(\dfrac{z_p}{y_p}\right) \end{cases} \tag{2-3}$$

测距与测角误差方差 σ_S^2 、 σ_α^2 、 σ_β^2 的协方差矩阵为

$$\Sigma_{\mathrm{H}} = \begin{bmatrix} \sigma_S^2 & 0 & 0 \\ & \sigma_\alpha^2 & 0 \\ \text{sym.} & & \sigma_\beta^2 \end{bmatrix}_{3\times3} \tag{2-4}$$

假设 σ_S^2 、 σ_α^2 、 σ_β^2 彼此独立，没有相关性，则测距与测角误差传递至点云坐标为

$$\Sigma_{\mathrm{HP}} = J_{\mathrm{H}}\, \Sigma_{\mathrm{H}}\, \Sigma_{\mathrm{H}}\, J_{\mathrm{H}}^{\mathrm{T}} = \begin{bmatrix} \sigma_x^2 & \sigma_{xy} & \sigma_{xz} \\ & \sigma_y^2 & \sigma_{yz} \\ \text{sym.} & & \sigma_z^2 \end{bmatrix}_{3\times3} \tag{2-5}$$

式中

$$J_{\mathrm{H}}=\begin{bmatrix}\dfrac{\partial x}{\partial S} & \dfrac{\partial x}{\partial \alpha} & \dfrac{\partial x}{\partial \beta}\\ \dfrac{\partial y}{\partial S} & \dfrac{\partial y}{\partial \alpha} & \dfrac{\partial y}{\partial \beta}\\ \dfrac{\partial z}{\partial S} & \dfrac{\partial z}{\partial \alpha} & \dfrac{\partial z}{\partial \beta}\end{bmatrix}_{3\times 3} =\begin{bmatrix}\sin\alpha & S\cos\alpha & 0\\ \cos\alpha\cos\beta & -S\sin\alpha\cos\beta & -S\cos\alpha\sin\beta\\ \cos\alpha\sin\beta & -S\sin\alpha\sin\beta & S\cos\alpha\cos\beta\end{bmatrix} \tag{2-6}$$

2. 纵扫式

根据点的坐标推算测距与测角的关系为

$$\begin{cases} S=\sqrt{{x'_p}^2+{y'_p}^2+{z'_p}^2}\\ \alpha=\arctan\left(\dfrac{x'_p}{y'_p}\right)\\ \beta=\arctan\left(\dfrac{z'_p}{\sqrt{{x'_p}^2+{y'_p}^2}}\right)\end{cases} \tag{2-7}$$

测距与测角误差的方差 σ_S^2 、σ_γ^2 、σ_δ^2 的协方差矩阵为

$$\Sigma_{\mathrm{V}}=\begin{bmatrix}\sigma_S^2 & 0 & 0\\ & \sigma_\gamma^2 & 0\\ \text{sym.} & & \sigma_\delta^2\end{bmatrix}_{3\times 3} \tag{2-8}$$

假设 σ_S^2 、σ_γ^2 、σ_δ^2 彼此独立，没有相关性，则测距与测角测量误差传递至点云坐标为

$$\Sigma_{\mathrm{VP}}=J_{\mathrm{V}}\,\Sigma_{\mathrm{V}}\,J_{\mathrm{V}}^{\mathrm{T}}=\begin{bmatrix}\sigma_{x'}^2 & \sigma_{x'y'} & \sigma_{x'z'}\\ & \sigma_{y'}^2 & \sigma_{y'z'}\\ \text{sym.} & & \sigma_{z'}^2\end{bmatrix}_{3\times 3} \tag{2-9}$$

式中

$$J_{\mathrm{V}}=\begin{bmatrix}\dfrac{\partial x'}{\partial S} & \dfrac{\partial x'}{\partial \gamma} & \dfrac{\partial x'}{\partial \delta}\\ \dfrac{\partial y'}{\partial S} & \dfrac{\partial y'}{\partial \gamma} & \dfrac{\partial y'}{\partial \delta}\\ \dfrac{\partial z'}{\partial S} & \dfrac{\partial z'}{\partial \gamma} & \dfrac{\partial z'}{\partial \delta}\end{bmatrix}_{3\times 3}=\begin{bmatrix}\sin\gamma\cos\delta & S\cos\gamma\cos\delta & -S\sin\gamma\sin\delta\\ \cos\gamma\cos\delta & -S'\sin\gamma\cos\delta & -S\cos\gamma\sin\delta\\ \sin\delta & 0 & S\cos\delta\end{bmatrix}_{3\times 3} \tag{2-10}$$

2.1.3　点云数据的特点

激光点云数据是表达目标表面空间三维信息的点集合。三维激光扫描系统获取的激光点云数据，一般包含三维坐标、光谱颜色和强度等三类信息。与影像数据不同，激光点云数据在结构及内容等方面具有以下特点。

(1) 离散数据结构：三维激光扫描系统获取的激光点云通常为散乱形态，点与点之间不存在联系，总体呈离散分布。其散乱形态不同于栅格格式的数字影像，各点之间的空间位置并不规则。离散数据结构有利于表现高程随机变化，但会对数据组织处理造成负担。

(2) 信息容量丰富：目前的三维激光扫描系统在量测扫描目标空间位置(X, Y, Z)的同时，其激光接收传感器和自带的 CCD 相机可同步获取目标表面的激光反射强度(I)及颜色信息(R, G, B)。激光回光强度信息能够反映目标表面材质对激光脉冲的反射特性，目前在点云分类中已得到部分应用。

(3) 点云密度不均匀：地面激光扫描系统是按照水平和垂直方向等角度间隔采样，得到的扫描数据通常呈扇形分布，因此导致点云密度极不均匀；机载激光扫描系统虽然采用分带扫描，但同一扫描带中的数据分布也并非均匀。造成这种情况的主要原因是激光扫描系统所采用的扫描方式。不考虑地形起伏的影响，在钟摆扫描方式中，反射镜的加速/减速造成扫描带两侧数据密度大，中间部分稀疏，而且随着扫描角度的增大，不均匀性更加显著；在旋转棱镜扫描方式和光纤扫描方式中，扫描线方向上的光斑密度要大于垂直扫描线上方向的密度。此外飞行速度、扫描仪与地形/地物的相对位置/方向等因素也会使点云密度分布不均匀。

2.2 激光点云数据的获取

2.2.1 点云采集与处理作业流程

由于三维激光扫描设备较为昂贵，使用成本较高，因此在具体数据采集工作之前，需要制订详细的工作计划，并做好相应的工作准备。

首先根据扫描对象的不同和精度的具体要求选择合适的扫描设备。通常机载激光扫描设备搭乘飞机应用于大范围野外地形作业，如山林、城市和海岸等大幅空间，同时只需要每平方米有数个激光脚点即可满足需求；而地面激光扫描设备则应用于小场景高精度作业，如室内空间、建筑物和小区域地面等，要求数据采样密度大且精度高。

机载激光扫描作业尤其需要提前做好计划，准备到位，包括测区资料收集、设备准备、确定飞机航行路线、飞行高度及速度以及确定地面 GPS 基站的位置。

不同于机载系统，地面激光扫描作业准备工作主要有确定恰当的采样密度、大致确定扫描仪至扫描目标的距离、确定设站数及每一站设站位置以及设立标靶等；扫描完成之后，现场分析获取的数据是否大致满足要求，进行初步的质量分析控制，以上工作统称为外业工作；之后转入后期数据处理，称为内业工作。地面三维激光扫描工作流程如图 2-5 所示。

通常地面激光扫描设备需要进行多站扫描，才能完整扫描目标表面。由于涉及后续点云数据的多站配准拼接，需要解决参数求解问题，因此每两站之间至少需要三个公共点进行坐标转换。实际作业中，在条件允许下通常设立四个(一个用作检查或备份)甚至更多的球面标靶或平面标靶，以其拟合中心作为公共点。

标靶的布设需要注意以下几点：①标靶应在每站扫描开始前布设，不宜布设过早，以避免标靶被挪动或者丢失；②标靶应在整个测区内均匀布设，避免扫描时三个标靶共线或共面，须保证其相互之间的非线性关系，否则无法解算参数；③自制平面标靶布设要保证控制在一定的入射角内，如果标靶与扫描仪测量光线的入射角度过大，将无反射信号。

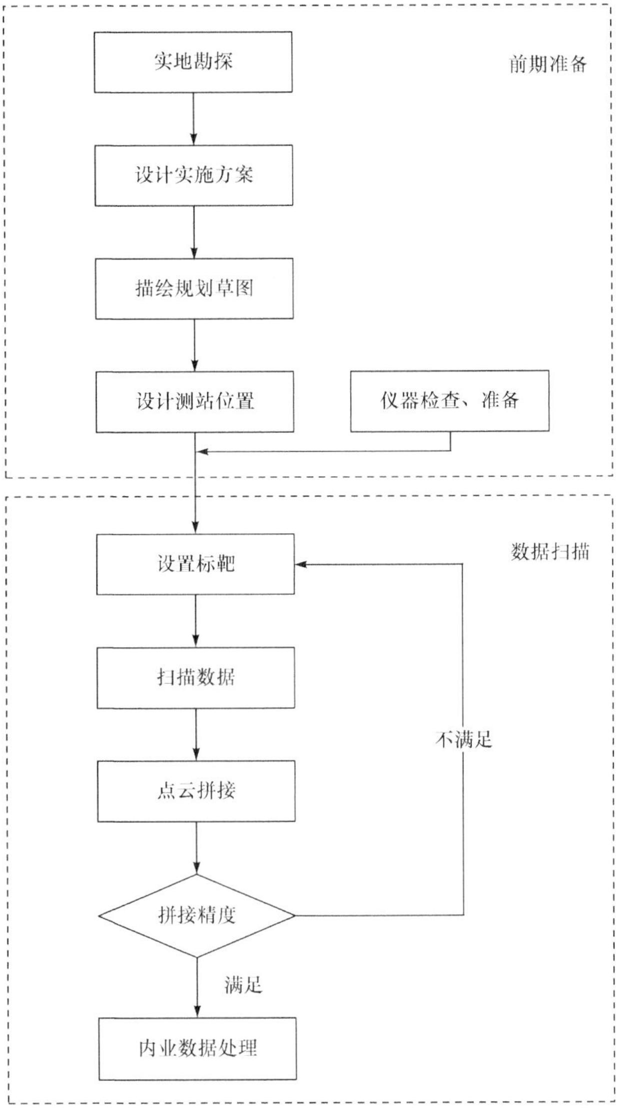

图 2-5　地面三维激光扫描工作流程

点云数据的处理包括数据采集、点云滤波去噪、点云空洞修补、点云配准拼接、点云建模和特征提取及应用六个处理流程(图 2-6)。点云数据中不可避免地存在一定的噪声，包含各种空洞，原始点云数据如果不经处理，直接应用于三维仿真建模，不仅会导致模型的畸变失真，还会严重制约海量点云的处理效率。此外，由于扫描场景的复杂、物体间的遮挡以及扫描仪视场角的限制等，必须在多个方向和角度扫描得到多站点云数据，再通过点云配准将其转换到同一坐标系下。因此，点云数据预处理在点云数据处理流程中至关重要，主要包括点云滤波去噪、点云空洞修补以及点云配准拼接等。

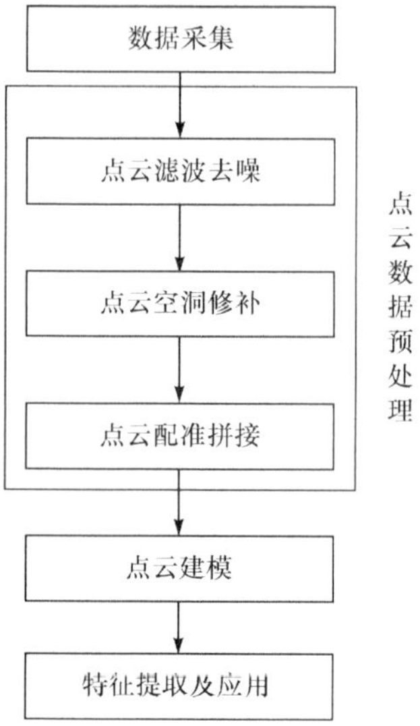

图 2-6　点云数据处理流程

2.2.2　实验数据采集

桥子沟流域位于天水市秦城区北郊，系渭河水系藉河北岸罗玉沟下游左侧一小沟谷，属黄土丘陵沟壑区第三副区。该流域面积 2.45km^2，按地形分为桥子沟东、西两条独立的支毛沟，以梁状丘陵地貌为主，从梁顶到沟谷边缘基本构成了滑坡体，形成了陡崖和台阶地等，在重力、水力侵蚀和地下水潜蚀的长期作用下，沟道切割发育强烈，地表支离破碎，切沟发育良好，夏秋暴雨时节，未经治理的切沟沟壁极易发生严重崩塌、滑塌和泻溜现象，而沟床下切侵蚀轻微(黄河水利委员会天水水土保持科学试验站，2004)。桥子沟流域自然植被主要包括禾本科、菊科和豆科等草本植物，并有少量沙棘分布，人工种植作物有春小麦、洋芋、胡麻和豌豆等，通过实地调查，选择甘肃省天水市桥子沟流域的一条典型切沟为研究对象(图 2-7)。

数据采集工作开始前，首先进行以下几个方面的准备工作。

1) 布设标靶点

通过对桥子沟切沟四周地形进行勘察，在地形相对稳定、通视情况较好的六处地点布设标靶点，作为数据拼接和坐标系统一的标准。利用 GPS 测量设备获得六个标靶点的经纬度坐标及海拔(表 2-1)。

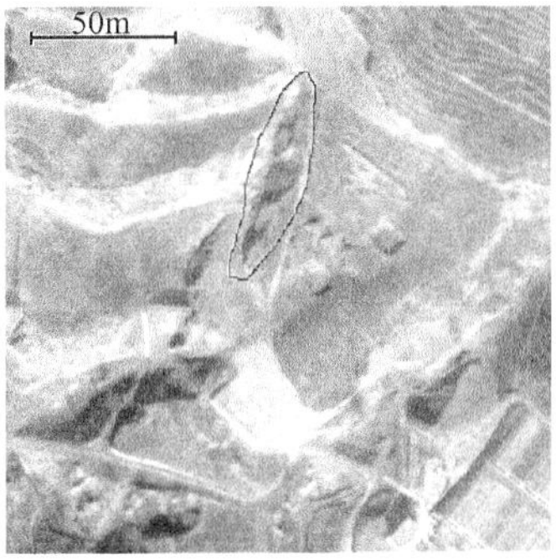

(a) 桥子沟流域全色影像上显示的切沟

(b) 切沟的照片

图 2-7　桥子沟流域切沟照片

表 2-1　标靶点经纬度坐标及海拔

标靶点	东经/(°)	北纬/(°)	海拔/m
B1	105.717250	34.616470	1485
B2	105.717292	34.616474	1482
B3	105.717320	34.616523	1491
B4	105.717395	34.616534	1488
B5	105.717433	34.616521	1490
B6	105.717375	34.616351	1482

2) 布设扫描站点

在选择扫描站点时，如果扫描站点过少或位置不当，则在沟底和沟壁部分地形会出现激光不能到达的盲区而造成点云数据的缺失，形成空洞，难以呈现完整切沟地貌。通过现场勘察、绘制出扫描草图，确定在切沟周围分别布设五个扫描站点，对五个站点分别进行激光扫描基本能完整覆盖切沟，图 2-8 即为绘制的扫描站点布设草图。

3) 扫描设备

扫描仪的性能指标主要体现在扫描倾角、速度以及距离等参数上，所用设备为瑞士徕卡公司生产的 HDS 6100 型三维激光扫描仪(图 2-9)，其主要性能指标如表 2-2 所示。

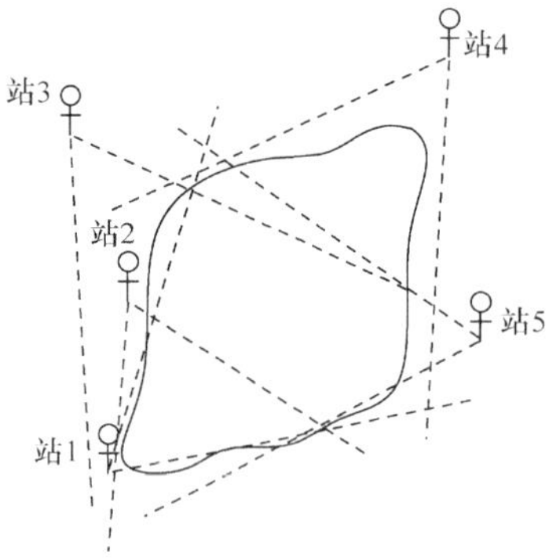

图 2-8　扫描站点布设草图

图 2-9　徕卡 HDS 6100 型三维激光扫描仪

表 2-2　徕卡 HDS 6100 型三维激光扫描仪主要性能指标

厂商	扫描距离/m	扫描速度/(万点/s)	扫描角度	质量/kg
瑞士徕卡公司	50(18%的目标反射率) 79(90%的目标反射率)	50	360°×310°	32.5

实验切沟的数据获取过程如图 2-10 所示。图 2-10(a)为桥子沟流域遥感影像，其中圈示的是实验切沟在桥子沟流域的位置。该切沟位于东经 105°43′2″，北纬 34°36′59″，切沟长 34m，沟头深 0.9m，宽 6.6m，坡度 21°，沟底下方有一陡坎，长 4 m、宽 1 m、深 0.8 m，断面呈典型的 V 字形。利用 HDS 6100 型三维激光扫描仪对实验切沟进行初始扫描，分别在切沟上游及下游设立五个测站，扫描精度达 1mm，图 2-10(c)为获得的切沟点云，五站扫描共获得脚点 2805401 个，测区面积为 732.19287 m^2，测区内平均点密度为 3831.5 个/m^2。

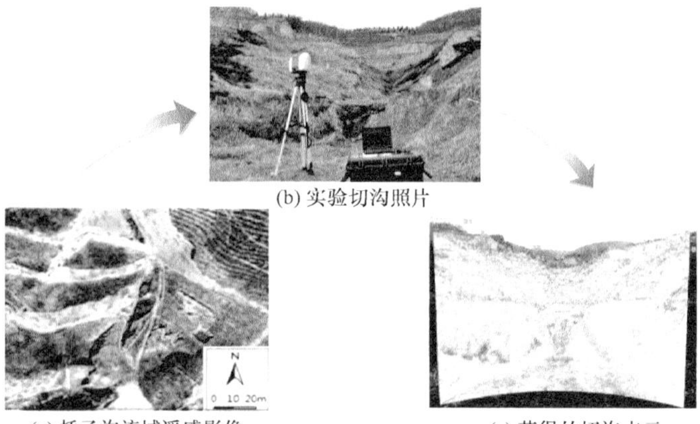

(b) 实验切沟照片

(a) 桥子沟流域遥感影像

(c) 获得的切沟点云

图 2-10　实验切沟的数据获取过程

2.3　激光点云数据的配准拼接

在使用地面三维激光扫描仪采集点云数据时，由于地物遮挡及扫描角度限制，通常一站扫描并不能得到目标表面的完整信息，这就需要作业人员在不同位置布站测量，即多站式扫描，也称多视点扫描。不同视点下的点云数据具有各自独立的坐标体系，需要利用点云配准拼接技术，将多站扫描数据通过坐标转换融合在同一坐标系下，以获得物体表面连续完整的信息。点云配准拼接是三维激光扫描中数据预处理的关键问题之一，即配准的好坏直接影响到后续的数据处理及三维建模。

点云的配准拼接方法可分为两类：无特征的点云配准拼接以及基于特征的点云配准拼接。无特征的点云配准拼接的实质是利用算法寻找两个点集之间的对应点，不依赖外部条件实现点集坐标转换，其典型代表就是迭代最近点(iterative closest point，ICP)算法；基于特征的点云配准拼接在实际中应用较为广泛，相对于无特征的点云配准拼接，其优点在于无须设计算法寻找两个点集中点元素的对应关系，利用若干(三个以上)同名点对(即特性点对)，解算坐标转换方程，然后将集合中所有点代入方程计算。基于特征的点云配准拼接方法操作简便，大大降低了配准计算的时间复杂度，但其配准精度严重依赖于特征点对的提取精度。多数工程项目采取预先设立的标准靶点的方式构造人工特征点，其靶点精度高，布设灵活，在保证特征点精度的同时大大降低了后期特征点提取的时间成本。

2.3.1　无特征的点云配准拼接原理

Horn(1987)、Arun 等(1987)首次提出将四元数的概念应用于点集配准问题，其重要意义影响深远。随后，Besl 等(1992)在四元数概念的基础上提出了 ICP 算法，并将该算法应用到激光点云数据的配准拼接中，解决了多站点云数据的无特征配准拼接问题。其后，不断有学者针对 ICP 算法在实践中的应用问题，提出多种改进的点云配准拼接算法，为无特征的点云配准拼接提供了坚实的技术支撑。

ICP 算法主要解决基于自由形态曲面的配准问题，基本思路是在对应点云中搜索最邻近点对，利用找到的最邻近点对计算刚体变换参数，点对的搜索和变换参数的解算都是迭代计算过程。也就是通过多次迭代计算逐步确定精确的最近点点集，然后利用坐标转换方程求解转换参数，实现点云数据间的精确配准。该算法假设转换参数向量为

$$X = \begin{bmatrix} q_0 & q_x & q_y & q_z & t_x & t_y & t_z \end{bmatrix}_i^{\mathrm{T}} \tag{2-11}$$

部分参数满足式(2-12)，即

$$q_0^{\ 2}+q_x^{\ 2}+q_y^{\ 2}+q_z^{\ 2}=1 \tag{2-12}$$

迭代时的点集初值为

$$A_0(X_0)=R(X_0)A+t(X_0)=A \tag{2-13}$$

式中，A 表示初始点云。参数向量 X 的初始值为

$$X_0=[1\ 0\ 0\ 0\ 0\ 0\ 0]^{\mathrm{T}} \tag{2-14}$$

ICP 算法的具体处理过程如下。

第一步：计算点云 A_k 中的所有脚点在自由形态曲面 S 上对应的最近点点集 B_k。

第二步：通过解算点云 A 到点云 B 的坐标转换参数，得到参数向量 X_{k+1}。

第三步：利用参数向量 X_{k+1} 对点云 A_k 进行坐标转换，生成新的点云 A_{k+1}。

第四步：按式计算参数向量 X_{k+1} 中各参数的距离平方和值，记作 f_{k+1}。

第五步：设立阈值 t，判断参数距离平方和的变化是否小于阈值 t，若是，则停止迭代，判断准则可表示为

$$f_k-f_{k+1}<t \tag{2-15}$$

近几年，ICP 算法不断得到补充完善。其中，孟禹(2012)认为经典的 ICP 算法中将最近点作为对应点进行匹配不完全合理，提出自适应距离阈值的 ICP 算法，距离阈值随迭代多次的深入会自适应变小，避免统一阈值下出现不合理的对应点对，影响配准精度。蒋成成等(2009)针对大数据集配准中 ICP 算法时间效率低下的缺点，提出改进后的 Delaunay-ICP 点云配准算法，利用 Delaunay 剖分原理降低 ICP 算法中寻找最近对应点的时间复杂度，从而大大降低 ICP 算法的计算时间。此外，Andrew 等(1999)在早期的 ICP 算法研究中就提出基于彩色三维扫描数据点纹理信息的数据配准方法，该方法另辟蹊径，尝试利用点云数据中包含的纹理色彩信息进行 ICP 最近点搜索，对点云的无特征配准研究很有启发。

2.3.2 基于特征的点云配准拼接原理

基于特征的点云配准拼接问题类似于将两组点云数据做一一映射，其与无特征的点云配准拼接的区别在于运用了规律探索法，即根据已知的若干同名点对求解两者间的映射关系，然后将此映射规律应用于整个点云配准拼接之中。

假设两站点云数据分别为 A、B，任意 $P_i(x, y, z)\in A$，$Q_i(X, Y, Z)\in B$，且 P_i、Q_i 为同一物体在不同坐标系下的坐标，其关系满足式(2-16)，即

$$\begin{pmatrix}X\\Y\\Z\end{pmatrix}=R(\alpha\ \beta\ \gamma)\begin{pmatrix}x\\y\\z\end{pmatrix}+\begin{pmatrix}x_0\\y_0\\z_0\end{pmatrix} \tag{2-16}$$

式(2-16)被称为六参数法空间变换公式，是点云配准的基本公式。其中，α、β、γ 为三个旋转角参数，x_0、y_0、z_0 为三个平移参数。通常，在激光点云多站配准中不存在尺度变换参数。三个旋转参数的选择矩阵分别可表示为式(2-17)、式(2-18)和式(2-19)，即

$$R_x(\alpha)=\begin{bmatrix}1 & 0 & 0\\ 0 & \cos\alpha & \sin\alpha\\ 0 & -\sin\alpha & \cos\alpha\end{bmatrix} \tag{2-17}$$

$$R_y(\beta)=\begin{bmatrix}\cos\beta & 0 & \sin\beta\\ 0 & 1 & 0\\ -\sin\beta & 0 & \cos\beta\end{bmatrix} \tag{2-18}$$

$$R_z(\gamma)=\begin{bmatrix}\cos\gamma & \sin\gamma & 0\\ -\sin\lambda & \cos\gamma & 0\\ 0 & 0 & 1\end{bmatrix} \tag{2-19}$$

合并式(2-17)～式(2-19)可得三维旋转矩阵为

$$R=\begin{bmatrix}\cos\beta\cos\gamma & \cos\beta\sin\gamma & \sin\beta\\ -\cos\alpha\sin\gamma-\sin\alpha\sin\beta\cos\gamma & \cos\beta\sin\gamma & \sin\alpha\cos\beta\\ \sin\alpha\sin\gamma-\cos\alpha\sin\beta\cos\gamma & -\sin\alpha\cos\gamma-\cos\alpha\sin\beta\sin\gamma & \cos\alpha\cos\beta\end{bmatrix} \tag{2-20}$$

利用三个以上的已知同名点对，可运用最小二乘法优化目标函数，解算出 α、β、γ 三个旋转角参数，并同时求得 x_0、y_0、z_0 三个平移参数。

基于特征的点云配准拼接过程最关键的步骤是选取同名点对，同名点对的提取精度直接影响解算出的转换参数质量。通常采取的简便做法是选取两站点云中均存在的同一明显特征，通过人工直接提取同名点对。有时为提高同名点对的提取精度，也会采用三个规则几何平面求交点的方法作为同名点。另外，在实际应用中，多数扫描作业会预先设立标准靶点，方便后期的点云配准及精度评价。利用标靶作为特征点配准点云时，需要提取不同视点下同一标靶几何中心的空间坐标，将其作为同名点对，不仅方便快捷，更重要的是可保证提取精度。常用的标靶有球面标靶和平面标靶，如图 2-3 所示。选取合适的控制点后就可以解算出三个旋转角参数和三个平移参数，从而获得坐标转换方程，将各站的全部点云数据点代入转换方程计算配准拼接后的新坐标，配准拼接过程如图 2-11 所示。

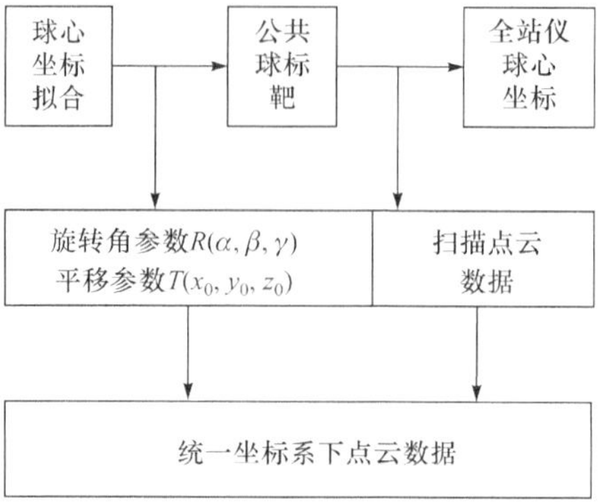

图 2-11　基于特征的点云配准拼接流程图

无特征的点云配准拼接和基于特征的点云配准拼接方法根据各自特点，应用范围也随之不同。无特征的点云配准拼接方法主要是基于 ICP 算法，在点云的二次配准中应用较多，适用于精度要求较高的扫描作业，但该方法对算法性能要求极高，计算复杂，在点云数据量大的情况下配准效率低，同时其配准精度及迭代收敛性十分依赖于数据初始拼接位置，容易出现误配情况；而基于特征的点云配准拼接操作简便，能够满足快速建模的需求，特别适合小场景扫描作业，但在大范围的扫描任务中，由于特征点坐标存在绝对误差，误差经过多次传递，最终导致配准精度不可接受,因此基于特征的点云配准需要严格控制特征点的提取精度。

2.3.3　点云配准拼接实例

点云配准拼接实验数据为 2.2.2 小节中的切沟点云数据，共有五站数据。以其中站 1(切沟下游向上扫描)和站 4(切沟上游向下扫描)两站数据为例，进行配准拼接，所得两站点云数据如图 2-12 所示。

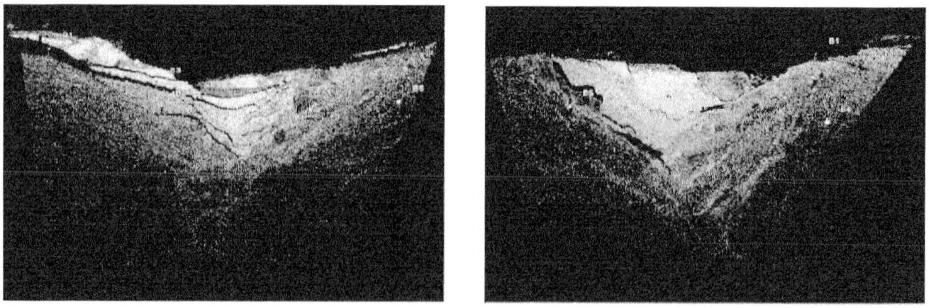

(a) 站1数据(切沟下游向上扫描)　　(b) 站4数据(切沟上游向下扫描)

图 2-12　两站点云数据

理论上，配准拼接时只需三个特征点便可满足要求，实验时在测区内布设了六个球面标靶(拼接时可选择误差较小的三个)，目的是提高点云配准精度，减小坐标转换过程中带来的误差。首先，利用 Cyclone 6.0 软件对标靶点云进行模拟合成，分别命名为 B1、B2、B3、B4、B5 和 B6。其中，B4 标靶点拟合前后效果对比如图 2-13 所示。

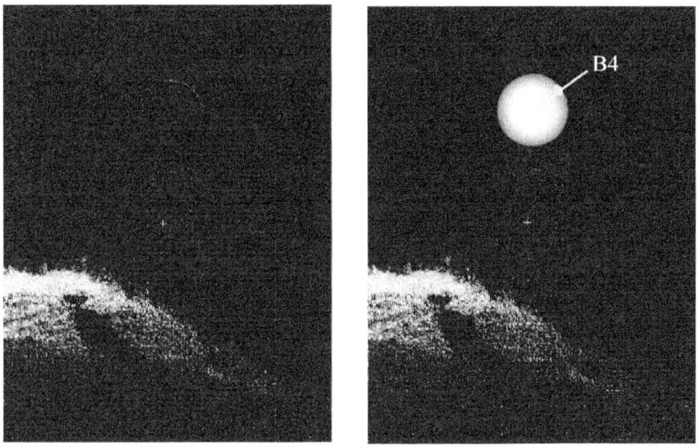

(a) 原始点云　　(b) 拟合标靶球

图 2-13　B4 标靶球心坐标拟合

其次，在每站点云数据中均拟合出六个球形标靶的三维坐标，但经点云拟合生成的标靶坐标存在一定的误差，每一标靶的空间位置在两次拟合中不会完全重合。因此，在点云拼接之前，需要检查同一标靶在两站数据中的坐标偏差。若偏差太大，应舍弃该标靶。利用 Cyclone 6.0 软件进行标靶检查，结果如图 2-14 所示。

Constraint ID	Sca...	Sc...	Type	Status	Weight	Error	Error Vector
TargetID: B3	Sca...	Sc...	Coinci...	On	1.0000	0.001 m	(0.000, 0.001, 0.001) m
TargetID: B2	Sca...	Sc...	Coinci...	On	1.0000	0.002 m	(-0.001, -0.001, -0.001) m
TargetID: B4	Sca...	Sc...	Coinci...	On	1.0000	0.003 m	(-0.002, -0.001, 0.000) m
TargetID: B1	Sca...	Sc...	Coinci...	On	1.0000	0.003 m	(0.003, 0.002, 0.000) m
TargetID: B6	Sca...	Sc...	Coinci...	Off	1.0000	0.007 m	(-0.007, -0.001, -0.003) m
TargetID: B5	Sca...	Sc...	Coinci...	Off	1.0000	0.191 m	(-0.012, -0.004, 0.191) m

图 2-14　标靶配准精度

由图 2-14 可知，将六个标靶点的坐标偏差按升序排列，其中，B3 标靶点偏差最小，仅为 0.001 m，B5 标靶点偏差最大，达到 0.191 m。实际应用中，存在至少三个特征点对即可满足配准需求，因此舍弃偏差较大的 B5、B6 标靶点，其余四个标靶点参与配准拼接。拼接后的完整切沟点云如图 2-15(c)所示，图 2-15(a)为第 1 站点云数据，图 2-15(b)为第 4 站点云数据。

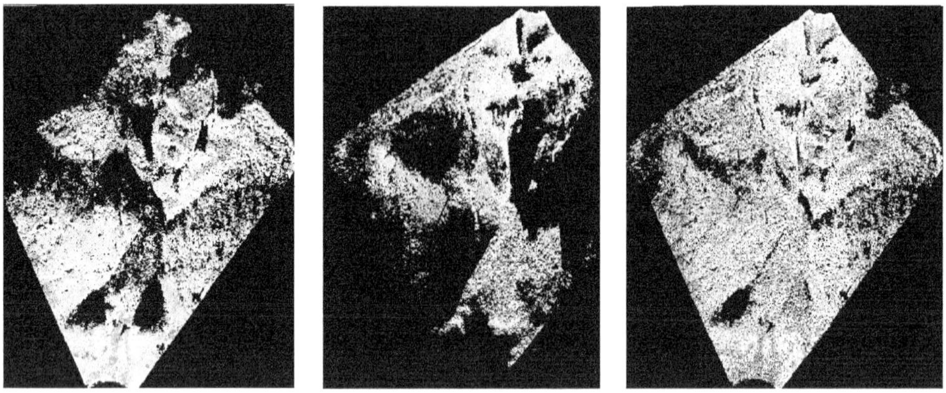

(a) 第1站点云数据　　(b) 第4站点云数据　　(c) 拼接后的完整切沟点云

图 2-15　点云配准拼接结果

实验利用四个标靶作为特征点，进行了点云的配准拼接，将两站点云数据统一在同一空间直角坐标系下。实际应用中，有时也需要得到点云数据的大地坐标系，对比可以通过 GPS 定位仪测量标靶球心的 WGS84 大地经纬度及海拔，如表 2-3 所示。根据标靶的大地坐标，可通过空间变换，得到点云数据的 WGS84 大地坐标，也可根据需求将其转换为 1954 北京坐标系、1980 西安坐标系和 2000 国家大地坐标系等各类坐标体系。

表 2-3　四个标靶的 WGS84 大地坐标及海拔

标靶点	东经/(°)	北纬/(°)	海拔/m
B1	105.717250	34.616470	1485
B2	105.717292	34.616474	1482
B3	105.717320	34.616523	1491
B4	105.717395	34.616534	1488

2.4　激光点云数据的滤波去噪

在三维激光扫描作业中，受各种因素影响，获得的点云不可避免地存在许多冗余点和噪声点。为了确保后期数据处理的精确可靠，原始点云数据在建模前需要进行滤波去噪处理。狭义的点云噪声点仅指整个点云中的异常点和离群点，实际上，凡是影响后期点云建模及特征提取的激光脚点，均应视为噪声点予以剔除。例如，在利用采集的原始点云生成 DEM/DSM 之前，首先需要滤除地表植被、建筑物和行人等大量非地面信息，否则会严重影响地面建模质量。此时的点云滤波问题实际上等同于点云分类，分离原始点云中的地面点与非地面点是多数地形测绘数据的处理难题。实践应用中，多数的滤波情况需要根据点云中噪声部分的特点，选择最适宜的滤波方法。本质上，所有点云滤波方法的共同难题在于如何在去噪与保持特征这对矛盾中寻求最佳平衡。

2.4.1　点云数据的噪声来源

点云数据的噪声来源主要包括以下三类。

1) 测量环境导致的噪声点

扫描作业时测区环境对获得的点云数据影响较大，主要由于扫描时突然出现的飞鸟、行人以及交通工具等外来物体，还包括不可移除的高大树木和地面植被等会遮挡激光脉冲到达目标区域，激光脚点落在这类地物目标上就会产生明显噪声点。

2) 目标表面导致的噪声点

扫描目标表面起伏不定、材质纹理不均并且粗糙度也有很大不同，其对激光脉冲的反射特性并不相同，使获取的原始点云存在不稳定点和离群点。

3) 仪器设备导致的噪声点

任何仪器都有测量误差，并且在实际作业中，扫描仪的震动、激光脉冲的扩散效应以及多传感器数据同步等因素都会造成系统误差点。

2.4.2　点云滤波方法

激光点云滤波问题类似于数字图像处理的噪声滤除，点云中的高程信息对应的正是栅格像元的灰度值。因此，初期的点云滤波思路均源于数字图像的去噪方法，如三类经典滤波方法——高斯滤波、均值滤波和中值滤波。这三种滤波方法均源于数字图像处理，易于计算机实现。但数字图像中的像元为有序矩阵排列，而激光点云呈离散分布，脚点之间并无明显拓扑关系。因此，在滤波之前需要对散乱点云进行规则格网化处理，人为插入拓扑信息，将格网视作图像像元进行操作，从而能借鉴数字图像的去噪方法。这种滤波思路的优点是简单高效、容易实现，但其滤波本质属于失真平滑，且在插值过程中损失了部分脚点的高程信息，滤波后的点云高程精度不足。

Pfeifer 等(2008)在“北京国际摄影测量及遥感大会”上将点云滤波方法分为以下四点。

1) 基于表面的滤波方法

基于表面的滤波(surface based filters)方法原理是首先假设一个完整地面模型，所有的点数据都包含其中，然后通过相应的判断条件，逐步排除不合理点。此过程通常需要多次迭代，一次迭代对应排除一类噪声点，最终逼近准确地面信息。例如，Elmqvist 等(2001)提出了一种移动轮廓法，将原始点云内插网格化之后，通过对移动轮廓和地物特征进行优化处理，以分离地面点与建筑物和植被等地物点。

2) 逐次加密滤波算法

逐次加密(densification approaches)滤波算法与表面拟合法不同，它通过对初始趋势面添加可靠地面点，使其不断密集化，这一添加过程称为“加密”。其滤波原理是首先生成一个基本地形面，然后逐点进行条件判读，只将满足地面点要求的点加入基本地形面，使地面信息不断丰富，最终建立高精度 DEM。该滤波思想首先由 Axelsson(2000)提出，在滤波过程中，假设地面在每一个局部区域内均为平缓连续的表面，先将整个点云分割为若干局部点云，选择每一局部的最低点构建 TIN 模型，然后逐点计算其距离最近三角面片的距离，距离在阈值以内的点作为地面点，逐步迭代直到没有点能满足阈值要求，另外还加入了镜射点的判断，搜索断线处的点位。

3) 基于聚类分割的滤波方法

基于聚类分割(segmentation based filters)的滤波方法源于数字图像处理中的聚类思想，在图像处理中利用光谱特征分析将特性相同的像素点进行分割，达到对不同地物分类的目的。点云数据采取的聚类特征为点与点之间的三维几何关系、强度和颜色等属性信息。经典点云滤波算法仅仅依赖于单个激光脚点间的几何及属性差异，而聚类分割滤波方法是将具有相似特性的同类激光脚点分离归类，然后统一进行地形地物分析。实际上这种分块分析的思想更加有利于地物识别及滤波，针对同一地物脚点大量呈现的点云数据，该方法表现十分突出，如城市点云中的建筑物、绿地和道路信息等。

4) 数字形态学滤波方法

点云的数字形态学滤波(morphological filters)方法类似于数字图像处理的形态学运算，其基本运算包括“腐蚀”和“膨胀”，以及“开/闭运算”。利用“腐蚀”和“膨胀”运算可增高或降低局部区域内某些点的高程，“开运算”则能有效剔除表面凸起，“闭运算”能够平滑边界，填补内部空洞。

以上四类点云滤波思想主要是基于点云的三维空间信息实现滤波，是常规的滤波算法，经过十几年的研究已经有很多高质量的算法，应用经验丰富，发展较为成熟。

2.4.3 点云滤波的精度评定

不同滤波算法的滤波性能不同，甚至同一算法在不同条件下的性能表现也不同。目前尚不存在评价点云滤波性能的统一标准，但通过对比分析滤波前后 DEM 的表面粗糙度、等高线平滑以及特定局部的细节等方式可以客观评价滤波方法的表现。目前，行业内主要从以下五个方面评价点云滤波算法。

1. DEM 表面分析

滤波主要是为了生成准确的 DEM，因此滤波效果多以 DEM 的形式呈现与分析。通过对比滤波前后 DEM 的表面特征，可分析地表明显噪声点的滤波效果。图 2-16(a)为滤波前建立的切沟 DEM，图 2-16(b)为滤波后建立的切沟 DEM，对比发现滤波过程明显滤除了大量地表噪声，使切沟表面更加光顺。

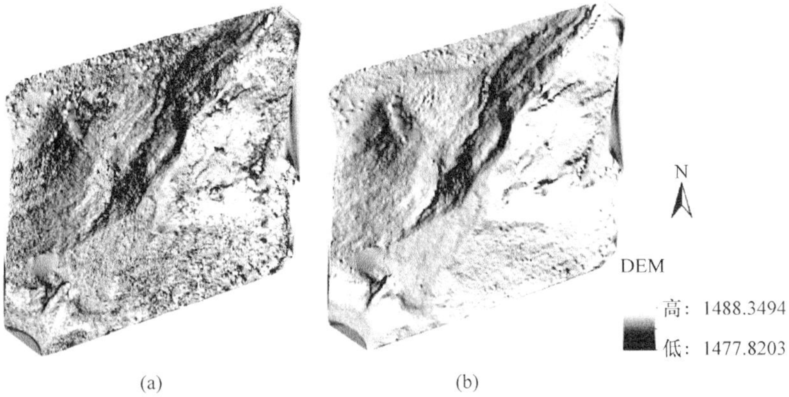

图 2-16 滤波前(a)及滤波后(b)的切沟 DEM 表面对比

2. 剖面分析

通常情况下，原始地面是连续的曲面，而存在噪声的部分则起伏剧烈、偶尔出现断裂带。因此，选取典型地点的剖面进行分析，可对比滤波前后的变化。一般选择贯穿房屋、树木和植被等多噪点区域进行剖面分析。对切沟点云某处取剖面如图 2-17 所示，由图中可明显判别切沟地面点(深色点表示)和沟壁植被点(浅色点表示)，并对地面点进行了切沟剖面拟合(灰色线条)。

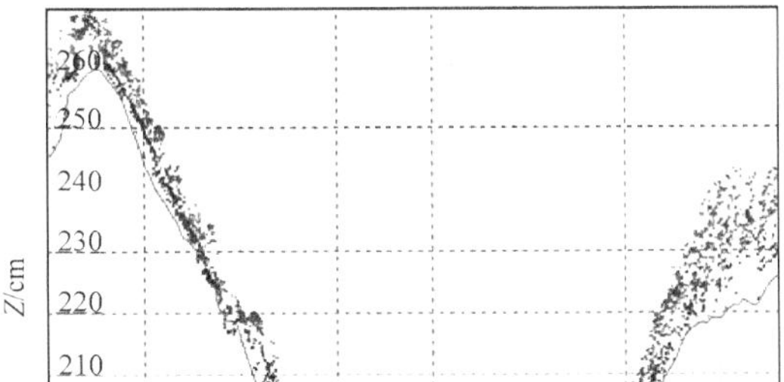

图 2-17 切沟剖面分析

深色点表示地面点；浅色点表示植被点；灰色线条表示切沟剖面拟合

3. 等高线套合检查

将滤波后的 DEM 内插等高线与原始等高线套合对比可分析滤波前后地形起伏变化。任何地面均可假设为光滑连续的曲面，理想地面生成的等高线是平缓、连续并且间隔均匀的，而噪声点会造成等高线出现褶皱和毛刺等不平滑现象。因此，观测滤波前后的等高线特征，可客观评价滤波精度。等高线选取的间隔越小，越能反映 DEM 的整体信息。取切沟点云滤波前后的等高线，套合分析如图 2-18 所示。由图可以看出，滤波后等高线相比滤波前消除了大量毛刺和凸起，证明滤波效果明显。

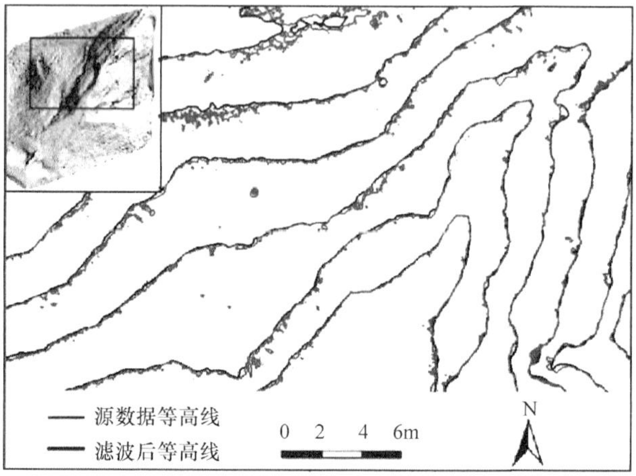

图 2-18　切沟点云滤波前后等高线套合分析

4. 检查点法

采集点云数据的同时，在测区内测量若干分布均匀、代表性强的控制点(样本点)，其数量从几十到几百不等，视测区面积及测量精度而定。将采集的控制点坐标作为真实数据，点云内插后的控制点坐标作为测量数据，通过分析两者之间的偏差可定量评价滤波效果。

目前常用的分析方法包括两类。一是采用国际摄影测量与遥感学会(International Society for Photogrammetry and Remote Sensing, ISPRS)提出的误差分类法，即将滤波误差分为两类：①误差Ⅰ是指将地面点错误地划入地物点集；②误差Ⅱ则是指将地物点错误地划入地面点集。将两类误差加权求和即得到总误差，总误差反映的是滤波算法的总体性能。二是计算偏差、中误差等统计参数，来定量评价滤波效果。

5. 标准数据集测试法

利用 ISPRS 发布的标准数据集，可测试滤波算法在不同地形条件下的实际滤波性能。ISPRS 发布的标准数据集都经过了手工分类，分离了地面点与地物点，通过将滤波后得到的地面点与参考地面点对比，即可定量评价滤波效果。同时，数据集中包含高山、密林、城区和河流等各类地形条件，为学者研究不同地形对点云滤波性能的影响提供极大便利。表 2-4 为 2003 年 ISPRS 发布的滤波算法误差分析结果，这些算法经过 17 个标准数据的测试，包含了几乎所有有代表性的地物特征，可以反映出每一个算法的综合滤波特性。

表 2-4　ISPRS 标准数据集的滤波算法误差分析表　(单位：%)

数据样品	Elmqvist	Sohn	Axelsson	Pfeifer	Brovelli	Roggero	Wack	Sithole
Samp11	22.40	20.49	10.76	17.35	36.96	20.80	24.02	23.25
Samp12	8.18	8.39	3.25	4.50	16.28	6.61	6.61	10.21
Samp21	8.53	8.80	4.25	2.57	9.30	9.84	4.55	7.76
Samp22	8.93	7.54	3.63	6.71	22.28	23.78	7.51	20.86
Samp23	12.28	9.84	4.00	8.22	27.80	23.20	10.97	22.71
Samp24	13.83	13.33	4.42	8.64	36.06	23.25	11.53	25.28
Samp31	5.34	6.39	4.78	1.80	12.92	2.14	2.21	3.15
Samp41	8.76	11.27	13.91	10.75	17.03	12.21	9.01	23.67
Samp42	3.68	1.78	1.62	2.64	6.38	4.20	3.54	3.85
Samp51	21.31	9.31	2.72	3.71	22.81	3.01	11.45	7.02
Samp52	57.5	12.04	3.07	19.64	45.56	9.78	23.83	27.53
Samp53	48.45	20.19	8.91	12.60	52.81	17.29	27.24	37.07
Samp54	21.26	5.68	3.23	5.47	23.89	4.96	7.63	6.33
Samp61	35.87	2.99	2.08	6.91	21.68	18.99	13.47	21.63
Samp71	34.22	2.20	1.63	8.85	34.98	5.11	16.97	21.83
数据样品	Elmqvist	UCL	Axelsson	Pfeifer	Brovelli	Roggero	Wack	Sithole
Site1	无	13.15	10.82	13.85	18.51	17.53	14.15	22.36
Site2	无	3.03	1.24	2.78	4.56	4.77	3.31	4.88

前三种滤波精度评价方法只能定性分析不同算法的滤波性能，要得到客观精确的定量评价，只有通过后两种方法实现。

2.4.4 融合回光强度的表面拟合滤波算法

以黄土高原丘陵沟壑区切沟地域为研究实例，采集的点云数据特征明显，其脚点密度分布不均，测区地形起伏剧烈，且地表多为草本植被，真实地面点与大量植被点相互混杂，两者界限模糊，不易区分。这些特征严重制约滤波算法的性能发挥，目前常用的点云滤波算法均带有一定的局限性，难以满足切沟区域点云滤波要求。因此，马鼎等(2013)提出了融合回光强度的表面拟合滤波算法，通过在表面拟合中引入回光强度思想，对法向距离叠加回光强度权重，扩大植被点和地面点间的差异，从而提高植被滤波的准确性。

1.算法原理概述

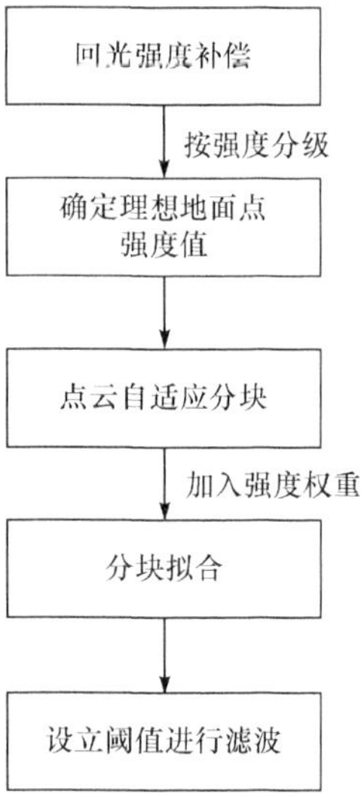

图 2-19 融合回光强度的表面拟合滤波算法流程图

融合回光强度的表面拟合滤波算法的基本滤波原理为：利用点云回光强度信息对脚点到拟合曲面的法向距离加入权重，使噪点在几何高程及光强上均与地面点产生差异，解决噪点与地面点在空间位置上分离不彻底导致的滤波难题。

该算法在利用回光强度信息之前，首先，建立回光强度随距离的衰减模型，通过得到的衰减系数，对点云进行回光强度补偿；其次，提出融合回光强度的自适应分块拟合法，即将补偿后点云划分为若干子块，利用最小二乘法分别做表面拟合；再次，确定每一脚点的回光强度值与理想地面点强度值之间的离散程度，将此离散程度作为权值加入各点距其拟合平面的距离中；最后，设立阈值，加权距离大于阈值的点即被认为是植被点，予以剔除，反之则保留为地面点。该算法流程如图 2-19 所示。

2. 回光强度补偿

点云数据的回光强度受扫描距离、入射角度、空气环境、目标表面粗糙度和激光在传播介质中的自身衰减等因素影响。其中各因素对光强的影响机制难以准确表述，但可以对实验环境做理论假设，通过建立数学模型仍可做部分研究(鲍云飞等，2010)。根据 Donoghue 等(2007)的研究，当入射角度变化在 10°以内时对光强几乎没有影响，因此将空气环境等影响因素设为常量，则点云数据的激光回光强度如式(2-21)，即

$$P_{\mathrm{r}}=\frac{P_{\mathrm{t}}D_{\mathrm{r}}^2 f}{\Omega R^4 B_{\mathrm{t}}^2}E_{\mathrm{sys}}E_{\mathrm{atm}}A_{\mathrm{s}} \tag{2-21}$$

式中，P_{r}是激光回光强度；P_{t}是发射强度；D_{r}是感光元件的感光直径(m)；f是扫描目标的表面反射率；R 是扫描距离(m)；B_{t}是激光束的直径(m)；Ω为目标表面的球面弧度(sr)；E_{sys}和E_{atm}分别是系统设备和空气传播的影响因子，在单次作业中将其视作常量；A_{s}是扫描目标面积(m^2)，可利用球面弧度Ω及扫描半径 R 计算，如式(2-22)：

$$A_{\mathrm{s}}=\Omega\left(\frac{R}{2}\frac{B_{\mathrm{t}}}{2}\right)^2=\frac{1}{16}\Omega R^2 B_{\mathrm{t}}^2 \tag{2-22}$$

设 $K=P_{\mathrm{t}}D_{\mathrm{r}}^2 E_{\mathrm{sys}}E_{\mathrm{atm}}$，将 A_{s}及 K 代入式(2-22)得

$$P_{\mathrm{r}}=K\frac{f}{(4R)^2} \tag{2-23}$$

由式(2-23)可知，点云激光回光强度与扫描距离的二次方呈反比关系，与扫描目标的表面反射率成正比，而表面反射率与地表物质构成相关。式(2-23)说明，将空气温度、湿度等环境因素作为常量，入射角度的影响忽略不计时，激光回光强度只与扫描距离及表面反射率相关。若对由扫描距离造成的回光强度衰减进行补偿，则点云的回光强度信息只与扫描目标的表面反射率有关，如此便可根据回光强度的差异，区别不同地物在点云中的空间位置。

利用激光回光强度分类滤波的理论依据是不同材质的激光反射率不同，但需要控制其他因素对回光强度的影响，因此需要相应地补偿光强随距离的衰减部分。建立回光强度随扫描距离的衰减模型如式(2-24)所示，即

$$P_{\mathrm{r}}=\frac{a}{R^2}+b \tag{2-24}$$

式中，a、b 为待定数。a 为回光强度随扫描距离的衰减系数，在单次实验中此数值恒定；b 为回光强度初始值，它与目标表面反射特性相关，同类目标激光脚点的 b 相同。将同类目标的两组点云数据代入式(2-24)，相减约掉 b，即可计算出衰减系数 a。为使求得的待定数 a、b 能最大限度地吻合所有采样点(包括地面点和地物点)信息，可利用最小二乘原理，对式(2-24)求线性回归方程，得其最优参数。

实验切沟测区内存在土壤、荒草和豆科植物三类地物，从以上三类地物中分别选取 5 个脚点组成观测样本数据,所有 15 组观测数据的回光强度及三维坐标见表 2-5。实验仪器为徕卡 HDS 6100 型三维激光扫描仪，采用 12bit 字段记录回光强度值，其取值范围为−2048～2047。

表 2-5　15 组观测数据的回光强度及三维坐标

观测数据	回光强度	X 轴坐标/m	Y 轴坐标/m	Z 轴坐标/m
土壤 1	−1271	3.586	2.779	−1.690
土壤 2	−1245	1.241	4.034	−1.701
土壤 3	−1456	10.848	6.844	1.778
土壤 4	−1509	2.739	16.854	5.129
土壤 5	−1682	16.593	19.274	2.622
荒草 1	−596	2.801	5.652	−1.136
荒草 2	−623	2.922	7.077	0.047
荒草 3	−658	6.676	11.476	0.899
荒草 4	−725	16.203	16.785	2.811
荒草 5	−769	19.101	19.112	4.822
豆科植物 1	−190	4.065	4.060	−1.360
豆科植物 2	−229	3.520	6.285	−0.372
豆科植物 3	−324	8.568	12.777	1.507
豆科植物 4	−365	9.738	4.919	1.321
豆科植物 5	−413	10.188	21.992	5.675

设回光强度实测值为 I，则根据最小二乘原理，将 I 与计算值 P_r 的偏差平方和φ最小作为优化条件，φ可表示为

$$\varphi=\sum\left(I-P_r\right)^2 \tag{2-25}$$

为使偏差平方和φ最小，分别求φ对 a、b 的偏导为零的极值情况，得到两个关于未知数 a、b 的方程，将表 2-5 中的 15 组观测数据代入方程中，求出待定系数最优值为 $a=4263.2$，$b=-1722.8$。选择扫描站点到切沟测区中心位置的距离为参考距离 R_0，利用式(2-24)计算点云中每个脚点与参考位置的回光强度衰减值 ΔP_r 为

$$\Delta P_{\mathrm{r}} = a\left(\frac{1}{R^2} - \frac{1}{R_0^2}\right) \tag{2-26}$$

将式(2-26)计算出的回光强度衰减值加入测得的 I 中，对点云回光强度值进行距离衰减补偿，使整个点云数据具有统一的地物对应关系。

3. 回光强度分级

经回光强度补偿的点云数据具有统一的强度地物对应关系，通过判读点云中可靠地面点的聚集区域，可提取理想地面点的回光强度值，为后续确定脚点的光强离散程度，计算回光强度权值提供参考。但由于所有扫描点的强度值呈渐变形态，掩盖了相邻点间的强度差别，影响点云的可判读性(周梦维等，2011)。因此，为了增强点云可判读性，寻找可靠的地面点集，可将回光强度分级着色，即以回光强度值为横坐标，点出现的个数为纵坐标，做直方图统计就可分析各回光强度值的分布情况(王力等，2011)。

对补偿后的点云进行等级划分着色可明显增强点云的可判读性，从而识别植被轮廓与地面轮廓。此时确定地面点所处的强度等级，提取理想地面点回光强度值 I_0。与 I_0 偏差越大的点，被视为地物点(噪声)的概率越大，反之则趋向地面点，根据其偏差程度确定点云中每个点元素的离散权值。

4. 点云自适应分块

在计算某点到光滑曲面的距离之前，需要以此点周边一定数目的点集为参考邻域。运用一种分块近似的思想快速搜索各点的参考邻域，将点云数据自适应划分为若干个点数近似的子块。

自适应划分子块的过程是通过测区面积 s 和点云总点数 sum，求得点云的平均密度 mean，再将整个点云划分成规则格网，最后扩大不满足条件的格网使其满足点数要求。首先根据经验取格网的平均点数为 K，再通过 K 计算格网边长及其格网坐标，此时多数格网所含点数约为 K 个，但由于整个扫描区域点云密度不均，需要将点数小于 K 一半的格网与相邻格网合并，算法流程如图 2-20 所示。

点云自适应分块算法可简单快速地确定点的近似邻域，将点云划分为若干点数近似的子块，为后续平面拟合奠定基础。该方法根据点云的点密度分布自适应调整分块大小，并且较常用的 K 邻域搜索算法，在满足分块要求的同时，极大缩短了计算时间(杨科彪等，2008)。

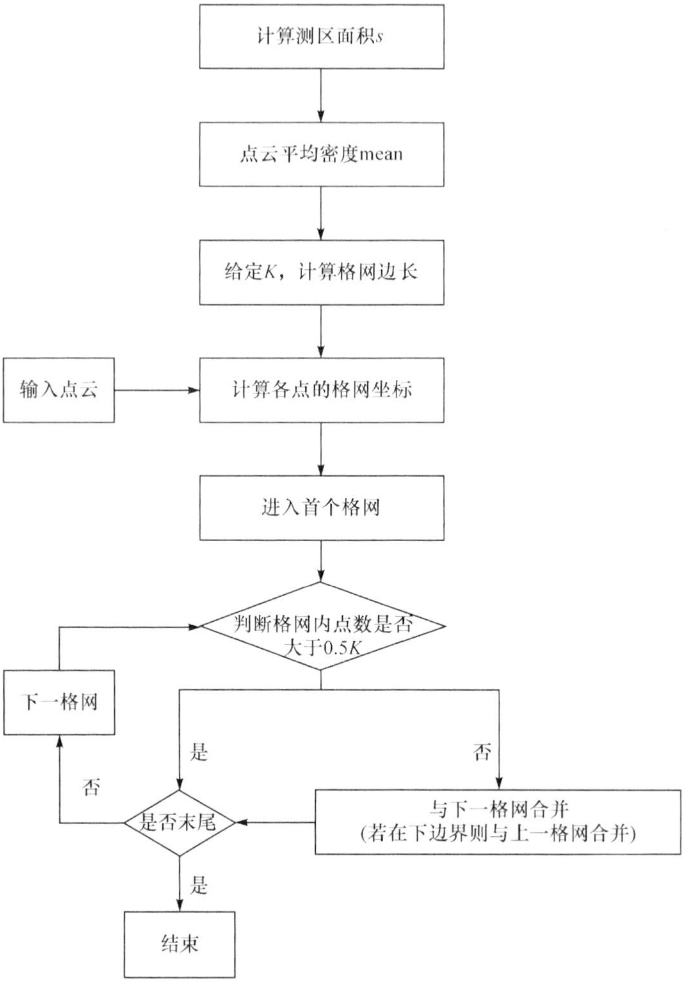

图 2-20　点云自适应分块算法流程图

5. 融合回光强度的分块处理

划分好的子块将作为单个点云分别处理，处理时将每一子块拟合为一个小平面，据此计算每一点 i 到拟合小平面的法向距离 S_i (王丽辉等，2008)。然后以各点回光强度值与理想地面点回光强度值 I_0 之间的偏差作为其离散权值，加入 S_i 中得到回光强度加权距离 SI_i，最终通过设置阈值分离植被点与地面点。该方法在法向距离 S_i 中引入回光强度权重，解决了贴地植被点混杂在地面点中难以识别的问题。

点云的曲面拟合问题首要的基础是法向量估计。采用主成分分析法(principle component analysis，PCA)计算点云子块的拟合法向量(Gross et al.，2007)，其中拟

合平面可记为

$$P(n,d)=\operatorname{argmin}\sum_{i=1}^{k}\left(n\cdot p_i-d\right)^2 \tag{2-27}$$

式中，n 为平面 $P(n, d)$的法向量；d 为该平面到坐标原点的距离(m)；p_i 为点云中的每个点；k 为分块的脚点数量。以式(2-27)的协方差矩阵最小特征值对应的特征向量作为拟合平面的法向量(Gross et al.，2007)。协方差矩阵 M 可记为

$$M=\frac{1}{k}\sum_{i=1}^{k}(p_i-p_0)(p_i-p_0)^{\mathrm{T}} \tag{2-28}$$

式中，p_0 为 K 邻域的质心。需要注意，求得的法向量在 Z 轴上存在正负两种可能(Hoppe et al.，1992)，而在实际应用中不论地形起伏如何剧烈，法向量 F 始终向上。若求得的法向量 Z 为负，则将其定为$-F$。计算法向距离之前首先需要确定子块内法向量上的最低点 n_0，将其作为拟合平面上的初始地面点(Oztireli et al.，2009)，然后计算所有点到拟合平面的法向距离。

回光强度权值是由各点的回光强度值与理想地面点回光强度值的偏差决定。偏差越大权值越大，加权距离也就越大，反之，加权距离就越小。为降低算法的实际复杂度，采用一维线性关系表达离散程度，设加权距离公式为

$$\mathrm{SI}_i=(|I_i-I_0|+1)S_i \tag{2-29}$$

式中，SI_i 为回光强度加权距离(m)；S_i 为法向距离(m)；I_0 为理想地面点的回光强度峰值；I_i 为每一点的回光强度值。

最后，通过设置加权距离阈值分离地面点与植被点。回光强度加权距离 SI_i 大于阈值的点被认为是植被点过滤掉，反之，则保留为地面点，算法流程如图 2-21 所示。

由于受噪声点影响，一次过滤不能完全剔除所有地物点，需要不断调整分块尺寸，迭代处理多次才能达到最终的滤波需求(徐国杰等，2010)。一般尺寸选取遵循先大后小，以接近地物尺寸为宜，多次迭代逐步过滤不同大小地物，最终建立高精度的 DEM(张鑫等，2009)。因此，将得到的地面点作为输入数据重新分块并加权处理，一般迭代 3～5 次即可。

6. 点云滤波实验与分析

滤波实验数据为 2.2.2 小节中采集的切沟点云数据。扫描所得全部点云十分庞大，为方便计算、提高效率，本次滤波实验选择沟底下方陡坎区域为测试样本，验证滤波方法的可靠性。该陡坎形态与完整切沟类似，具有典型意义。陡坎区域内 90%的地表被低矮豆科类植物及荒草覆盖，其点云如图 2-22 所示。陡坎点云扫

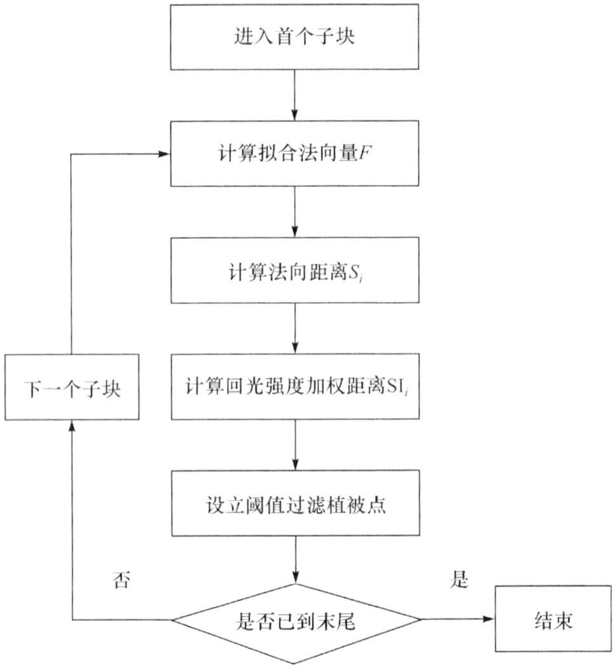

图 2-21　融合回光强度的分块处理流程图

描精度为 1 mm，激光脚点数目为 471787 个，共覆盖 61.66342 m^2，平均点密度为 7651 个/m^2。

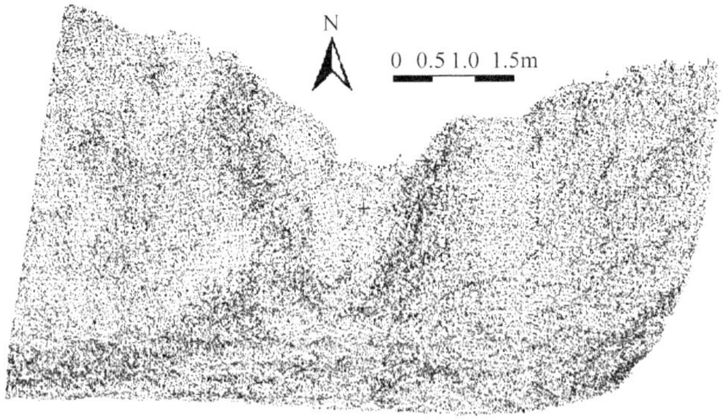

图 2-22　陡坎区滤波实验原始点云数据

1) 数据处理

利用前面计算出的衰减方程，对陡坎点云做回光强度补偿。为增强点云的可判读性，将补偿后的点云按回光强度手动划分六级。图 2-23(a)为补偿后未分级实验点云数据的直方图统计，横坐标为回光强度值，纵坐标为落在强度区间内的点数；图 2-23(b)为补偿后分六级的点云回光强度直方图统计。划分后的点云只存在六个离散的强度值，每个强度值代表一个强度区间；图 2-23(c)为实验区右下角部分点云在 Cyclone 6.0 中按强度模式的显示效果；图 2-23(d)为该部分点云分六级增强后的显示效果。

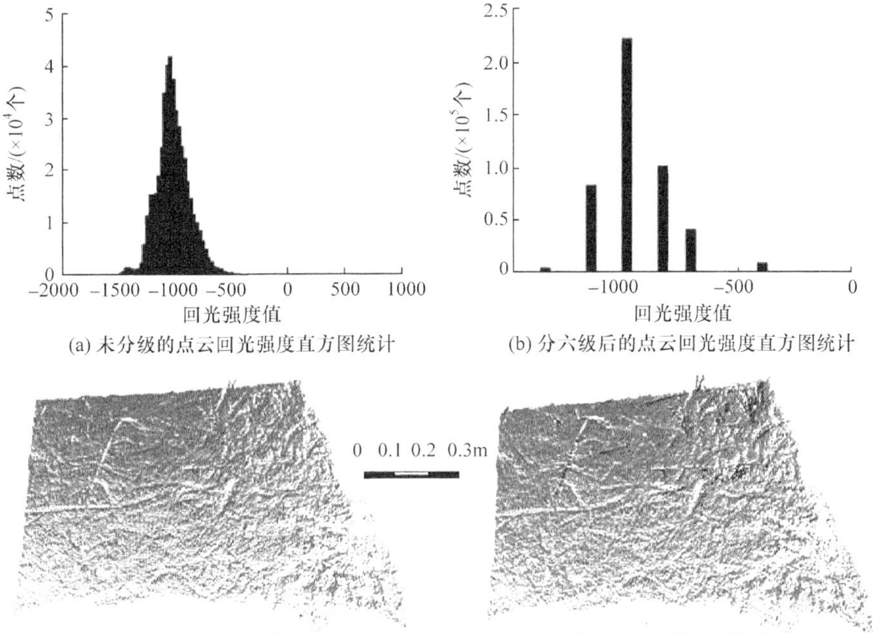

(a) 未分级的点云回光强度直方图统计　(b) 分六级后的点云回光强度直方图统计

(c) 未分级的部分点云效果　(d) 分六级后部分点云效果

图 2-23　部分点云数据补偿后分级效果前后对比

在图 2-23(d)中可明显识别出植被点颜色趋于深色，地面点颜色偏向浅色，而深灰色点为明显高出地面的植被点。选取浅色脚点查看其强度值，即可确定地面点的强度值集中于哪个区间，以此提取该点云数据的理想地面点回光强度值。实验选取理想地面点回光强度值为−1150，代入式(2-29)可计算每一脚点的回光强度权重。

在 MATLAB 7.6 中编程实现点云自适应分块及融合回光强度的分块处理两个步骤。实验共迭代处理 3 次，每次的实验条件及处理结果如表 2-6 所示。

表 2-6　三次迭代处理的初始取值及结果

迭代次数	分块 K 值	阈值/m	滤波前点数/个	滤波后点数/个	保留百分比/%
1	1000	0.1210	471787	416500	88.28
2	500	0.0890	416500	360744	86.61
3	100	0.0438	360744	311049	86.22

将实验中滤除的植被点标记在原始点云中，如图 2-24 所示。图中深色标记的是明显植被点，浅灰色标记的是紧贴地表的微植被点，灰色标记的是保留的地面点。未滤波时的点云包含 471787 个脚点，共滤掉植被点 160738 个，占总数的 34.07%。

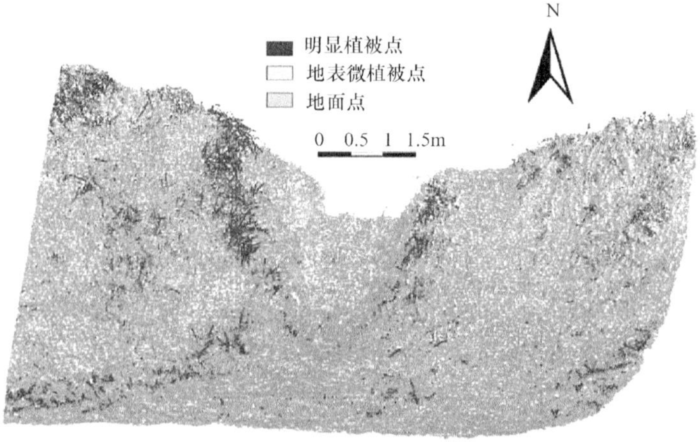

图 2-24　陡坎区域植被点标记图

2) 实验结果分析

定性分析：利用 Cyclone 6.0 软件，对滤波前后的陡坎点云数据分别建立 DEM，如图 2-25 所示。图 2-25(a)中 A 标示的是植被较为稀疏的平坦区域，B 为植被茂密且坡度变化剧烈的两侧沟壁，C 为坡度稳定但植被茂密的两侧斜坡。对比图 2-25(a)和(b)，可以发现 A 区域滤波效果十分理想，在坡度稳定且植被盖度较低的情况下实验方法能很好地滤掉地表植被点，同时高度保持尖锐特征(sharp features)；在坡度变化大的 B 区域及植被盖度高的 C 区域，受坡度及植被的不利影响，滤波效果仍较为满意。

(a) 滤波前DEM　　(b) 三次迭代滤波后DEM

图 2-25　滤波前后 DEM 表面对比

A 为平坦区域；B 为两侧沟壁；C 为两侧斜坡

将实验方法与基于回光强度的滤波方法(路兴昌等，2009)和移动窗口最小二乘曲面拟合法(何正斌等，2009)做比较。取图 2-25(a)中切沟右侧 B 区实验数据，利用软件 ArcGIS 10.0 分别对以上三种方法的滤波结果构建 DEM 山体阴影，如图 2-26 所示，其中 DEM 空间分辨率为 1 mm，比例尺为 1 : 500。

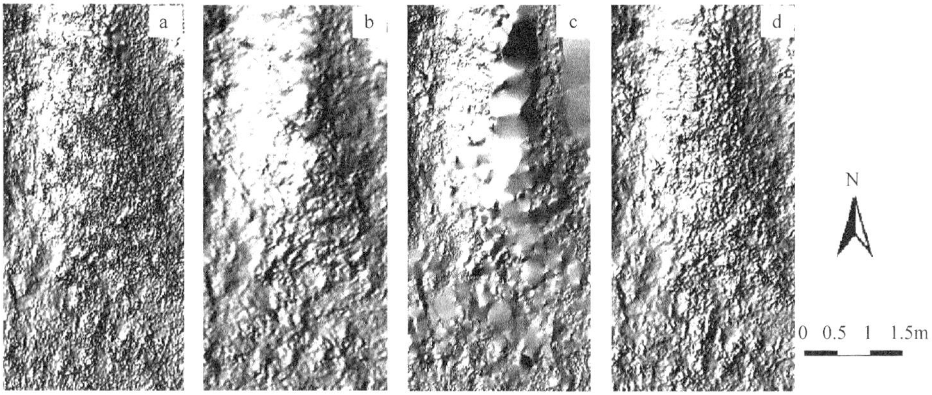

(a) 源数据效果 (b) 融合回光强度的曲面拟合法结果 (c) 基于回光强度的滤波法结果 (d) 移动窗口最小二乘曲面拟合法结果

图 2-26 三种滤波方法在切沟右侧沟沿的滤波结果对比

对比三种方法的滤波结果，发现实验区域在图 2-26(c)中失真较多，其中沟沿处出现过光顺问题，说明只利用回光强度划分区间进行滤波的方法不能满足高精度的滤波需求，滤波误差较大；图 2-26(d)中由植被引起的噪声影响相对减少，但其植被滤波并不彻底，尤其是在沟沿区域滤波艰难，此时若放宽滤波尺度，势必引起过沟沿处的过光顺问题，说明基于移动窗口最小二乘曲面拟合的滤波方法在植被茂密区域滤波能力有限；图 2-26(b)显示融合回光强度的表面拟合法滤波精度更高，地面特征保持更好。图 2-26 证明实验所用滤波方法更适合黄土沟壑区切沟的植被滤波处理。

将滤波后的 DEM 内插等高线与原始等高线套合对比是一种准确直观的 DEM 精度评定方法。运用 Cyclone 6.0 软件获取滤波前后的 DEM 等高线(间隔 1m)，滤波前等高线作为初始等高线。将滤波后等高线叠加到初始等高线上，通过对比其特征变化可评价滤波效果。图 2-27(a)为融合回光强度的表面拟合算法的等高线对比图，图 2-27(b)为基于回光强度的滤波方法等高线对比图，图 2-27(c)为移动窗口最小二乘曲面拟合法等高线对比图。

受大量植被影响，初始等高线十分曲折、毛刺众多，毛刺正是高程凸起的植被的体现。图 2-27 中三种方法的滤波后等高线较之滤波前均有不同程度的平滑改善，尤以图 2-27(a)效果最为理想。图 2-27(b)中的滤波前后等高线偏差较大，滤波

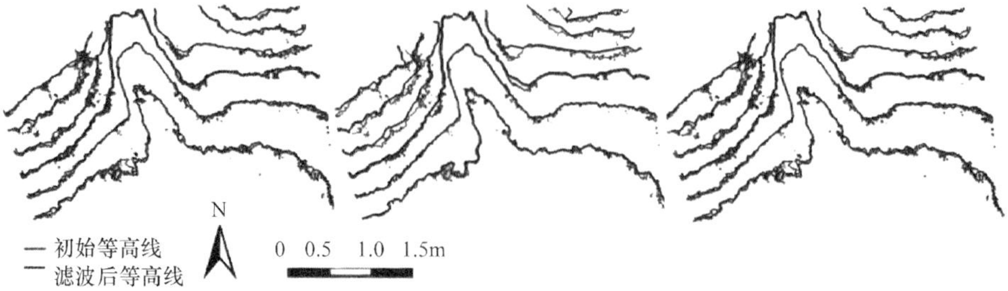

(a) 融合回光强度的表面拟合算法　(b) 基于回光强度的滤波方法　(c) 移动窗口最小二乘曲面拟合法

图 2-27　三种滤波方法的等高线套合分析

后等高线细节丢失严重，说明该方法滤波精度不足，不适用于大比例尺 DEM 建模需求；图 2-27(c)中滤波前后等高线偏差最小，两者细节十分吻合，但滤波后等高线仍存在大量毛刺，证明该方法对植被的滤除不彻底。比较三种滤波方法，发现图 2-27(a)中不仅滤波前后等高线特征吻合度高，且滤波后等高线毛刺基本消除，证明融合回光强度的表面拟合算法的滤波效果更好，精度更高。

定量分析：均方根误差(root mean square error，RMSE)也称标准误差或中误差，是数据偏差的平方和与观测次数 n 之间比值的平方根，能很好地反映数据集的离散程度，值越小说明数据越集中。其定义为

$$\text{RMSE}=\sqrt{\frac{\sum d_i^2}{n}} \tag{2-30}$$

式中，n 为观测次数；d_i 为数据偏差。

计算点云数据的高程 RMSE 可评价其拟合曲面的光滑程度，值越小说明点云越光滑。分别计算以上三种滤波方法的地面点集高程的 RMSE，结果如表 2-7 所示。

表 2-7　三种滤波方法地面点集高程的 RMSE

滤波方法	地面点数/个	RMSE/m
源数据	471787	0.1430
基于回光强度的滤波方法	231473	0.1398
移动窗口最小二乘曲面拟合法	408376	0.1132
融合回光强度的表面拟合算法	311049	0.0924

由表 2-7 可知，三种滤波方法均降低了点云数据的高程 RMSE。基于回光强度的滤波方法虽然滤波后 RMSE 较小，但保留的地面点太少，更多的地面点被当作植被点滤掉，产生 I 类误差；而移动窗口最小二乘曲面拟合法虽然地面点保留较多，但其 RMSE 偏高，说明部分植被点被当作地面点保留，产生Ⅱ类误差；融

合回光强度的表面拟合算法的 RMSE 最小，融合了以上两种滤波方法的优势，滤波后的地面点离散度更小，滤波精度更高。

2.5　激光点云数据的空洞修补

由于遮挡和测量设备角度等因素影响，采集的点云数据中经常出现缺少数据的区域，即存在大量空洞。空洞的存在将直接导致由点云生成的三角网络模型出现空洞，不仅影响三维模型的视觉效果，更会影响后期基于三维模型的后续操作，如地形特征的提取与分析等。因此，空洞修补在点云数据预处理过程中非常重要。空洞修补主要包括空洞边界的提取和空洞的修补两个方面。

2.5.1　研究现状

三维激光扫描仪在采样数据时受设备性能、物体表面几何拓扑结构、物体反光特性和采样角度等因素影响，导致部分区域无法采样，进而造成点云模型表面的某些特征缺失，影响重建效果。为精确、完整地构造出物体本身几何模型，对存在空洞的点云数据进行填补显得尤为重要。目前，国内外专家学者对点云空洞填补的研究主要集中在两个方面：一方面是利用网格模型进行点云空洞填补；另一方面直接利用离散点云进行空洞填补。

1. 基于网格的空洞填补算法

Barequet 等(1995)和 Leong 等(1996)最早开始对点云空洞填补问题的研究，其基本思想是通过连接空洞边界顶点缩小空洞区域，从而得到封闭的空洞区域，最终实现对点云空洞的填补。Davis 等(2002)提出了一种新的空洞填补方法，通过建立符号距离函数定义曲面来完成空洞填补。

Borodin 等(2002)通过收缩顶点对以缝合网格中不连续的区域，然后引入新顶点，再对顶点周围的边进行操作，从而缝合、缩小空洞区域，实现对空洞区域的填补。Liepa(2003)对空洞区域多边形边界直接进行连接，然后对连接的网格进行细分，采用网格光顺算法融合空洞填补区域与原始曲面，但网格光顺后整个模型形状均发生改变，造成原始模型精确度下降。杜佶等(2005)采用径向基函数拟合隐式曲面方程填补空洞区域，该算法对三角网格模型中曲率变化大的空洞部位具有较好的填补效果。

随着对点云空洞填补研究的不断深入，Kraevoy 等(2005)提出了基于模板的网格空洞填补算法，在模板库中选择与原始网格空洞区域相匹配的填补曲面，但这种方法的局限性在于匹配的曲面难以与原始曲面实现精确的拼接。有些学者在填补空洞的同时，尝试保持点云原本的边角特征。Chen 等(2005)提出了使用径向基函数逼近网格曲面，产生的三角形和原始曲面拼接并对尖锐特征增强处理，但实际上依然不能较好地保持物体原本特征。李根等(2007)针对复杂空洞，提出了一种将复杂空洞分解为简单空洞而后填补的思想，该方法适用于三角网格模型中复杂空洞的填补，并能较好地保持模型的细节特征，但此种方法计算量大且耗时长。王小超等(2011)基于波前法提出了一种保持特征的三角形网格空洞填补算法，该算法在实现空洞填补的同时，也保持了原始数据的表面特征。

2. 基于点云的空洞填补算法

Carr 等(2001)采用径向基函数对曲面实现快速拟合，然后对曲面进行均匀采样，从而完成点云空洞区域的填补，该算法只适合简单的空洞填补。Ohtake 等(2003)将点云数据进行分层，构造八叉树结构，通过构造径向基函数逐层逼近散乱点云曲面。而且该种算法利用的分层结构能较好地描述曲面的细节特征。Cohenor 等(2004)提出了一种基于特征相似匹配的算法对空洞区域进行填补，该算法的缺点是计算量大，且匹配的区域很难正确反映模型原本的特征。

陈志杨等(2005)通过引入平均曲率(mean curvature)，计算出待补空洞的影响区域，利用移动最小二乘(moving least-squares, MLS)法逼近 B 样条曲面对空洞进行填补。姜振春等(2005)也提出了利用空洞周围的点拟合曲线，再将曲线离散化形成点列，实现点云空洞填补。刘俊等(2007)提出了利用 BP 神经网络对点云空洞进行填补。何学铭(2013)提出了一种多准则提取空洞边界点的算法。晏海平(2014)提出了一种结合隐式曲面和最速下降法的空洞填补方法。

3. 基于三角网的空洞填补

周久兵(2004)通过改进张丽艳等(2002)提出的三角网格模型空洞填补算法，提出了一种较为经典的算法。该算法避免了求解矩阵的单位特征向量，无须判断多边形方向直接对每对邻边夹角进行计算，高效实现了空洞填补。

4. 基于散乱点云的空洞填补

贺美芳(2006)通过总结前人研究成果，将空洞分为四类：单个空洞、岛屿空洞、特征空洞区域、无特征空洞区域，并提出一种基于曲面拟合的空洞填补算法。

2.5.2 空洞边界提取经典算法

提取边界线算法利用点邻域信息确定一个特征平面，并通过特征平面估算该点的法向量，最后对平面内点云分布情况进行分析，识别边界点，并进行连接。该算法首先输入散乱点云，其次搜索 K 邻域点，进行拟合平面的法向量估计，对边界点进行识别，最后进行连接。

实验在 Windows 7 操作系统环境下，采用 Visual Studio 2010 编程软件，结合开放图形库(open graphics library, OpenGL)实现算法验证。

在算法中，边界点夹角判定阈值的选择，容易影响边界区域的识别。对于不规则地形点云数据，由于空洞区域的边界宽窄不一，一般取较小的阈值。为了尽量准确识别地形的边界点，经过对阈值的多次尝试，确定阈值取 $2\pi/5$ 。

图 2-28 中的原始地形数据由 Trimble TX5 三维激光扫描仪获得，经 CloudCompare 软件初步分割、裁剪、滤波得到图中显示的点云数据。图 2-28(a)为经过预处理后的细沟原始点云数据，图 2-28(b)是识别出的地形边界点，图 2-28(c)是地形边界点的连接线。从图 2-28(b)中可以看出，识别的边界点较为凌乱，进而影响到边界点连接，有的空洞区域不能有效识别，有的边界识别不够准确，有的空洞区域的连接线重叠繁杂，这些问题将给空洞填补工作带来巨大的挑战，且对地形重建的精度影响较大。通过对上述算法的实际验证，说明该算法虽然理论上可行，但实际识别效果差，难以真正应用到地形空洞边界检测领域。

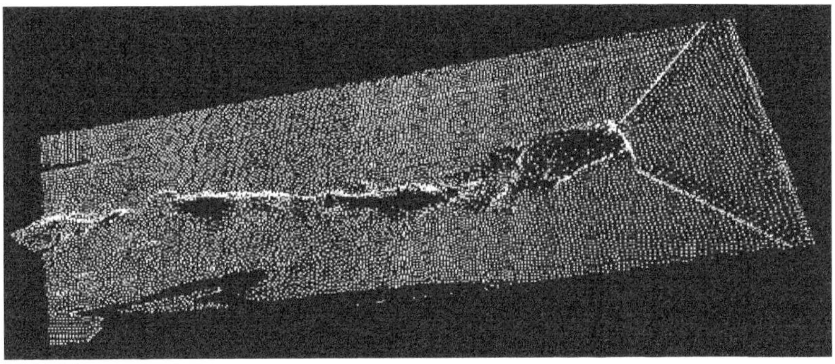

(a) 预处理后的细沟原始点云数据

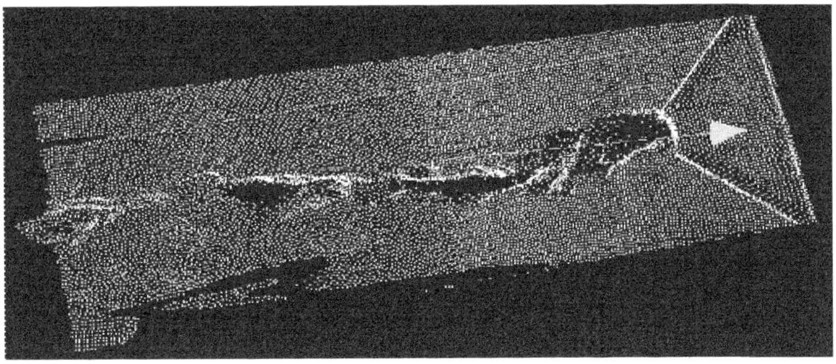

(b) 识别出的地形边界点

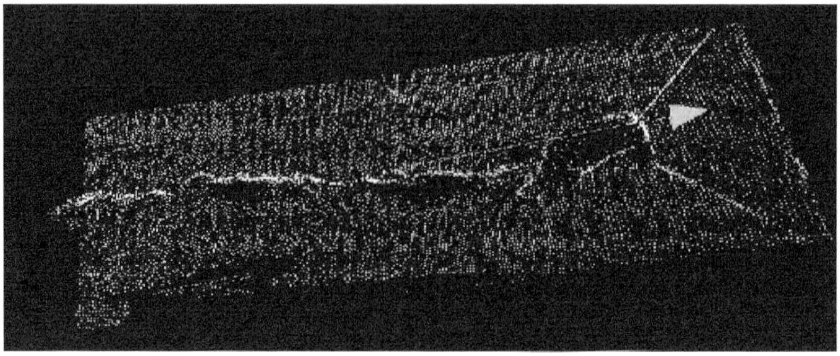

(c) 地形边界点的连接线

图 2-28 地形空洞区域边界点的识别与连接

通过实验与分析可以得出，利用数据点邻域的分析方法，理论上可以实现地形空洞的填补，但经过实验证明其识别准确性低，会直接影响重建后的地形精度。地形空洞的非规则特点，导致难以准确识别点云边界信息，即使精确识别地形空洞边界，空洞也难以用曲面拟合的方式准确填补。针对地形空洞填补存在的困难，结合地形空间相关性的特点，将地形数据进行三角剖分后，采用 Loop 细分的方式进行空洞填补，经过检验，可以达到预期效果。

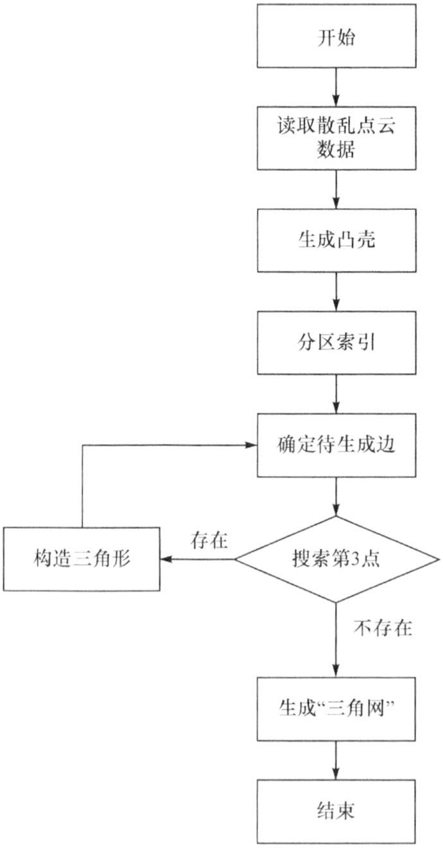

图 2-29 三角剖分算法流程图

2.5.3 基于 Loop 细分的点云空洞填补

1. 点云数据的三角剖分

散乱点云的分布反映地形表面整体形态，对其三角剖分是构建数据点拓扑关系、实现地形重建以及揭示地形表面形态特征的一个关键环节。三角剖分后，每个三角形单元都代表地形很小的一个部分，相互邻接的“三角网”则整体反映地形表面模型。在对 Delaunay 三角剖分算法研究基础上，通过改进一种三角形生长算法，利用三角形外接圆半径增长的方式重新构建三角网格(蒋红斐等，2004)。三角剖分算法流程如图 2-29 所示。

2. 凸壳生成

在对离散点云构建三角网格时，考虑到很多离散点并不能有效表达地形模型，如果在处理过程中，对所有散乱点数据构建三角网格，算法效率很低，因此在进行 Delaunay 三角剖分前，利用 Graham(1972)提出的扫描算法对散乱点云进行优化，并在其外部生成凸壳(Kong et al.，1990)。

3. 半径增长算法分析及实现

半径增长算法的具体思路是在散乱点集中，任取一点 S，在其余点中搜索距离 S 最近的一点 R，连接 SR，确定 SR 的中垂线 EF，交 SR 于点 P。由数学原理可知，SR 的外接圆圆心必位于 SR 的中垂线上，随着圆心位置的变化，半径的增加，必然存在第 3 点 A 满足共圆条件且圆内部无其他顶点，即点 A 满足 Delaunay 三角形条件。

假设以点 $O(x, y)$为圆心，圆心通过在中垂线上移动来改变半径大小，从而搜索出第 3 点，由 $S(x_1, y_1)$、$R(x_2, y_2)$两点坐标构造直线方程为

$$(x_1 - x_2)x + (y_1 - y_2)y = \frac{x_1^2 - x_2^2 + y_1^2 - y_2^2}{2} \tag{2-31}$$

由半径公式可知，假设存在第 3 点 $A(x_a, y_a)$满足共圆，则有

$$(x_1 - x)^2 + (y_1 - y)^2 = (x_a - x)^2 + (y_a - y)^2 \tag{2-32}$$

随着 $O(x, y)$位置的变化，半径的增加，当出现 $A(x_a, y_a)$满足式(2-32)时，则点 A 为第 3 点，连接 AS、AR 构建 Delaunay 三角形。分别以 AS、AR 为待扩展边，重复操作，最终实现对散乱点云的三角剖分。

该算法的具体步骤如下。

第一步：在散乱点云中任取一点 S，搜索距离 S 最近点 R，连接两点得到待扩展边 SR。

第二步：利用外接圆半径增长算法搜索第 3 点，并将其与 S、R 相连，形成三角形，以链表的形式存储新生成的三角形边，并记录待扩展边使用的次数。

第三步：将链表末端的边确定为待扩展边，假如该待扩展边已使用两次，或者边右侧无点则转第四步；否则转第二步进行操作。

第四步：将链表末端前一位置的边确定为待扩展边，转第三步，不断重复操作，直到所有的边完成扩展，则算法结束。

4. Loop 细分算法填补空洞

Loop 细分算法由于算法简单且鲁棒性好，已在计算机曲面建模方面有广泛的应用(艾鑫，2010；邓重阳等，2010)。针对散乱点云三角剖分中空洞区域的大三角形问题，Loop 细分算法恰好可以解决此种问题，对点云空洞进行填补，并且填补后数据更能反映地物本身，同时准确体现地物的高程信息。Loop 细分算法流程如图 2-30 所示。

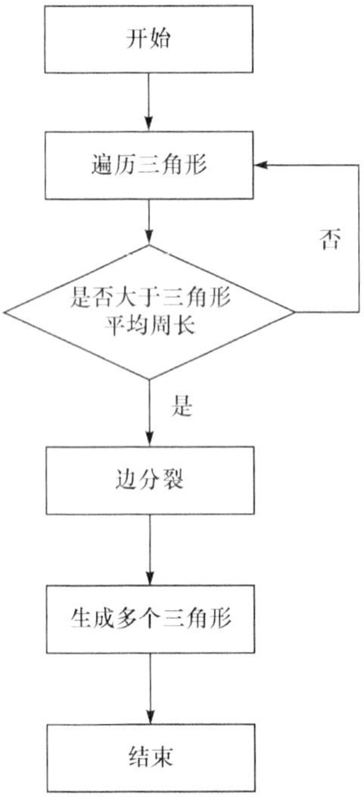

图 2-30　Loop 细分算法流程图

三角剖分形成“三角网”后，对部分大于三角形平均周长的三角形(称为大三角形)进行 Loop 细分，细分后大三角形的每条边产生一个内部点，原本的大三角形的顶点也会生成新顶点而有微小的位移，但这并不影响原曲面的结构。

2.5.4　基于 Loop 细分的点云空洞填补实验与分析

1. 实验环境与软件配置

基于图形库 OpenGL 显示三维点云数据，利用 Visual Studio 2010 集成开发环境实现。OpenGL 是一款专门用于图形处理的开放函数库，常作为图形与硬件接口使用，调用 OpenGL 中的函数，不需要固定的数据格式，灵活性强，使用方便。

2. 实地点云数据空洞填补

为更直观了解算法的有效性，分别对西安理工大学径流冲刷实验中获取的地形数据和陕北黄土沟壑地带的地形数据进行三角剖分，然后采用 Loop 细分的方式实现空洞填补。从渲染的效果看，填补空洞后的数据更能展现出地形的细节特征。

实验一：对西安理工大学径流冲刷实验所获取的细沟点云数据进行空洞填补。如图 2-31 所示，点云数据中原有 7000 个点，填补空洞后共 12684 个点，新增 5684 个点。图 2-31(a)为细沟原始点云数据图，图 2-31(b)为空洞填补后导出的细沟点云数据图，图 2-31(c)为细沟整体 Loop 细分的效果图。

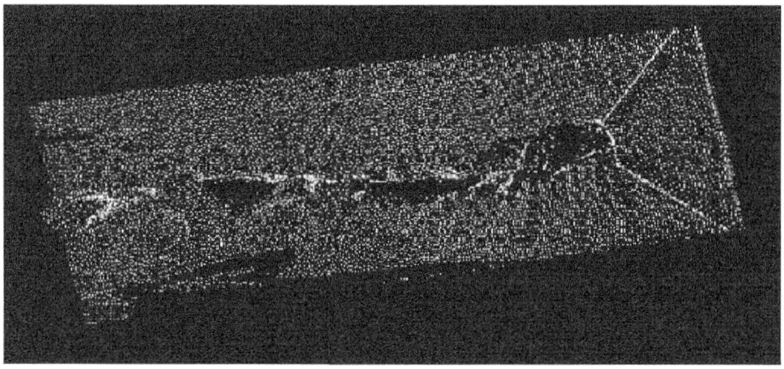

(a) 细沟原始点云数据图

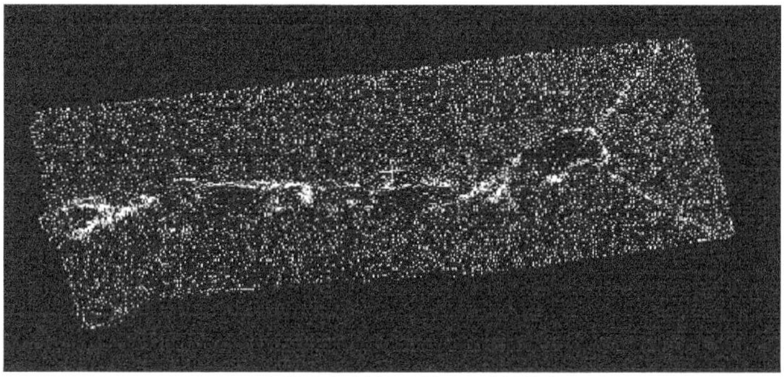

(b) 细沟空洞填补后的点云数据图

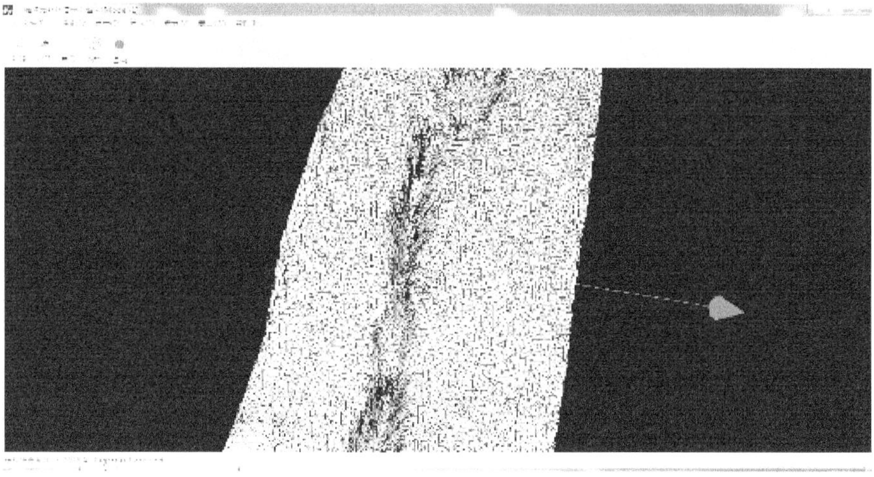

(c) 细沟整体Loop细分的效果图

图 2-31　细沟空洞填补过程

实验二：对陕北黄土沟壑区切沟点云数据进行空洞填补。如图 2-32 所示，点云数据中原有 15000 个点，经过一次细分后，新增点达到 15283 个，第二次细分后，新增点达到 17074 个。图 2-32(a)为陕北黄土沟壑区切沟原始点云数据图；

图 2-32(b)为一次空洞填补后，导出的切沟点云数据图；图 2-32(c)为三次空洞填补后，导出的点云数据图；图 2-32(d)为切沟整体 Loop 细分的效果图。

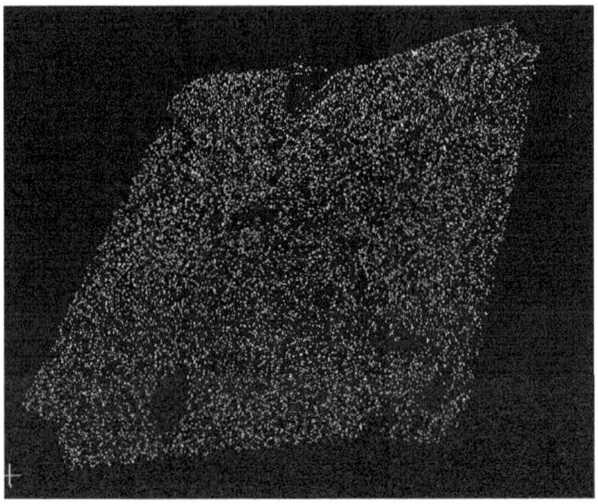

(a) 切沟原始点云数据图

(b) 切沟一次空洞填补后的点云数据图

(c) 切沟二次空洞填补后的点云数据图

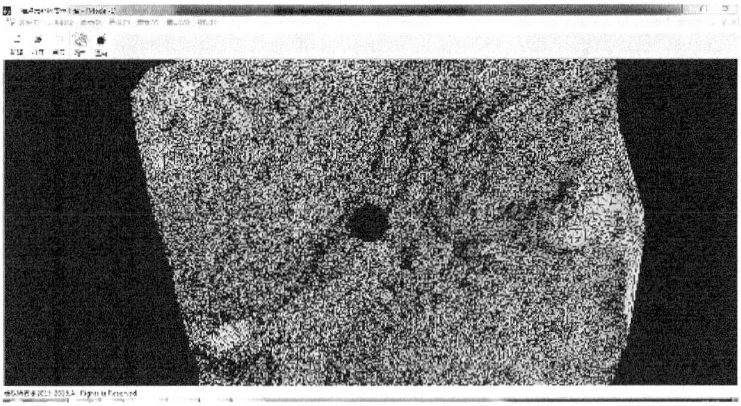

(d) 切沟整体Loop细分的效果图

图 2-32　切沟空洞填补过程

3. 点云数据空洞填补精度分析

首先对原始地形点云数据进行人工挖洞，对挖洞后的点云数据空洞进行填补，再将填补后的点云数据与人工挖洞前的原始点云数据进行比较，计算填补前后两组数据中点与点之间的最近距离，从而验证空洞填补结果的可靠性。下面以细沟沟底点云数据缺失为例，验证点云数据空洞填补算法的准确性。详细步骤如下所示。

第一步：利用 CloudCompare 软件从原始点云数据中切割掉沟底的一块点云数据形成空洞，得到沟底缺失的点云数据，结果如图 2-33 所示。

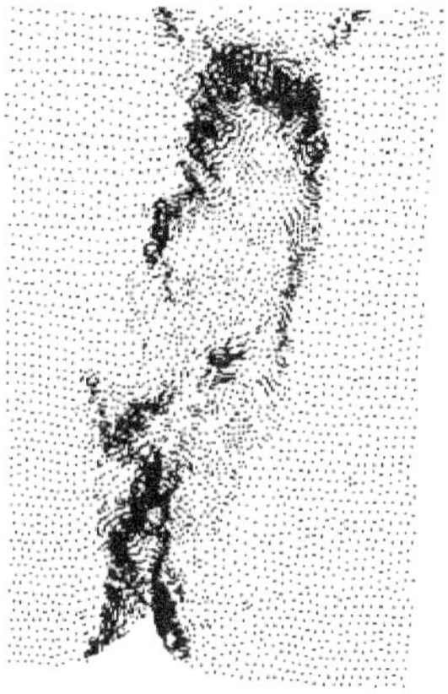

(a) 原始点云数据

(b) 人工挖洞后产生的空洞区域

图 2-33　原始点云数据人工挖洞示意图

第二步：对原始点云数据与空洞填补后的点云数据进行配准。因为填补后点云数据的参考坐标系发生了变化，所以需要对两组数据精确配准。为了展示参考坐标系的显著变化，利用 ArcMap 软件将填补空洞后的数据矢量标出。首先，对两组数据的中心位置进行匹配，将两组数据叠加在一个区域内；其次，将两组数据置于同一坐标参考系，进行尺度匹配，可以看到匹配后，两组数据基本重合；最后，在前两步的基础上进行精确配准。

第三步：分别对第一次空洞填补、第二次空洞填补后的点云数据与原始数据点对点匹配，计算点对点的距离，得到结果如图 2-34 所示。空洞部分经一次填补后，与原始点云数据对比，可以发现空洞部分的绝大部分填充点与原地形一致，误差大约在 0.008mm 以下。经过第二次填充后，通过比较图 2-34(b)与(a)，可以看到空洞部分的浅色点数明显增多，最右侧的正态分布部分有上移趋势，误差保持在 0.025mm 以下。

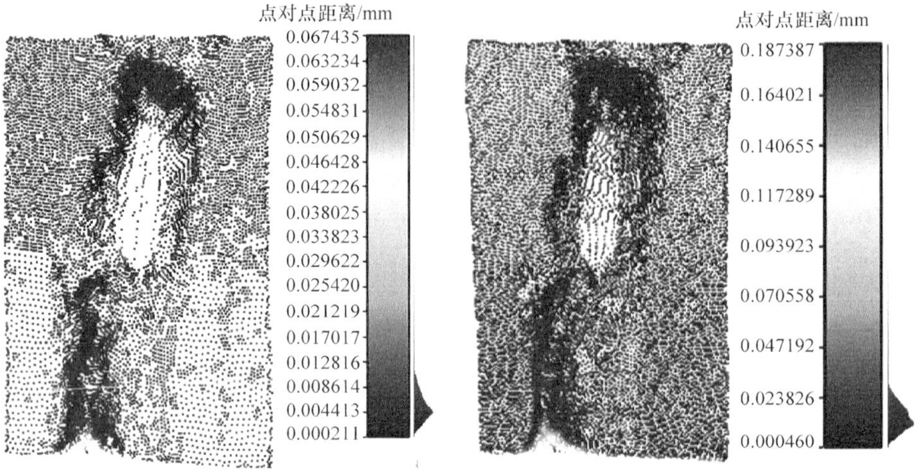

(a) 第一次空洞填补对比　　(b) 第二次空洞填补对比

图 2-34　沟底空洞填补后的数据与原始数据对比

第四步：对非常平整的坡面数据进行验证，验证结果如图 2-35 所示。从点云空洞填补效果来看，平整裸坡的空洞填充点与原始坡面重合。然而因为在填补时，所有顶点均发生了偏移，所以也有误差的产生。从图 2-35 可以看出两次填充后，误差总体均保持在 0.023mm 以下，说明平面空洞填补对地形整体影响的因素较小。同时比较图 2-35(a)与(b)的正态分布图，可以看出第二次补洞会增加部分点对点的距离，这也说明在填补地形空洞时，不宜采取多次细分的方式。

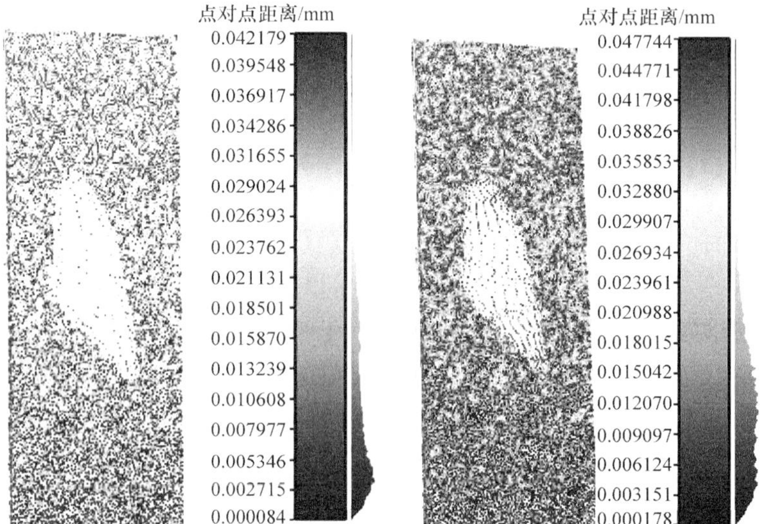

(a) 第一次空洞填补对比　　(b) 第二次空洞填补对比

图 2-35　平面空洞填补后的数据与原始数据对比

第五步：对地形中特征缺失的点云空洞进行填补验证，验证结果如图 2-36 所示。图 2-36 对比结果显示，第一次补洞后，点对点距离误差基本保持在 0.03mm 以内，第二次填补后部分填充点的误差达到 0.12mm，总体误差范围扩大到 0.033mm，相对于沟底和平面的空洞填补情况，特征缺失的空洞对填补精度影响较大。

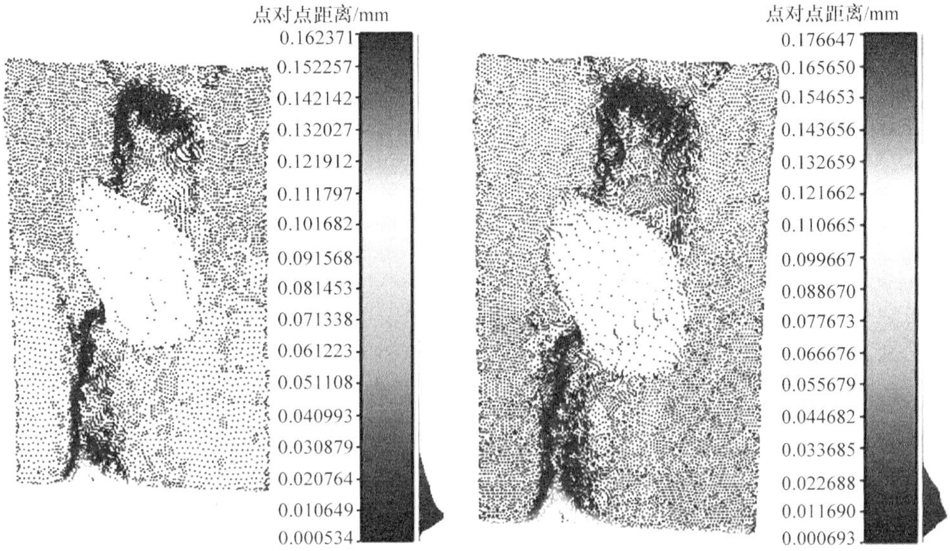

(a) 第一次空洞填补对比　　(b) 第二次空洞填补对比

图 2-36　特征缺失的空洞填补后的数据与原始数据对比

通过对地形中三种不同空洞类型的填补效果分析，证明算法可以应用在实际地形的填补中。需要指出的是，每组细沟的最下端部分由于 Loop 细分后形成新的填充点，而原始点云数据中底部为空，这是对原始数据进行三角剖分后，基于 Loop 细分空洞填补的一个缺陷。

采用 RMSE 对空洞填补整体准确性进行评估。三种不同空洞区域填充点的误差计算结果见表 2-8。从表 2-8 中可以得出沟底空洞填补效果比平面裸坡效果好，这是由于平面的空洞部分比较大，填充点发生的位移相对较大，同时也从侧面验证了三角网格能较好反映地理空间相关性这一理论；特征缺失的空洞填补后误差最大，说明当空洞区域包含地形特征时，采用细分填补空洞难以准确恢复空洞部分的地形特征。

表 2-8　三种空洞区域填充点的 RMSE

地形空洞形态	原始点云数量/个	补洞后点云数量/个	RMSE/mm
沟底空洞	7983	14022	0.0062
平面裸坡空洞	7000	13198	0.0071
特征缺失的空洞	7983	12421	0.0270

实验结果表明，算法的一次补洞误差均在 0.03mm 以内，RMSE 均在 0.0270mm 以内，表明该算法可应用于实际地形的空洞填补，但依然存在如下问题需要解决。

(1) 算法在实现空洞填补时，点云外围的一些区域可能被误识别为空洞，从而造成填补错误，这是空洞填补算法的一个不足。

(2) 点云数据的 Delaunay 三角剖分需要较大的计算机内存支持，经过测试，普通笔记本电脑一般只能处理一万点以下的数据。对于海量的点云数据，难以采用三角网格的形式描述地形空间结构，因此在空洞填补前需要压缩或分割原始点云数据。

(3) Loop 细分虽然实现了地形表面的完整性表达，但三角网的整体结构会发生微小的形变，进而影响地形构建精度，因此进一步降低 Loop 细分时网格形变程度，是今后研究的一个方向。

2.6　激光点云数据的压缩抽稀

地面三维激光扫描系统获取的点云数据具有高密度海量数据的特点，而在实际应用中，很多场合下并不需要这么多的点云数据来表达实体模型，即对处理结果的精度提升有限，又直接影响点云数据的处理效率、特征的有效判断以及模型的构建速度等。因此，在实际应用中会在点云模型表达的精细度与处理效率方面取得适当的平衡，即根据不同的应用需求从点云数据中抽取出足够表达模型特征的有用信息，这就是点云数据的压缩抽稀，也是点云数据预处理的一个关键步骤。

理想的点云数据压缩抽稀算法就是做到以最少的数据量来表达最必要的信息，而实际应用中多基于以下原则来判断点云数据压缩抽稀算法的优劣：①压缩率高，即在保证失真较小的情况下，最大限度地压缩点云数量；②点云的简化结果能满足实际应用的精度要求；③算法简洁，执行效率高。

2.6.1　面向地形数据的点云数据压缩抽稀算法

针对海量的、表面特征复杂多样的地形点云数据，简单使用传统的点云数据压缩抽稀算法并不能获得较好的效果。因此，本小节介绍一种融合距离和曲率计算的面向地形点云数据的压缩抽稀算法，其基本思想是在平缓区域按距离进行压缩，保证整个算法的效率；在突变区域根据曲率压缩，确保曲率变化大的关键特征信息不丢失。

1. 基于 K-DTree 进行 *K* 邻域搜索

点云数据法向量和曲率等几何信息能够很好地反映点云的表面特征，为了使压缩结果能够较好地保留点云特征，首先需要计算点云数据的几何信息。点云数据几何信息是在点集拓扑结构的基础上，通过曲面拟合的方法计算得到，而点集的拓扑结构一般通过 K-DTree、八叉树等方法搜索各点 *K* 邻域而建立。点云数据中任意一点 *P* 的 *K* 邻域为到该点的欧氏距离最近的 *K* 个点所组成的点集，K-DTree 这种数据结构能够很好地提高空间搜索邻近点的效率，适用于海量的、空间分布不均匀的离散点集。因此，算法基于 K-DTree 进行 *K* 邻域搜索。

2. MLS 法计算点云数据的曲率

所有点的邻域点集构建完成后，选取 MLS 法计算点云数据的曲率信息。MLS 法属于一种超平面估算方法，通过给定一个局部高阶多项式，为采样点提供一个逼近或插值参考平面，以这个超平面上该点处的曲率作为当前采样点的曲率。具体包括以下几步：第一步，向量场估算；第二步，MLS 曲面投影；第三步，曲率计算。

3. 点云压缩抽稀

在获取点云数据曲率信息后，首先通过设置一个阈值(如曲率平均值)将其划分为平缓区域与突变区域。曲率小于阈值，则为平缓区域；反之，则为突变区域。

对于特征简单的平缓区域，其所包含的特征信息较少，可简单地根据距离原则进行压缩，无须顾及曲率信息，提高效率的同时避免了过度压缩，如采用空间距离压缩算法或弦高偏移压缩算法。对于突变区域，特征信息较为丰富，具有各种类型的地形特征点，其共同特点是与周围邻近点的曲率差别较大，可以根据此特点进行压缩，保留点云数据的特征信息。

综上所述，面向地形数据的点云数据压缩抽稀算法具体实现流程如图 2-37 所示。

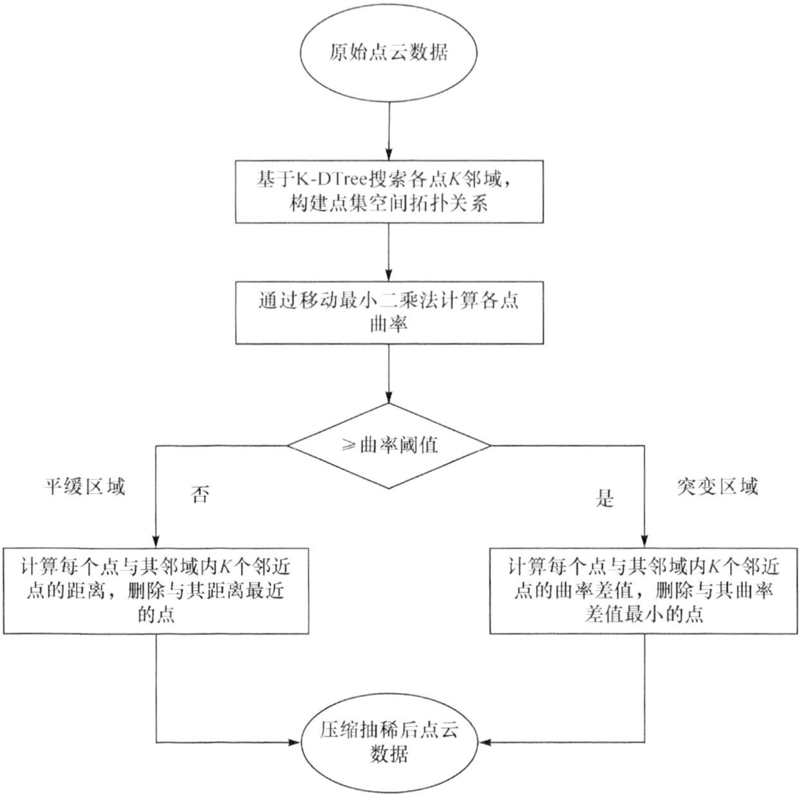

图 2-37　面向地形数据的点云数据压缩抽稀算法流程图

2.6.2　点云数据压缩抽稀实例

点云数据压缩抽稀实验数据为 2.2.2 小节中采集的切沟原始点云数据经滤波去噪处理后的数据，如图 2-38 所示，激光脚点数目为 2492814 个。使用上述面向地形数据的点云数据压缩抽稀算法对点云数据进行一次压缩抽稀处理，结果如图 2-39 所示，激光脚点数目为 1348438 个，压缩率为 54%。通过对比可以看出，采用面向地形数据的点云数据压缩抽稀算法既在曲率变化剧烈区域保留了更多的特征信息，也没有在平坦区域出现过度简化现象，整体简化效果呈均匀分布，较好地保持了数据的完整性。

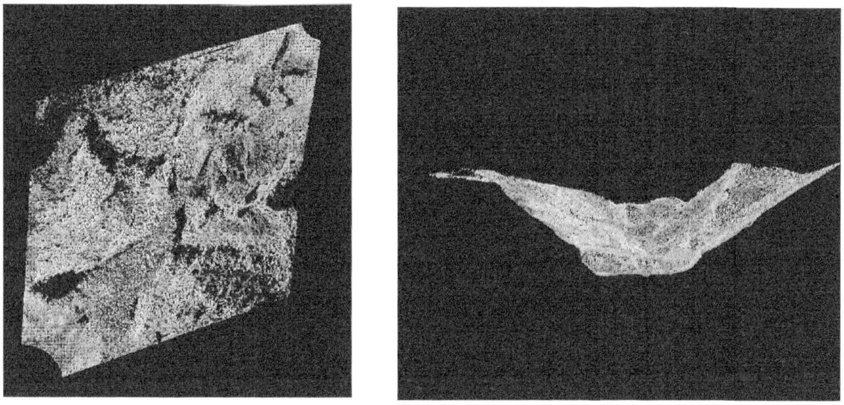

(a) 俯视图　　(b) 前视图

图 2-38　压缩抽稀前点云数据

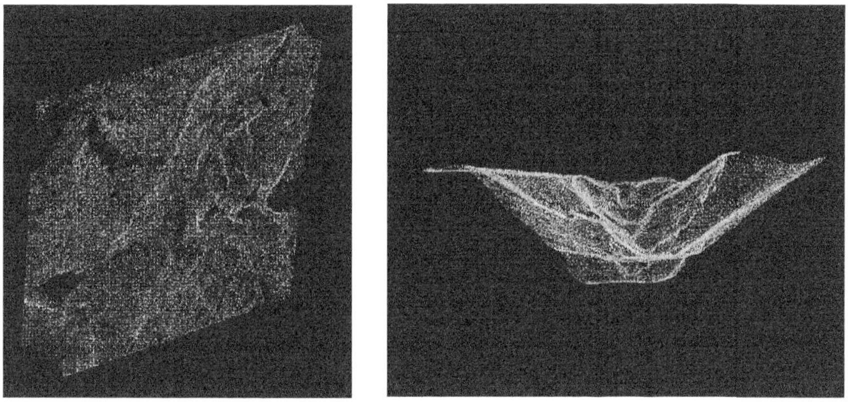

(a) 俯视图　　(b) 前视图

图 2-39　压缩抽稀后点云数据

根据实际应用需求，也可对压缩抽稀结果进行多次迭代获得满足要求的数据，表 2-9 为点云数据进行了三次压缩抽稀后的结果。

表 2-9　点云数据三次压缩抽稀结果

数据	点云数量/个	压缩率/%
压缩抽稀前数据	2492814	—
一次压缩抽稀数据	1348438	54
二次压缩抽稀数据	660860	49
三次压缩抽稀数据	236448	36

2.7　激光点云数据的误差对精度的影响

点云数据的质量直接影响后期的实际应用，因此需要考虑点云数据产生误差的性质及其原因，同时点云数据大多是经过多个站点扫描而得到的，在对多个测站数据配准及坐标转换过程中会存在误差的传播，这些问题都是评价点云质量的重要方面。

2.7.1　地面激光扫描误差分析

按测量误差对观测值结果的影响，可将地面激光扫描仪误差分为粗差、系统误差和偶然误差；按误差产生的原因可以分为地面激光扫描仪本身产生的误差、被测物体反射特性产生的误差及环境因素产生的误差三方面。

粗差是一种大量级的观测误差，在测量中是不允许存在的。在地面激光扫描中，扫描过程基本由软件控制，人工干涉很少，因此粗差产生的原因主要是仪器安置不稳或受外力振动，扫描过程中人员走动遮挡或干扰了激光光束，空气中存在较大灰尘改变激光光束的方向以及对点云数据进行错误的分割等。在观测时应尽可能避免粗差的产生，一旦发现粗差，该观测值必须舍弃。许多学者提出了相应的理论，以便从大量观测数据中发现和剔除粗差，或在数据处理中削弱含粗差的观测值对平差计算结果的影响，如数据探测法和稳健估计法等。

系统误差是指在一定的观测条件下进行一系列观测得到的观测值中存在的符号和大小保持不变，或按一定规律变化的误差。系统误差一般是由仪器内部因素造成的，如测距仪的工作频率与标准频率不一致，扫描仪的轴系间存在误差，或者仪器使用时间过长，导致仪器结构发生变化等。系统误差对观测结果的影响一般具有累积作用，消除的方法有：①在观测方法和观测程序上采取必要措施，限制或削弱系统误差的影响；②分别找出产生系统误差的原因，并在平差计算前进行必要的预处理；③在平差计算中考虑到系统误差的存在，将其作为未知参数纳入平差模型中一并解算。

偶然误差是在相同的观测条件下进行一系列观测中存在的大小和符号均呈现偶然性，没有规律，但统计分析结果却呈现一定的统计规律的误差，其统计性质偏向正态分布。造成点云数据存在偶然误差的原因有很多，如外界环境的影响，仪器本身结构不完善以及激光束的发散等。此类误差往往不固定且难以控制，可以通过测量平差的方法，求得观测量的最佳估值。

2.7.2　点云配准误差传播模型

由于地面激光扫描仪视场范围的限制，利用激光扫描技术对物体进行扫描时，不可能一次获取完整的物体数据，必须在多个站点完成扫描，因此需要将不同站点下的点云数据转换到同一坐标系中以构成完整的场景，这就需要对点云进行配准，而多站配准必然引起误差传递，造成点云模型中误差不断累积。

根据坐标变换原理，可对激光扫描所得的不同坐标系下的点云进行转换。因此，至少需要三对同名点(特征点)，采用式(2-33)作为多站点云配准误差传播的数学模型，即

$$F=\begin{bmatrix}X\\Y\\Z\end{bmatrix}=\begin{bmatrix}f_X\\f_Y\\f_Z\end{bmatrix}=R(\varPhi,\varOmega,K)\begin{bmatrix}x\\y\\z\end{bmatrix}+\begin{bmatrix}\Delta X\\\Delta Y\\\Delta Z\end{bmatrix} \tag{2-33}$$

式中，(X, Y, Z)和(x, y, z)分别为同一点 P 在不同坐标系下的坐标；ΔX、ΔY、ΔZ 分别为两坐标系间的平移参数；R 为包含三个旋转参数的旋转矩阵。

将式(2-33)利用泰勒级数展开，取一次项有

$$\begin{aligned}F=F^0&+\left(\frac{\partial F}{\partial\Delta X}\right)\mathrm{d}\Delta X+\left(\frac{\partial F}{\partial\Delta Y}\right)\mathrm{d}\Delta Y+\left(\frac{\partial F}{\partial\Delta Z}\right)\mathrm{d}\Delta Z+\left(\frac{\partial F}{\partial\varPhi}\right)\mathrm{d}\varPhi\\&+\left(\frac{\partial F}{\partial\varOmega}\right)\mathrm{d}\varOmega+\left(\frac{\partial F}{\partial K}\right)\mathrm{d}K+\left(\frac{\partial F}{\partial x}\right)\mathrm{d}x+\left(\frac{\partial F}{\partial y}\right)\mathrm{d}y+\left(\frac{\partial F}{\partial z}\right)\mathrm{d}z\end{aligned} \tag{2-34}$$

式中，

$$F^0=R(\varPhi^0,\varOmega^0,K^0)\begin{bmatrix}x^0\\y^0\\z^0\end{bmatrix}+\begin{bmatrix}\Delta X^0\\\Delta Y^0\\\Delta Z^0\end{bmatrix} \tag{2-35}$$

由此可得如下误差方程式

$$\begin{aligned}V^K=&\left(\frac{\partial F}{\partial\Delta X}\right)\mathrm{d}\Delta X+\left(\frac{\partial F}{\partial\Delta Y}\right)\mathrm{d}\Delta Y+\left(\frac{\partial F}{\partial\Delta Z}\right)\mathrm{d}\Delta Z+\left(\frac{\partial F}{\partial\varPhi}\right)\mathrm{d}\varPhi+\left(\frac{\partial F}{\partial\varOmega}\right)\mathrm{d}\varOmega\\&+\left(\frac{\partial F}{\partial K}\right)\mathrm{d}K+\left(\frac{\partial F}{\partial x}\right)\mathrm{d}x+\left(\frac{\partial F}{\partial y}\right)\mathrm{d}y+\left(\frac{\partial F}{\partial z}\right)\mathrm{d}z-(F-F^0)\end{aligned} \tag{2-36}$$

令 K 为式(2-36)中 V^K 的系数阵，$L=F-F^0$，$X_d=[\mathrm{d}\Delta X\ \mathrm{d}\Delta Y\ \mathrm{d}\Delta Z\ \mathrm{d}\varPhi\ \mathrm{d}\varOmega\ \mathrm{d}K\ \mathrm{d}x\ \mathrm{d}y\ \mathrm{d}z]^{\mathrm{T}}$，则式(2-36)用矩阵形式可表示为

$$V^K=K\cdot X_d-L \tag{2-37}$$

根据配准原理和式(2-34)和式(2-37)，可得两个扫描坐标系下 n 个同名点的误差方程式为

$$
\begin{bmatrix} V_{x_1}^K \\ V_{y_1}^K \\ V_{z_1}^K \\ \vdots \\ V_{x_i}^K \\ V_{y_i}^K \\ V_{z_i}^K \end{bmatrix} = \begin{bmatrix} \frac{\partial fx_1}{\partial \Delta X} & \frac{\partial fx_1}{\partial \Delta Y} & \frac{\partial fx_1}{\partial \Delta Z} & \frac{\partial fx_1}{\partial \varPhi} & \frac{\partial fx_1}{\partial \varOmega} & \frac{\partial fx_1}{\partial K} & \frac{\partial fx_1}{\partial x} & \frac{\partial fx_1}{\partial y} & \frac{\partial fx_1}{\partial z} \\ \frac{\partial fy_1}{\partial \Delta X} & \frac{\partial fy_1}{\partial \Delta Y} & \frac{\partial fy_1}{\partial \Delta Z} & \frac{\partial fy_1}{\partial \varPhi} & \frac{\partial fy_1}{\partial \varOmega} & \frac{\partial fy_1}{\partial K} & \frac{\partial fy_1}{\partial x} & \frac{\partial fy_1}{\partial y} & \frac{\partial fy_1}{\partial z} \\ \frac{\partial fz_1}{\partial \Delta X} & \frac{\partial fz_1}{\partial \Delta Y} & \frac{\partial fz_1}{\partial \Delta Z} & \frac{\partial fz_1}{\partial \varPhi} & \frac{\partial fz_1}{\partial \varOmega} & \frac{\partial fz_1}{\partial K} & \frac{\partial fz_1}{\partial x} & \frac{\partial fz_1}{\partial y} & \frac{\partial fz_1}{\partial z} \\ \vdots & \vdots & \vdots & \vdots & \vdots & \vdots & \vdots & \vdots & \vdots \\ \frac{\partial fx_i}{\partial \Delta X} & \frac{\partial fx_i}{\partial \Delta Y} & \frac{\partial fx_i}{\partial \Delta Z} & \frac{\partial fx_i}{\partial \varPhi} & \frac{\partial fx_i}{\partial \varOmega} & \frac{\partial fx_i}{\partial K} & \frac{\partial fx_i}{\partial x} & \frac{\partial fx_i}{\partial y} & \frac{\partial fx_i}{\partial z} \\ \frac{\partial fy_i}{\partial \Delta X} & \frac{\partial fy_i}{\partial \Delta Y} & \frac{\partial fy_i}{\partial \Delta Z} & \frac{\partial fy_i}{\partial \varPhi} & \frac{\partial fy_i}{\partial \varOmega} & \frac{\partial fy_i}{\partial K} & \frac{\partial fy_i}{\partial x} & \frac{\partial fy_i}{\partial y} & \frac{\partial fy_i}{\partial z} \\ \frac{\partial fz_i}{\partial \Delta X} & \frac{\partial fz_i}{\partial \Delta Y} & \frac{\partial fz_i}{\partial \Delta Z} & \frac{\partial fz_i}{\partial \varPhi} & \frac{\partial fz_i}{\partial \varOmega} & \frac{\partial fz_i}{\partial K} & \frac{\partial fz_i}{\partial x} & \frac{\partial fz_i}{\partial y} & \frac{\partial fz_i}{\partial z} \end{bmatrix} \begin{bmatrix} \mathrm{d}\Delta X \\ \mathrm{d}\Delta Y \\ \mathrm{d}\Delta Z \\ \mathrm{d}\varPhi \\ \mathrm{d}\varOmega \\ \mathrm{d}K \\ \mathrm{d}x \\ \mathrm{d}y \\ \mathrm{d}z \end{bmatrix} - \begin{bmatrix} l_{x_1} \\ l_{y_1} \\ l_{z_1} \\ \vdots \\ l_{x_i} \\ l_{y_i} \\ l_{z_i} \end{bmatrix} \tag{2-38}
$$

$i = 1, 2, \cdots, n$

令 $\sigma_{\varPhi}^2$、$\sigma_{\varOmega}^2$、σ_K^2、$\sigma_{\Delta X}^2$、$\sigma_{\Delta Y}^2$、$\sigma_{\Delta Z}^2$、σ_x^2、σ_y^2、σ_y^2 为 $\varPhi$、$\varOmega$、K、ΔX、ΔY、ΔZ 的方差以及模型点 x、y、z 的配准方差。根据间接平差原理，令六参数 $\varPhi$、$\varOmega$、K、ΔX、ΔY、ΔZ 的权矩阵为 P，$D_X = [\,\sigma_{\varPhi}^2\ \sigma_{\varOmega}^2\ \sigma_K^2\ \sigma_{\Delta X}^2\ \sigma_{\Delta Y}^2\ \sigma_{\Delta Z}^2\,]$，模型点 x、y、z 的方差为 $D = [\,\sigma_x^2\ \sigma_y^2\ \sigma_z^2\,]$，那么 X_d 对应的方差为 $D_n = [\,\sigma_{\varPhi}^2\ \sigma_{\varOmega}^2\ \sigma_K^2\ \sigma_{\Delta X}^2\ \sigma_{\Delta Y}^2\ \sigma_{\Delta Z}^2\ \sigma_x^2\ \sigma_y^2\ \sigma_z^2\,]$。在 $V^{\mathrm{T}}PV$ 为最小值条件下可以得到未知数的解如式(2-39)，这里 P 为单位矩阵，B 是系数矩阵。

$$
\begin{cases} V = BX - L \\ X = (B^{\mathrm{T}}B)^{-1}B^{\mathrm{T}}L \end{cases} \tag{2-39}
$$

又由测量平差原理可知单位权方差 σ_0^2 为

$$
\sigma_0^2 = \frac{V^{\mathrm{T}}PV}{3n-6} \tag{2-40}
$$

式中，n 为同名点个数。令 Q_{XX} 为间接平差中六参数的协因数，则 $Q_{XX} = (B^{\mathrm{T}}B)^{-1}$，应用协因数传播规律，计算观测值 X 的函数 $F=f\cdot X+f_0$ 的协因数 $Q_{FF}=f\cdot Q_{XX}\cdot f^{\mathrm{T}}$，$F$ 的方差阵为 $\sigma_{FF}^2 = \sigma_0^2 Q_{FF}$。因此，六参数的方差可由式(2-41)求解，即

$$
D_X = \sigma_0^2 \cdot Q_{XX} \tag{2-41}
$$

根据间接平差原理及协因数传播规律，改正数的协因数阵为

$$
Q_{VV} = Q - B\cdot Q_{XX}\cdot B^{\mathrm{T}} \tag{2-42}
$$

式中，Q 是单位矩阵。由式(2-42)可得观测值改正数的估计值的方差为

$$D=\sigma_0^2 Q_{VV}=\sigma_0^2-BD_X B^{\mathrm{T}} \tag{2-43}$$

因此，D_n 中 9 个参数的方差构成 9×9 的对角方阵为 D_N，即

$$D_N=\begin{bmatrix} \sigma_\Phi^2 & 0 & 0 & 0 & 0 & 0 & 0 & 0 & 0 \\ 0 & \sigma_\Omega^2 & 0 & 0 & 0 & 0 & 0 & 0 & 0 \\ 0 & 0 & \sigma_K^2 & 0 & 0 & 0 & 0 & 0 & 0 \\ 0 & 0 & 0 & \sigma_{\Delta X}^2 & 0 & 0 & 0 & 0 & 0 \\ 0 & 0 & 0 & 0 & \sigma_{\Delta Y}^2 & 0 & 0 & 0 & 0 \\ 0 & 0 & 0 & 0 & 0 & \sigma_{\Delta Z}^2 & 0 & 0 & 0 \\ 0 & 0 & 0 & 0 & 0 & 0 & \sigma_x^2 & 0 & 0 \\ 0 & 0 & 0 & 0 & 0 & 0 & 0 & \sigma_y^2 & 0 \\ 0 & 0 & 0 & 0 & 0 & 0 & 0 & 0 & \sigma_z^2 \end{bmatrix} \tag{2-44}$$

根据协方差传播定律，由式(2-38)可得

$$D_M=KD_N K^{\mathrm{T}} \tag{2-45}$$

式(2-45)就是两个不同扫描坐标系下点云配准的误差传播模型,由此可以解算配准后的点位误差，作为衡量点位配准好坏的指标。

对于多站配准，其配准误差的传播模型为

$$D_M=K_n\cdots K_1(K_0 D_N K_0^{\mathrm{T}})K_1^{\mathrm{T}}\cdots K_n^{\mathrm{T}} \tag{2-46}$$

式中，$K_i(i=0, 1, 2, \cdots, n)$是每一次配准得到的参数所确定的矩阵。每一次配准后的点位精度(σ_X^2，σ_Y^2，σ_Z^2)将作为下一次配准的已知值代入传播模型中。

综上所述，根据间接平差原理、点云配准原理和点云配准的误差传播规律，首先通过两坐标系下的三对以上的同名特征点来解算配准参数Φ、Ω、K、ΔX、ΔY、ΔZ 以及 σ_Φ^2、σ_Ω^2、σ_K^2、$\sigma_{\Delta X}^2$、$\sigma_{\Delta Y}^2$、$\sigma_{\Delta Z}^2$，进而求得矩阵 K 或 B 中的每一个元素。再根据式(2-45)，令一测站点位精度为(σ_x^2，σ_y^2，σ_z^2)的点转化为另一坐标系下的一点后，其点位精度为(σ_X^2，σ_Y^2，σ_Z^2)，最终得出一个坐标系下的点云转换到另一坐标系下的配准误差，从而能够评价配准的精度。

本章主要介绍了点云数据的采集过程以及对获得的原始点云数据进行预处理的方法，包括点云数据的滤波去噪、空洞填补、压缩抽稀以及配准拼接的常用方法；同时，通过甘肃省天水桥子沟流域一条典型切沟的点云数据采集及预处理过程演示了相关算法的处理效果和分析评价；最后，介绍了点云数据产生误差的性质、原因以及点云配准误差的传播模型。

参 考 文 献

艾鑫, 2010. 基于 Loop 细分的曲面造型技术研究[D]. 兰州：兰州理工大学.

鲍云飞, 曹春香, 倪立俭, 等, 2010. 基于地基 LiDAR 的森林单木参数提取方法研究[C].第十七届中国遥感大会:1.

陈志杨, 张三元, 叶修梓, 2005. 点云数据中空洞区域的自动补测算法[J]. 计算机辅助设计与图形学学报, 17(8):1793-1797.

杜佶, 张丽艳, 王宏涛, 等, 2005. 基于径向基函数的三角网格曲面孔洞修补算法[J]. 计算机辅助设计与图形学学报, 17(9):1976-1982.

邓重阳, 江国昭, 2010. 用 Loop 细分曲面插值三角网格[J]. 中国科学：信息科学, 40(7): 934-942.

贺美芳, 2006. 基于散乱点云数据的曲面重建关键技术研究[D]. 南京: 南京航空航天大学.

何学铭, 2013. 点云模型的孔洞修补技术研究[D]. 南京：南京师范大学.

何正斌, 田永瑞, 2009. 机载三维激光扫描点云非地面点剔除算法[J]. 大地测量与地球动力学, 29(4): 97-101.

黄河水利委员会天水水土保持科学试验站, 2004. 黄土丘陵沟壑第三副区水土流失原型观测及规律研究[M]. 郑州: 黄河水利出版社.

蒋成成, 胡同森, 周维, 2009. 一种改进的迭代最近点算法[J]. 计算机系统应用, 18(8): 84-87.

蒋红斐, 涂鹏, 李国忠, 2004. 基于生长算法构建 Delaunay 三角网的研究[J]. 公路交通科技, 21(12): 38-41.

姜振春, 鞠鲁粤, 冯祖军, 等, 2005. 逆向工程中点云孔洞填充算法的研究[J]. 机械制造, 43(1):43-45.

李根, 陈志杨, 张三元, 等, 2007. 网格曲面中复杂孔洞的自动修补算法[J]. 浙江大学学报(工学版), 41(3): 407-411.

刘俊, 何建英, 2007. 基于神经网络的点云残缺数据修补方法[J]. 机械工程师, (2): 32-34.

路兴昌, 张学霞, 2009. 基于回波强度和采样点距离的点云滤波研究[J]. 测绘科学, 34(6): 196-197.

马鼎, 李斌兵, 2013. 黄土沟壑区切沟植被的激光点云滤波及地形构建[J]. 农业工程学报, 29(15): 162-171.

孟禹, 2012. 基于采样球和 ICP 算法的点云配准方法研究[D]. 北京: 清华大学.

王力, 李广云, 张洪新, 2011.基于回光强度的平面标靶自动识别方法[J]. 红外与激光工程, 40(10): 1910-1913.

王丽辉, 袁保宗, 2008. 鲁棒的模糊 C 均值和点云双边滤波去噪[J]. 北京交通大学学报, 32(2): 18-21.

王小超, 曹俊杰, 刘秀平, 等, 2011. 波前法在三角网格孔洞修补中的应用[J]. 计算机辅助设计与图形学学报, 23(6): 1048-1054.

徐国杰, 胡文涛, 2010.一种改进的 LiDAR 点云 TIN 迭代滤波算法[J]. 测绘信息与工程, 35(1): 33-34.

晏海平, 2014. 散乱点云边界提取及孔洞修复算法研究[D]. 南昌: 南昌大学.

杨科彪, 李旭, 张学义, 等, 2008. 散乱点云数据 *K* 邻域快速搜索算法的研究[J]. 农业装备与车辆工程, 46(2): 48-51.

张丽艳, 周儒荣, 周来水, 2002. 三角网格模型孔洞修补算法研究[J]. 应用科学学报, 20(3): 221-224.

张鑫, 王章野, 2009. 保特征的三维模型的三边滤波去噪算法[J]. 计算机辅助设计与图形学学报, 21(7): 936-942.

周久兵, 2004. 三角网格模型的孔洞修补及 B 样条曲面拟合[D]. 南京: 南京航空航天大学.

周梦维, 柳钦火, 刘强, 等, 2011. 机载激光雷达的作物叶面积指数定量反演[J]. 农业工程学报, 27(4): 207-213.

ANDREW E J, SING B K, 1999. Registration and integration of textured 3D data[J]. Image and vision computing, 17(2): 135-147.

ARUN K S, HUANG T S, BLOSTEIN S D, 1987. Least-squares fitting of two 3D point sets[J]. IEEE transactions on pattern analysis and machine intelligence, 9(5): 698-700.

AXELSSON P, 2000. DEM generation from laser scanner data using adaptive TIN models[J]. International archives of photogrammetry and remote sensing, 33(1): 110-117.

BAO Y F, LI G P, CAO C X, et al., 2008. Classification of LiDAR point cloud and generation of DTM from LiDAR height and intensity data in forested area[J]. The international archives of the photogrammetry, remote sensing and spatial information sciences, 39(3): 256-576.

BAREQUET G, SHARIR M, 1995. Filling gaps in the boundary of a polyhedron[J]. Computer aided geometric design, 12(2): 207-229.

BESL P J, MCKAY N D, 1992. A method for registration of 3-D shapes[J]. IEEE transactions on pattern analysis and machine intelligence, 14(2): 239-256.

BORODIN P, NOVOTNI M, KLEIN R, 2002. Progressive gap closing for mesh repairing[M]//VINCE J, EARNSHAW R. Advances in Modelling, Animation and Rendering. London: Springer: 201-213.

CARR J C, BEATSON R K, CHERRIE J B, et al., 2001. Reconstruction and representation of 3D objects with radial basis functions[C]. Conference on computer graphics and interactive techniques: 67-76.

CHEN C Y, CHENG K Y, LIAO H Y M, 2005. A sharpness dependent approach to 3D polygon mesh hole filling[C]. Proceedings of the eurographics conference: 13-16.

COHENOR D, SHARF A, ALEXA M, 2004. Context-based surface completion[J]. ACM transactions on graphics, 23(3):878-887.

DAVIS J, MARSCHNER S R, GARR M, et al., 2002. Filling holes in complex surfaces using volumetric diffusion[C]. International symposium on 3D data processing visualization and transmission: 428-441.

DONOGHUE D N M, WATT P J, COX N J, et al., 2007. Remote sensing of species mixtures in conifer plantations using LiDAR height and intensity data[J]. Remote sensing of environment, 110(4): 509-522.

ELMQVIST M, JUNGERT E, LANTZ F, et al., 2001. Terrain modeling and analysis using laser scanner data[J]. International archives of photogrammetry & remote sensing (IAPRS), 34(3/W4): 219-224.

GRAHAM R L, 1972. An efficient algorithm for determining the convex hull of a finite planar set[J]. Information processing letters, 1(4): 132-133.

GROSS M, PFISTER H, 2007. Point-Based Graphics[M]. San Francisco: Morgan Kaufmann.

HE Y X, 2010. A segment-based approach for digital terrain model derivation in airborne laser scanning data[D]. Netherlands: The International Institute for Geo-information Science and Earth Observation.

HOPPE H, DEROSE T, DUCHAMP T, et al., 1992. Surface reconstruction from unorganized points[J]. ACM Siggraph computer graphics, 26(2): 71-78.

HORN B K P, 1987. Closed-form solution of absolute orientation using unit quaternions[J]. Journal of the optical society of America A, 4(4): 629-642.

KONG X, EVERETT H, TOUSSAINT G, 1990. The Graham scan triangulates simple polygons[J]. Pattern recognition letters, 11(11):713-716.

KRAEVOY V, SHEFFER A, 2005. Template-based mesh completion[C]. Eurographics symposium on geometry processing: 13.

LEONG M K F, CHUA C K, NG Y M, 1996. A study of stereolithography file errors and repair[J]. International journal of advanced manufacturing technology, 12(6): 407-422.

LIEPA P, 2003. Filling holes in meshes[C]. Eurographics/ACM siggraph symposium on geometry processing: 200-205.

OHTAKE Y, BELYAEV A, SEIDEL H P, 2003. A multi-scale approach to 3D scattered data interpolation with compactly supported basis functions[C]. Proceedings of the shape modeling international: 153.

OZTIRELI A C, GUENNEBAUD G, GROSS M, 2009. Feature preserving point set surfaces based on non-linear kernel regression[J]. Computer graphics forum, 28(2): 493-501.

PFEIFER N, BöHM J, 2008. Early stages of LiDAR data processing[C].Advances in photogrammetry, remote sensing and spatial information sciences: 169-184.

ROGERS F A, 1961. Atypical congenital atresia of the esophagus[J]. Archives of surgery, 82(4):515.

第 3 章　三维激光点云数据的 DEM 构建

地形的三维点云数据虽然包含了地形地物的多重特征属性，精确地反映了地形表面信息，但是需要将其通过一定的方法建立拓扑结构才能实现对地形的规范化描述。如何利用数据点的邻域关系完整精确地表达地形表面模型，是地形构建的核心问题。DEM 一直是三维建模的研究重点之一，随着点云重建技术的发展，DEM 的建模也取得了重大进展，尤其以激光扫描仪获取的地形点云数据，可以高精度地表示地形表面形态信息，这为土木工程、矿业工程以及军事工程等众多学科的应用提供了重要途径。本章重点研究不同的插值方法对 DEM 构建精度的影响。各种 DEM 内插方法因其原理不同，插值精度也不同，针对不同的地貌条件及点云分布特征，同一种插值方法的表现也并不稳定(李新等，2000)。因此，在选取适合本章实验点云数据的内插模型时，需要比较多种方法的插值误差，选取最适合的插值方法，支撑起基于 DEM 的地形特征研究。

3.1　DEM 插值算法

通过对 DEM 插值算法分类与分析，可以更深入地了解插值算法之间的差异，根据地形的不同，有针对性地选择相应的插值算法。通常在探讨 DEM 精度时，原始点云质量是产生 DEM 误差的重要来源，在内插之前对点云进行配准滤波等预处理非常必要。因此，选取经配准滤波后的切沟点云数据为实验对象，分别利用自然邻近(natural neighbor, NN)法、反距离权重(inverse distance weighted, IDW)法、克里格(Kriging)法、径向基函数(radial basis function, RBF)法和线性三角网(linear-triangulated irregular network, L-TIN)法五种模型在 ArcGIS 10.0 环境下内插生成 DEM。线性三角网法在建 TIN 之后，将其转换为规则格网 DEM，最终得到的五种切沟 DEM 的栅格尺寸均选取 0.01m。通过计算五种 DEM 内插误差值，对内插模型进行精度比较，选取适合黄土沟壑区切沟地形的 DEM 内插方法。

为精确计算 DEM 的内插误差，利用检查点法量化评价。将切沟点云 5m 等间隔重采样，获取 257 个均匀分布的激光脚点作为检查点，如图 3-1 所示，图中圆点标记为检查点的位置，通过计算这些检查点的内插误差，检验生成的 DEM 精度。

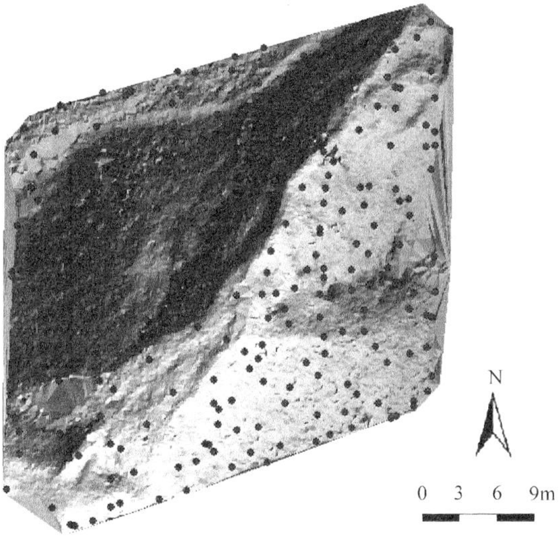

图 3-1　257 个检查点的分布位置

设脚点 P_i 的高程 Z_{P_i} 为真值，DEM 上与 P_i 点平面坐标(x, y)对应的点 Q_i 的高程 Z_{Q_i} 为观测值，据此可计算 DEM 内插高程与真值之间的偏差。常用的 DEM 精度评价指标有 RMSE、平均误差(mean error, ME)和标准差(standard deviation, SD)。其中，RMSE 反映了 DEM 内插值与真值的全局偏差程度；ME 得出的是内插值与真值的平均偏差程度；而 SD 与前两者有些不同，它反映的是 DEM 内插所得数据集自身的离散程度，SD 的偏离参考为其数据集均值。三类误差均为整体衡量 DEM 全局精度的指标，误差越小，代表内插结果越理想。

五种插值方法求得的 DEM 误差如表 3-1 所示。其中，利用径向基函数插值模型内插建立 DEM 时，径向基函数选取具有代表性的样条函数(spline)。

表 3-1　五种插值方法的误差统计

插值方法	RMSE/m	ME/m	SD/m
Kriging	0.00842	0.00832	2.6128
IDW	0.01263	0.01237	2.6130
NN	0.01348	0.01336	2.6159
RBF	0.01481	0.01456	2.6170
L-TIN	0.02349	0.01884	2.6164

由表 3-1 可知，在参与实验的五种插值模型中，Kriging 插值法的 RMSE、ME 及 SD 三种插值误差均为最小，插值结果最优；其次为 IDW 与 NN 插值法；再次为 RBF 插值法；L-TIN 插值法误差最大。其中，IDW 与 NN 两种方法各有优劣，在 RMSE 和 ME 两个衡量内插值与真值偏差的指标上，NN 插值法表现更出

色，而在评价自身离散程度指标 SD 上，IDW 插值法误差更小。因为实验所用切沟点云数据本身高程起伏变化剧烈，在均值离散上初始值较大，所以针对切沟点云数据，RMSE 和 ME 两个全局误差指标更具说服力。针对本章切沟点云数据，各插值方法的优劣排序为：Kriging 插值法最优，其次是 NN 插值法和 IDW 插值法，最后是 RBF 插值法与 L-TIN 插值法。

研究结果表明，在简单平缓地形中，Kriging 插值法、IDW 插值法和 NN 插值法的插值误差相对较小，但差异并不明显；但当地形变化复杂时，NN 插值法表现更优，原因是 IDW 插值法和 NN 插值法对数据之间的空间相关性依赖更大，在地形复杂、坡度变化剧烈的情况下，源数据间的空间相关性并不规律，导致其插值精度下降明显。在黄土沟壑区，坡度陡、地形破碎，因此选用 Kriging 插值法更适合切沟建模。

3.2　构建实验区 DEM

依据实验区点云数据探索结果，分别对预处理后的点云数据进行基于 Kriging 和 IDW 插值法的 DEM 构建。运用重复测量的方法去除偶然误差，然后用定性法(等高线回放)和定量法(检查点法)进行精度比较，确定出适合的插值方法，即使插值结果满足最优无偏估计。

3.2.1　数据检验

通过对实验区点云数据进行空间探索，可以更清楚地了解和掌握实验区点云数据的属性、分布以及变异性和相关性。

1) 直方图分析

对点云数据进行直方图分析，结果如图 3-2 所示，可以看出，实验区点云数据脚点个数为 25486 个，最大值为 10.978m，最小值为 0.18712m，平均值为 6.0626m，标准差为 2.7798m，整体大致呈正态分布。

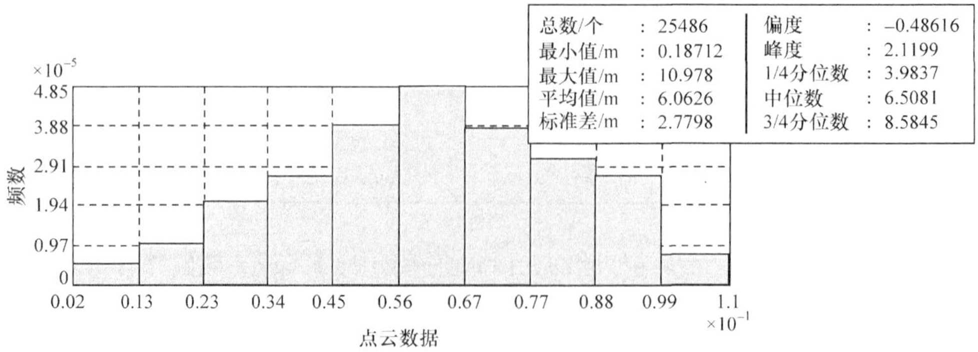

图 3-2　实验区点云数据直方图

2) 正态 QQPlot 分布图分析

点云数据正态 QQPlot(normal QQPolt)分析结果见图 3-3，可以看出，点云数据的分位数散点图非常接近一条直线，与正态分布情况基本一致，可认为其服从正态分布。

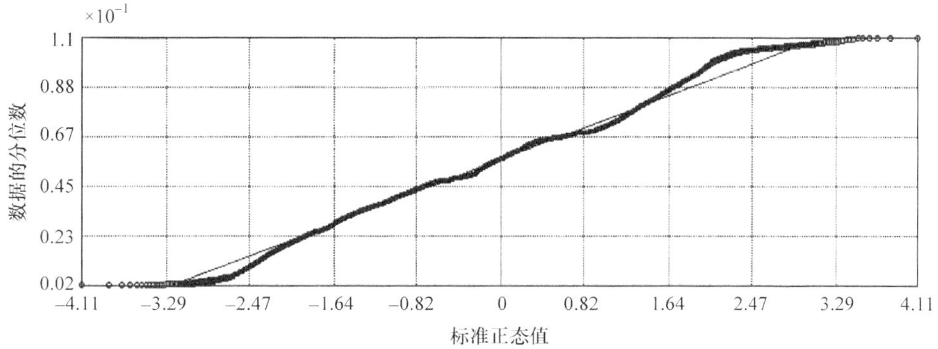

图 3-3　实验区点云数据正态 QQPlot 分布图

3) 趋势分析

对点云数据进行趋势分析，结果如图 3-4 所示，浅色趋势线表示的是东西方向的趋势，深色趋势线表示的是南北方向的趋势，只有去除了这些趋势，数据才能满足二阶平稳性假设。从图中可以看出，实验区点云数据在东西、南北方向都存在趋势，东西方向趋势呈 U 形，在后面基于 Kriging 插值法中可用二阶曲线进行拟合以消除该趋势；南北方向的趋势呈线性，可用一阶线性关系进行拟合加以消除。

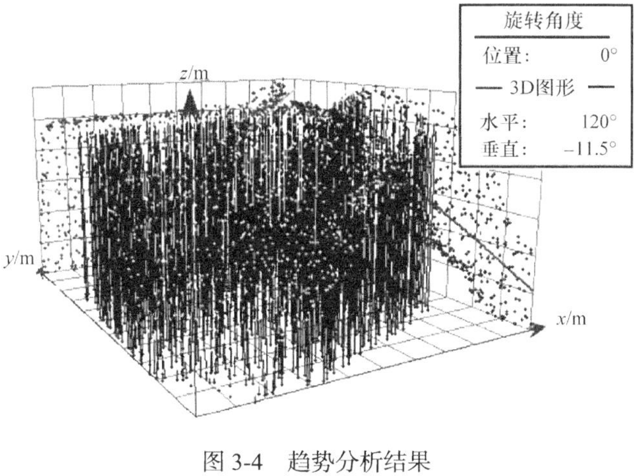

图 3-4　趋势分析结果

4) 半变异函数及协方差函数分析

对点云数据进行半变异函数及协方差函数分析，研究其是否具有空间相关性，结果如图 3-5 和图 3-6 所示。

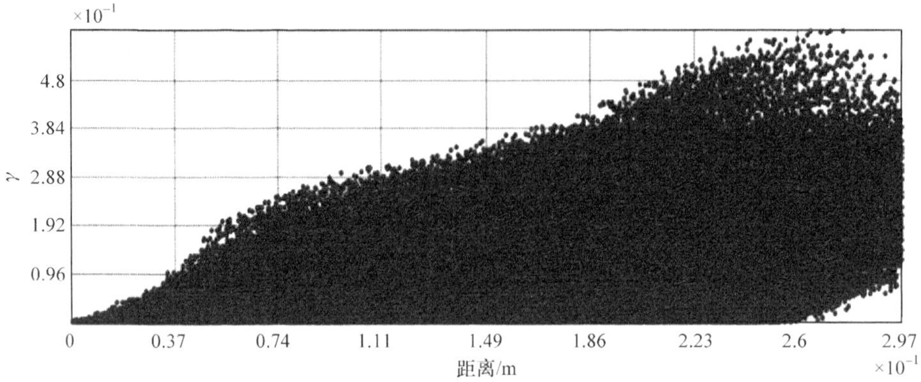

图 3-5　半变异函数γ分析结果

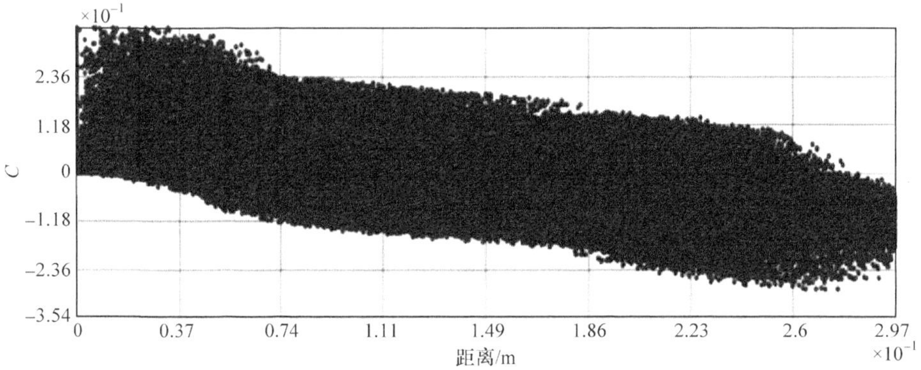

图 3-6　协方差函数 C 分析结果

横坐标表示点云数据中任意两点的空间距离，纵坐标表示这两点的半变异函数值。对图 3-5 进行分析可知，距离越远的两点，半变异函数值越大，在距离大到一定程度时，半变异函数值趋于稳定。对图 3-6 进行分析可知，协方差函数值随着两点空间距离的增大而减小，说明实验区点云数据具有很好的空间相关性。

综上分析，实验区点云数据大致呈正态分布，东西方向趋势呈 U 形，南北方向趋势呈线性，数据有空间相关性，满足空间插值的前提条件。

3.2.2　DEM 构建

1. Kriging 插值法构建 DEM

理论半变异函数模型可以定量描述空间数据的相关性，有四种常用的半变异函数，即线性(stable)、高斯(Gaussian)、球形(spherical)和指数型(exponential)。因空间数据的离散性，难以获取半变异函数的理论值，一般通过实验的方法拟合半变异函数值，再选择合适的理论半变异函数模型，拟合出模型的参数。

图 3-7 分别是线性模型、高斯模型、球形模型和指数型模型的拟合结果，Binned 为抽样点对落点，Averaged 为抽样点对平均落点，Model 为半变异拟合模型，从抽样点对平均落点的描述情况看，球形模型的拟合效果最好。

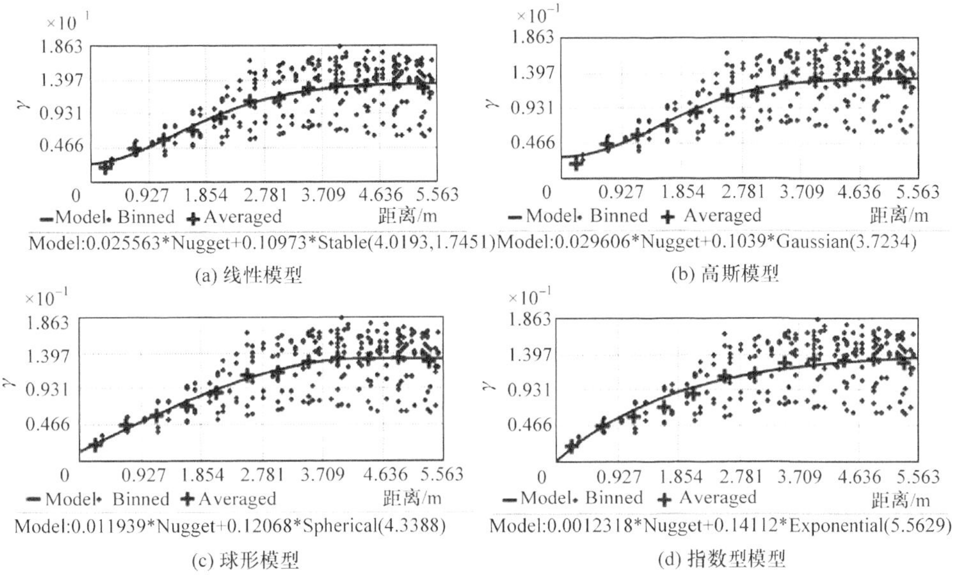

(a) 线性模型　(b) 高斯模型　(c) 球形模型　(d) 指数型模型

图 3-7　半变异模型拟合对比

接着根据抽样点对落点，构造半变异函数多项式回归曲面，对四种拟合模型进行回归分析，用可决系数(R^2)来比较各模型的拟合效果。R^2 反映的是拟合模型与回归曲面的偏离程度，R^2 越大，说明偏离程度越小，插值拟合的效果就越好。其定义为

$$R^2 = \frac{SS_R}{SS_T} \times 100\% = \left(1 - \frac{SS_E}{SS_T}\right) \times 100\% \tag{3-1}$$

式中，SS_T 为总离差平方和；SS_R 为回归平方和；SS_E 为残差平方和。三者之间有以下数学关系

$$SS_T = SS_R + SS_E = \sum_{i=1}^{n} (\hat{z}_i - \overline{z}_i)^2 + \sum_{i=1}^{n} (z_i - \hat{z}_i)^2 \tag{3-2}$$

式中，z_i 为半变异模型拟合值；$\hat{z}_i$ 为回归值；$\overline{z}_i$ 为拟合平均值。四种模型回归分析结果如表 3-2 所示。

表 3-2　半变异模型回归分析

半变异函数	C_0	C	a	R^2
线性	0.025563	0.10973	4.0193	0.9922
高斯	0.029606	0.1039	3.7234	0.9853
球形	0.011939	0.12068	4.3388	0.9971
指数型	0.0012318	0.14112	5.5629	0.9764

由表 3-2 可知，球形模型对实验区数据半变异函数拟合效果最好(R^2=0.9971)，实验选用球形模型来进行半变异函数的拟合。球形模型的拟合公式为

$$\gamma(h)=\begin{cases}0, & h=0\\ C_0+C\left(\dfrac{3}{2}\dfrac{h}{a}-\dfrac{1}{2}\dfrac{h^3}{a^3}\right), & 0<h\leqslant a\\ C_0+C, & h>a\end{cases} \tag{3-3}$$

根据普通 Kriging 插值公式，建立了实验区 DEM。

2. IDW 构建 DEM

IDW 插值法要求插值数据必须服从正态分布。实验区点云数据基本服从这一分布，因此可以进行 IDW 的插值建模。

3.2.3　DEM 精度评定

DEM 插值的误差主要来源于三个方面，包含数据源本身的不确定性、数据拓扑结构的不确定性以及插值方法的不确定性。首先，在采集数据时，由于地形表面拓扑结构复杂、环境噪声、仪器本身的误差及实验人员的操作方法等多重因素导致点云数据源的不准确性；其次，在对原始数据进行二次处理时，如数据分割、压缩及滤波，造成数据源的不确定性；再次，在对地形进行描述时，无论采用何种建模方式，只能是无限逼近原始曲面，而不能彻底实现地形的精确描述；最后，利用已知点的高程实现未知点高程值的连续表达，无论采用何种插值算法，其精度均有限。DEM 插值的误差传递如图 3-8 所示。

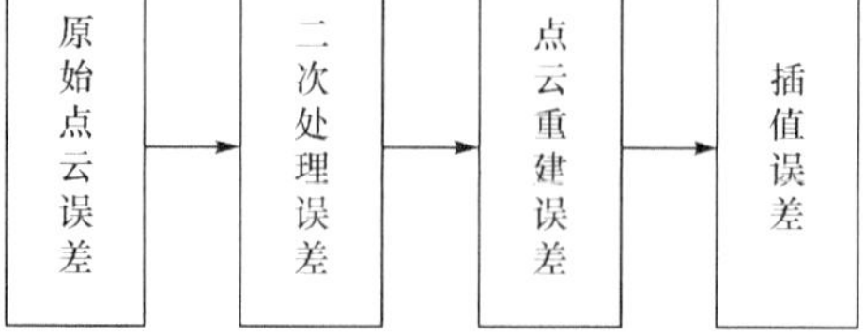

图 3-8　DEM 模型误差传递图

1. 最小阈值去除偶然误差

前面两种插值方法都是基于离散点线性插值方法的 DEM 构建。从原理上分析，Kriging 插值法以地表的理论变异函数已知且稳定为前提条件，而地形表面是不停变化的，因此若在插值点较少的情况下，插值效果不理想；IDW 插值要求样点分布尽可能均匀且布满整个插值区域，对于不规则分布的样点，则插值结果的准确度会降低(王耀革，2009)。

本小节运用重复测量的方法去除不当操作和测量方法对 DEM 造成的误差，即在同一时间段内对同一地点采用同样方法进行重复测量，将两次测量中的 DEM 相减(图 3-9)，即

$$Z_{\mathrm{DoD}} = \left| Z_{\mathrm{DEM}_1} - Z_{\mathrm{DEM}_2} \right| \tag{3-4}$$

式中，Z_{DoD} 为两次 DEM 高程差值的绝对值，其中大于两倍阈值的点是错误点，需舍弃。

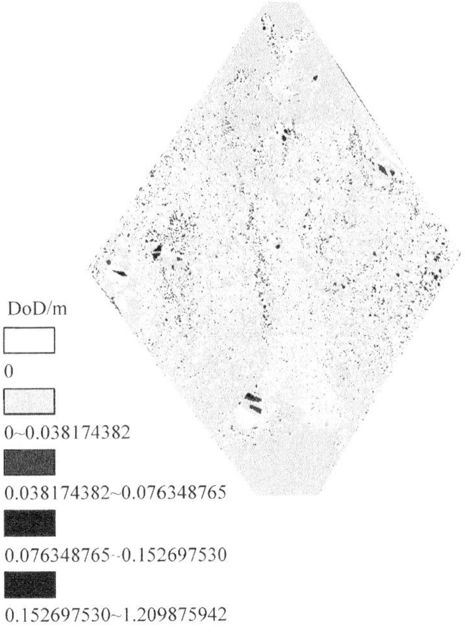

图 3-9　两次测量 DEM 差值

将阈值定为 0.3m，即把 Z_{DoD} 大于 0.6m 的栅格单元标记为误差单元，加以舍弃。误差单元的值用以该单元为中心的 3×3 格网均值代替，得到了两种方法插值的误差栅格单元，结果为：Kriging 插值法有 681 个误差栅格单元，误差率为 2.3%；IDW 插值法有 1339 个误差栅格单元，误差率为 4.7%，如表 3-3 所示。

表 3-3　误差栅格统计表

插值方法	栅格总数/个	误差栅格/个	比例/%
Kriging	29081	681	2.3
IDW	29081	1369	4.7

图 3-10 为两次 DEM 高程差值分布图，差值呈现正态分布。

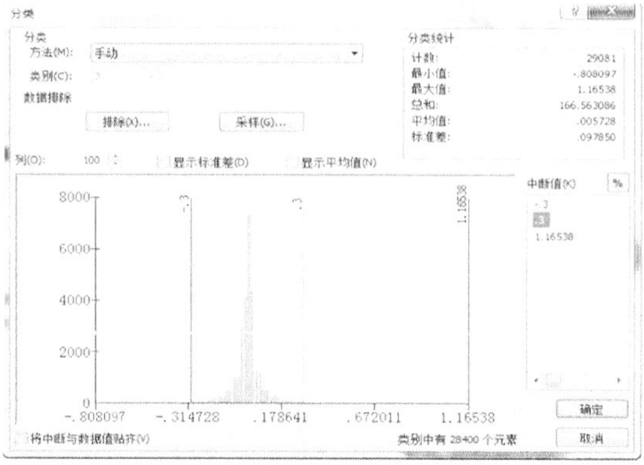

图 3-10　高程差值分布图

2. 定性精度评定

将 DEM 提取的等高线与标准地形图提取的等高线进行套合对比是一种准确直观的 DEM 精度评定方法。运用 ArcGIS 10.0 对两种方法提取 DEM 等高线(间隔 1m)，由点云数据提取的等高线作为初始等高线。将两种等高线叠加到初始等高线上，通过对比其特征变化可评价 DEM 构建的效果，如图 3-11 所示。

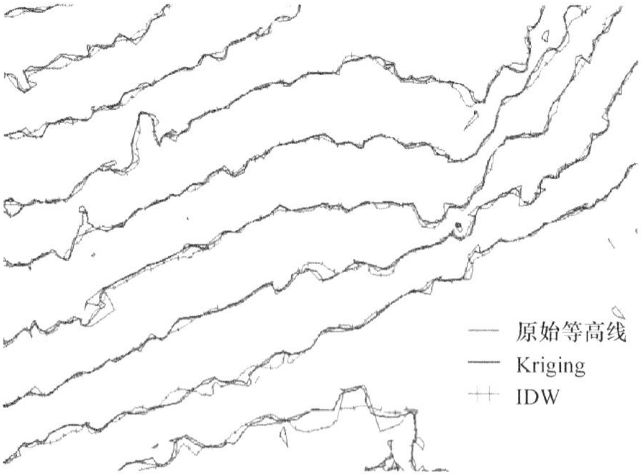

图 3-11　等高线回放

利用等高线回放法对 DEM 精度进行定性比较，从图 3-11 可以看出，IDW 插值法构建出的等高线与原始等高线相比偏差较大，等高线细节丢失严重，说明该方法不适合切沟地形大比例尺 DEM 的构建；Kriging 插值法构建出的等高线与原始等高线偏差较小，内插前后数据吻合度高，说明在本实验中 Kriging 插值法构建的 DEM 与 IDW 插值法相比，具有更高的精度，建模效果更好。

3. 定量精度评定

检查点法是在实验区任意或按一定规律确定若干个点作为检查点，将其与 DEM 中该点的高程进行比较得到各点的误差，然后计算 RMSE，来作为对 DEM 整体内插精度的评定。检查点法方法简单、便于操作，是检验 DEM 精度的一种常用的方法。

如果设检查点的真实高程为 $H_i(i=1, 2, \cdots, n)$，在 DEM 中这些点的高程值为 Z_i，那么 DEM 的精度则为

$$\sigma_{\text{DEM}}=\sqrt{\frac{1}{n}\sum_{i}^{n}\left(H_i-Z_i\right)^2} \tag{3-5}$$

将内插前点云数据随机抽取 1%的脚点(254 个)作为检查点，对两种方法生成的 DEM 进行基于 RMSE 的精度比较。计算结果显示，Kriging 插值法内插 DEM 的 $\sigma_{\text{Kriging}}=0.0074\text{m}$，IDW 插值法内插 DEM 的 $\sigma_{\text{IDW}}=0.0127\text{m}$，同样说明 Kriging 插值法更适合对切沟地形进行内插重建。

参考文献

李新，程国栋，卢玲，2000. 空间插值方法比较[J]. 地球科学进展，15(3): 260-265.
王耀革，2009. DEM 建模与不确定性分析[D]. 郑州：解放军信息工程大学.

第 4 章　点云地形特征提取

4.1　基于 DEM 的地形特征提取

4.1.1　地物提取与分析

为了得到准确的地表信息，点云数据在生成 DEM 之前需要过滤掉多余的地物点。实际上，这样的滤波处理等同于点云数据的分类问题，将地面点与地物点准确分类，保留地面点进行建模，地物点则可支撑地物信息提取。以甘肃省天水市桥子沟流域点云数据(2.2.2 小节)为例，点云中包含了切沟地面点和植被点，通过滤波处理，即可得到切沟 DEM，同时也提取了切沟表面植被信息。

取实验切沟下方的一处陡坎区域为例进行植被信息提取，提取的方法是首先建立未进行植被滤波前的 DEM，然后对滤掉植被后的地面建立 DEM，两次 DEM 的叠加高程差即代表切沟地表的植被高程信息。建模插值方法选用 Kriging 插值法，DEM 精度为 0.01m。对该陡坎区域内的植被高程进行直方图统计，发现其地表植被高度大体符合正态分布，大多数植被高度为 5～15cm，说明测区地表多为草本植被，高大乔灌木植被几乎不存在。利用 MATLAB 的 CDF 函数计算植被高度累积概率，对其各个高度的分布情况量化表示，得到的累积概率值即可表示陡坎地表的植被概率值。对应到植被高程分布图得出陡坎区域内的植被盖度分布情况，如图 4-1 所示。

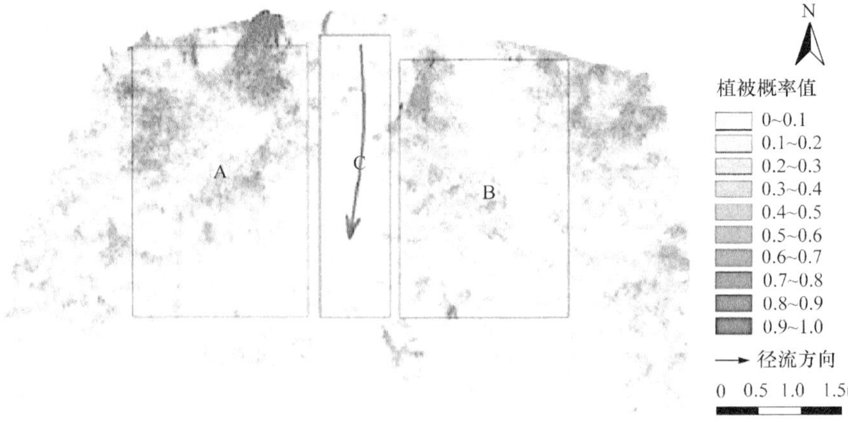

图 4-1　部分测区植被概率分布

图 4-1 中每一栅格的颜色值代表的就是该处的植被概率，概率越大，植被越茂密。图中根据植被分布情况划出 A、B、C 三个区域，A 区内的植被概率均值为 0.797，B 区为 0.432，C 区植被最稀疏，其概率均值为 0.198。由图 4-1 可知，陡坎区域两侧斜坡植被盖度高，其中左侧高于右侧，而陡坎底部植被盖度很低，接近裸露。

利用甘肃省水利厅水土保持局提供的 2002 年 6 月 16 日及 2012 年 1 月 2 日罗玉沟流域的两期卫星遥感影像，提取其中的实验切沟区域，对比发现，该侵蚀沟在 2002 年沟宽为 7.2m，2012 年沟宽为 13.2m，沟宽增幅为 83%，并且右侧斜坡侵蚀速度明显大于左侧；由于沟底区域植被稀疏，土壤裸露度高，该沟沟头向前发育迅速，沟长从 2002 年的 12m 增长为 2012 年的 37.58m，增幅为 213.2%。同时，黄河水利委员会天水水土保持科学试验站提供的罗玉沟流域实测水文泥沙数据和洪水调查报告显示，2004 年夏季 6～9 月连续三个月的降雨量分别为 78.22mm、117.50mm、104.29mm，高强度特大暴雨直接导致了黄土沟壑地形在短时间内的快速发育变化，植被对土壤的固沙减沙及坡体抗冲作用体现十分明显(王瑞芳等，2008)。

通过计算滤波前后 DEM 高程差的累积概率分布，可用来解释切沟的形态变化。经与实地调查资料对比，结果一致，说明了植被在固沙减沙及坡体抗冲中的积极作用，验证了提取植被信息分析地形变化的可行性。

4.1.2　侵蚀特征提取及分析

取前后两期点云数据叠加处理，可分析同一区域的前后变化。在地形建模中，若对前后两期点云分别建模得其 DEM，再将两次 DEM 相减，即得该地区的地形变化情况。通过对实验切沟分别于 2012 年 3 月 22 日和 2012 年 11 月 22 日进行两次激光扫描，得到两期切沟点云数据。经拼接及植被滤波后，分别建立两期切沟 DEM，建模插值方法选用 Kriging 插值法，DEM 精度为 0.01m。

在 ArcGIS 10.0 中运用 Minus 空间分析工具对两期 DEM 做减法，得到该切沟在 2012 年 3 月至 11 月间的侵蚀沉积变化，如图 4-2 所示。分析图中的变化分布，发现切沟总体表现为侵蚀发育形态。其中，切沟下游沟底及两侧沟壁斜坡侵蚀较为明显，尤其是沟底平坦区域 A 处，侵蚀严重，说明该沟正处于快速发育期；而上游部分则不统一，左侧沟壁 B 处侵蚀严重，而右侧沟壁 C 处相对变化较为复杂，甚至部分区域发生沉积变化。仔细分析发现，在上游右侧沟壁斜坡上，越靠近沟底反而越偏于沉积，远离沟底区域才表现出侵蚀面貌。由此推测上游右侧沟壁曾出现部分坍塌，导致沟壁底部表现出与沟壁上方相反的沉积现象。

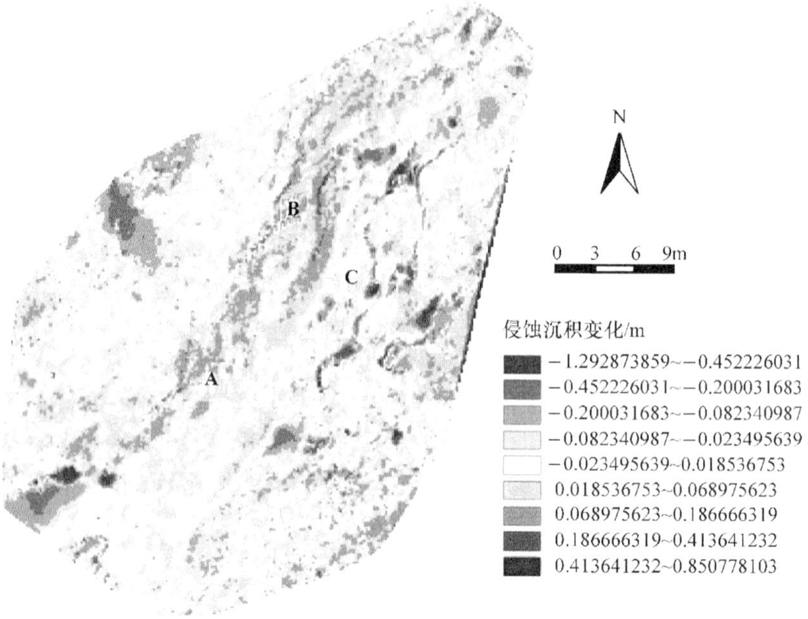

图 4-2　切沟侵蚀沉积分布

在 ArcGIS 10.0 中对侵蚀分布的所有栅格进行统计计算，并利用 Cyclone 6.0 计算两期 DEM 的土方量，相减即可得该切沟从 2012 年 3 月至 11 月共产生的侵蚀量。计算结果见表 4-1。

表 4-1　切沟侵蚀参数表

栅格总数/个	侵蚀沟积变化/m				3 月 22 日土方量/m³	11 月 22 日土方量/m³	侵蚀量/m³	选取的流域面积/m²
	最小值	最大值	均值	方差				
45149	–1.2928	0.8508	0.0035	0.0781	2123.8954	1098.6006	25.2948	378.6307

4.2　基于鲁棒统计的点云法向量估计

点云法向量估计是多种点云处理应用的基础，许多点云分割与表面重建算法都以点云法向量的准确估计为基础(辛麒，2009；宋佳，2006)。对于地面激光扫描系统得到的散乱点云(unorganized point cloud)，由于点与点之间拓扑连接信息的缺乏和采样密度不均，使得对地面激光扫描得到的散乱点云的法向量估计具有一定的复杂性。而且，在利用激光扫描技术对地面目标进行扫描时，设备性能、地物特征和移动物体等因素的影响，使得在获得的点云中存在着远离待建模表面的成簇点云或离散点，形成了点云数据的粗差，对法向量估计算法的准确性带来很大的影响。本节综合鲁棒统计方法与基于局部平面拟合的法向量估计方法，在考虑粗差存在的情况下，提出一种针对地面激光扫描点云的鲁棒法向量估计方法。

4.2.1 相关研究

1. 法向量估计相关研究

点云的法向量估计方法可分为三类：基于表面拟合的方法、基于 Delaunay 与 Voronoi 的方法和基于鲁棒统计的方法。

基于表面拟合的方法最早由 Hoppe 等(1992)提出。他将法向量估计作为曲面重建的初始步骤，假设待建模表面处处光滑，则每个点的局部邻域就可以由一个平面进行拟合，这样就可以采用 PCA 方法通过其邻居点得到该邻域上的最小二乘平面，最终得到法向量。对于含有噪声的点云，Mitra 等(2004)建议根据局部点集的密度和曲率等特性选定自适应邻域尺度。李明磊等(2015)着眼在法向量光顺的同时保持尖锐特征，通过抗差最小二乘拟合提高法向量估计精度，并提出附加约束的双边滤波器光顺方法。一般而言，进行计算的邻域噪声越大影响越小，但是由于 PCA 的低通特性，过大的邻域会导致细节信息的丢失。因此，需要根据数据的分布特点和应用需求对邻域进行选择。因为基于最小二乘的方法先天对粗差不具有鲁棒性，所以在实际应用中要解决粗差对其结果可靠性的影响。

基于 Delaunay 与 Voronoi 的方法主要通过三角网结构建立点云的拓扑关系。对于没有噪声的点云，该方法将各点与其 Voronoi 邻域中最远顶点连线的方向作为该点处的法向量方向。Dey 等(2004)将该方法推广到包含噪声的点云，通过 Delaunay 球确定法向量。基于 Voronoi 图，Ouyang 等(2005)根据各点与其邻居点集建立了局部 Voronoi 网格，然后通过一组二次曲线对其进行拟合，得到点云法向量，此类方法也容易受到粗差点的影响。

基于鲁棒统计的方法着眼于通过避免或减小粗差点对各种参数估计的影响，以提高对包含噪声、粗差与尖锐特征的点云数据的法向量估计精度。一些研究人员提出了鲁棒的改进 PCA 方法(安磊磊，2015；王松等，1998)。还有些研究人员将计算机视觉中的多结构检测的思想引入点云的处理(李扬彦，2013；李宝，2011)，如著名的随机采样一致性算法(random sample and consensus，RANSAC)(Fischler et al.，1981)，该算法已被广泛地应用在了点云中的平面检测、拟合以及法向量的提取中。它可以在含有噪声的点云中高效地检测大的连续平面，但对法向量计算这种在大规模点云数据中拟合局部小平面的情况效率不高。李宝等(2013)通过对点云局部噪声的估计，基于核密度估计的思想，实现了一种法向量估计的鲁棒算法，避免了点云中尖锐特征对法向量计算精度的影响，并可以识别和剔除点云中的粗差点。因此，基于鲁棒统计的点云法向量估计方法具有一定的研究前景与实践意义。

2. 多元鲁棒统计算法相关研究

随着鲁棒统计学理论的发展，尤其是多元鲁棒统计方法的完善，基于鲁棒统计方法的粗差剔除在应用中日渐成熟。对于点云数据这种多元空间数据，可以将马氏距离作为度量，基于正态分布的假设，对粗差进行探测和剔除(Giménez et al., 2012)。但是在实际的点云数据中，存在着较多的粗差点。而由于传统的参数估计方法鲁棒性很差，无法在有粗差的情况下得到样本中心和分布参数的可靠估计，最终得到的马氏距离也就不具有鲁棒性，无法对粗差进行可靠的探测与剔除，对此需要采用多元变量中心和分布的鲁棒估计，目前主要有 M 估计、S 估计和 MCD 估计三种方法(Maronna et al., 2006)。这些估计方法虽然实现方式不同，但都能在估计出样本的中心和分布的同时识别出粗差。

Rousseeuw(1984)提出的最小广义方差估计方法(minimum covariance determinant，MCD)是多元数据中心向量和协方差矩阵的一种鲁棒估计方法。该算法的核心在于：对于 n 个 p 元观测值 $x_1, \cdots, x_n$，挑选出 h 个($n/2 < h \leqslant n$)作为子样本对总体的均值向量和协方差矩阵进行估计。在所有可能的 C_n^h 种子样本组合中选取协方差矩阵的行列式最小的子样本，从而确保其不含粗差。对于样本容量较小的数据来说，可以通过枚举法找出这 h 个样本，但是如果样本容量较大的话，枚举法在时间效率上就不再适用，这也是一直以来制约 MCD 方法在实践中应用的障碍。因此，直到 Rousseeuw 等(1999)提出改进的 Fast-MCD 算法，才使得 MCD 方法真正地应用在各种鲁棒估计中。Fast-MCD 算法以随机抽取的子样本数据作为初值，样本规模较大时，将其划分为若干个子部分分别计算后再整合。该算法属于一种随机化算法，初值选择是否恰当，会直接影响算法的收敛速度和计算效率，而分块是否恰当，将影响是否会误识粗差。

针对 MCD 和 Fast-MCD 方法存在的不足，Hubert 等(2012)提出了一种确定型广义方差计算方法，即确定型最小广义方差估计(deterministic MCD，DetMCD)。它在迭代过程中用确定型算法代替随机算法，提高了收敛速度。在初始值的选择中，通过特别选定的初始值，克服了 Fast-MCD 的不稳定性，计算结果不受到观测值的排列次序的影响。实验结果表明，DetMCD 与 Fast-MCD 具有相同的鲁棒性。

4.2.2　提出的算法

本节基于最小广义方差估计方法，以 K 邻域点集的协方差为核心，引入多元变量马氏距离，在局部点云服从多元正态分布的假设下，实现粗差的剔除，并通过局部平面拟合得到法向量的鲁棒估计。首先对算法原理进行介绍，其次对提出的算法进行整体描述，最后详细说明算法的几个关键步骤。

1. 算法原理

基于局部平面拟合的离散点云法向量估计的第一个关键步骤是邻域点集的搜索与确定，因为激光扫描仪采样得到的散乱点云中没有各点间的拓扑关系，无法直接得到各点的邻接信息，所以需要通过各点的空间位置信息得到各自的邻域点集。目前主要通过两种算法获得点云中的邻域点集：一种是固定半径邻域(fixed distance neighborhood, FDN)算法；另一种是 K 邻域(K nearest neighborhood, KNN)算法。FDN 算法选取以点 p_i 为球心，半径为 r 的球体内的所有点作为该点的邻域点集。KNN 算法选取与点 p_i 距离最近的 K 个点作为邻域点集。因为 KNN 算法可以避免采样密度不均的影响，尤其是避免固定半径内点数量过少的问题，所以本节采用 KNN 算法进行邻域点的搜索。

在真实的地面三维激光扫描点云中，除了一般的设备测量误差外，还存在着不属于待建模表面的粗差点。一方面，不管采用何种法向量计算方法，只要在计算过程中使用了这些粗差点，就会极大地影响到计算结果的可靠性，因此在法向量计算时需要剔除粗差点的影响。而通过对局部邻域点集的粗差识别与剔除，就可以在剩余点的基础上可靠地计算出局部采样表面的法向量和曲率等参数。另一方面，在剔除粗差点后，剩余的点还存在操作和设备等造成的偶然误差，使用抗差方法，对点集中心和分布进行鲁棒估计，可以有效提高计算精度。

本节以多元变量马氏距离为基础，通过最小广义方差估计方法得到协方差的鲁棒估计，进而计算得到各点的鲁棒马氏距离，依据卡方(chi-square)分布实现粗差的识别与剔除。

设 n 个 p 元观测值构成观测值矩阵 $X=\left(x_1,\cdots,x_n\right)^{\mathrm{T}}$，其中 $x_i=\left(x_{i1},\cdots,x_{ip}\right)^{\mathrm{T}}$。又设 n 个观测值的中心向量为 $\hat{\mu}=\left(\mu_1,\mu_2,\cdots,\mu_p\right)^T$，协方差矩阵为 $\hat{\Sigma}_{p\times p}$，则每个观测值 x_i 的马氏距离为

$$D(x_i,\hat{\mu},\hat{\Sigma})=\sqrt{\left(x_i-\hat{\mu}\right)^{\mathrm{T}}\hat{\Sigma}^{-1}\left(x_i-\hat{\mu}\right)} \tag{4-1}$$

假设观测值符合多元正态分布，即 $x_i\sim N(\mu,\hat{\Sigma})$。则 $\hat{\mu}$ 和 $\hat{\Sigma}$ 分别为 X 的中心向量和协方差矩阵的无偏估计。那么，马氏距离的平方就服从自由度为 p 的卡方

分布，即 $D^2(x_i,\hat{\mu},\hat{\Sigma}) \sim \chi^2(p)$ 。根据该分布特点，可以按照选定的显著性水平 α，以观测值的马氏距离是否超出置信区间作为粗差的判别条件。即粗差点的马氏距离满足

$$P\left\{D(x_i,\hat{\mu},\hat{\Sigma}) \geqslant \sqrt{\chi^2_{p,1-\alpha}}\right\} = \alpha, \quad i=1,\cdots,n \tag{4-2}$$

但是当观测值中含有粗差时，粗差将歪曲对 $\hat{\mu}$ 和 $\hat{\Sigma}$ 的估计，最终影响到马氏距离的计算，削弱其粗差检测的效果。因此，本节采用确定型最小广义方差估计方法计算点云 K 邻域集合中心向量的鲁棒估计 $\hat{\mu}_r$ 和协方差的鲁棒估计 $\hat{\Sigma}_r$ 。根据 $\hat{\mu}_r$ 和 $\hat{\Sigma}_r$，计算得到各点的鲁棒马氏距离为

$$\mathrm{RD}(p_i) = D(p_i,\hat{\mu}_r,\hat{\Sigma}_r) \tag{4-3}$$

这样就可以通过各点的鲁棒马氏距离，根据卡方分布，以设定的显著性水平，对粗差点进行识别和剔除。

以一块模拟平面点云为例，如图 4-3 所示，在构造的模拟点云(图中实心圆点)上添加了 20%的非平面粗差点(图中空心圆点)。采用本节提出的方法对图中的待计算点 p_i 处的法向量进行计算时，首先查找得到该点的 K 邻域点集(本例中 K=20)，然后计算各点的鲁棒马氏距离，结果如图 4-4 所示。由图 4-4 可见，传统的马氏距离会受到粗差的影响而导致各点马氏距离均小于粗差判别限，无法识别出点云中的粗差点。而本节通过最小广义方差方法，克服了粗差的影响，得到了邻域点集协方差的鲁棒估计。通过鲁棒马氏距离可以对粗差进行有效识别，剔除粗差后，由剩余的邻域点计算法向量，可以得到更可靠的计算结果。由图 4-3 可见，本节算法得到的法向量方向(图中实线箭头方向)基本与平面真实法向量方向一致，而受到粗差影响，PCA 算法的结果(图中虚线箭头方向)出现了偏差。

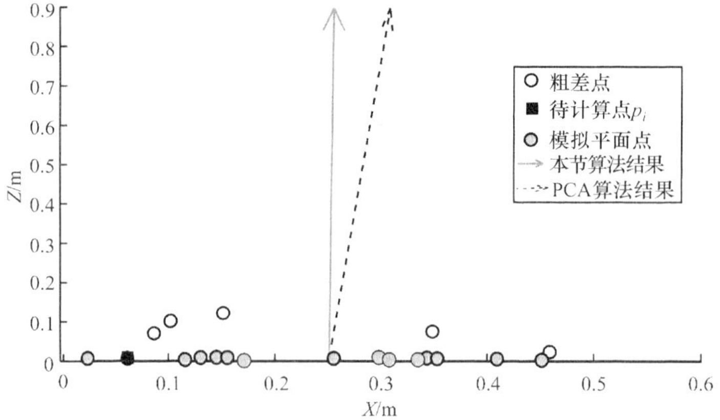

图 4-3　本节算法与 PCA 算法对模拟点云法向量计算示意

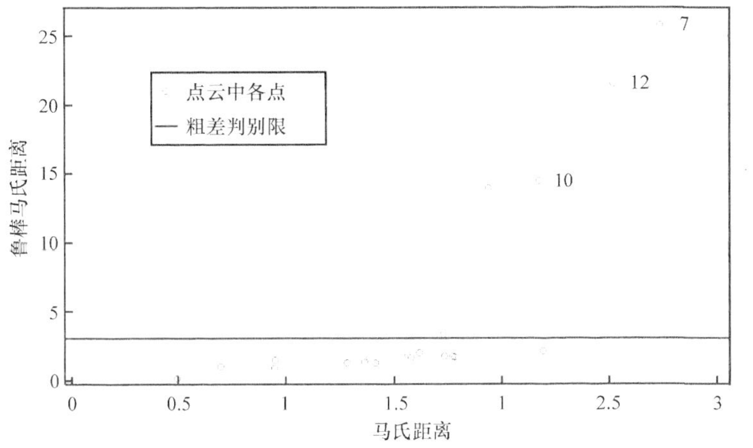

图 4-4　模拟点云各点的马氏距离与本节得到的鲁棒马氏距离

2. 算法描述

本节算法主要包括点云 K 邻域搜索、点云集合中心与分布参数的鲁棒估计、基于鲁棒马氏距离的粗差判别以及点云法向量的计算与法向量方向一致性调整五个步骤。具体描述如下。

输入：点云集合矩阵 $P=\left[p_1,\cdots,p_n\right]_{n\times 3}^{\mathrm{T}}$。

输出：各点的鲁棒法向量估计 $\mathrm{Normal}\left(p_i\right)$。

参数主要有邻域点集大小 K、DetMCD 优化迭代中保留的子集大小 h 和粗差判别显著性水平 α。

第一步：点云 K 邻域搜索。采用快速近似邻域搜索算法(fast library for approximate nearest neighbors，FLANN)，由点云集合矩阵 P 得到各点 p_i 的最近 K 邻域索引矩阵 $ID_{n\times k}=\left[id_1,\cdots,id_n\right]_{n\times k}^{\mathrm{T}}$。

第二步：点云集合中心与分布参数的鲁棒估计。根据点 p_i 的 K 邻域索引向量 id_i 得到各点的 K 邻域集合 $\mathrm{NB}\left(p_i\right)=\left\{p_j \mid j=id_{i1},\cdots,id_{ik}\right\}$。采用 DetMCD 算法，计算得到其中心与分布的鲁棒估计 $\left(\hat{\mu}_i,\hat{\Sigma}_i\right)$。

第三步：基于鲁棒马氏距离的粗差判别与剔除。根据各点 K 邻域点集的中心与分布的鲁棒估计 $\left(\hat{\mu}_i,\hat{\Sigma}_i\right)$，由式(4-3)计算各点的鲁棒马氏距离 $\mathrm{RD}(p_i)$。然后根据卡方分布与设定的显著性水平 α 对粗差进行判别与剔除。K 邻域点集剔除粗差后保留的点构成 $\mathrm{RS}\left(p_i\right)$。

第四步：鲁棒法向量计算。根据保留下的邻域点集 $\mathrm{RS}\left(p_i\right)$，采用 DetMCD 算法得到其协方差矩阵的鲁棒估计 $\hat{\Sigma}_{\mathrm{rs}}$。对 $\hat{\Sigma}_{\mathrm{rs}}$ 进行特征值分解，得到点 p_i 处的鲁

棒法向量 $\text{Normal}(p_i)$ 。

第五步：法向量方向一致性调整。对各点的法向量 $\text{Normal}(p_i)$ ，根据其扫描视点，进行法向量方向一致性调整。

3. *K* 邻域搜索

本节采用 Muja 等(2014)提出的 FLANN 算法进行 *K* 邻域的计算。FLANN 算法，可以在大规模的多维数据中高效地进行选定点的邻域搜索。它通过随机 *K* 维森林算法与 *K* 均值优先搜索树算法对多维数据建立结构化索引，实现最近 *K* 邻域的快速查找。尤其是其提出的自适应参数优化方法，可以通过在总体数据中提取的小样本实现对数据总体分布特征的分析，从而根据选定的精度和时空效率要求，自动配置最优参数。它可以节省存储空间和提高运算效率，为相关点云参数计算提供便利。

本节通过 FLANN 算法，基于三维空间的欧式距离，以时间效率最优为目标设置时空效率参数，根据地面三维激光点云数据采样密度大、精度高以及包含粗差的特点，选取合适的精度参数(FLANN 算法的精度参数可取范围为 0～1，数值越大精度越高，但是时间效率越低)，然后由算法自动建立最优的索引结构。根据建立的索引结构，查找点云中各点的最近 *K* 邻域点的编号。保存为矩阵 $ID_{n\times k}$ ，其行向量 $id_i^{\mathrm{T}}\,(i=1,\cdots,n)$ 为点 p_i 的最近 *K* 邻域点的编号列表。

4. 点云集合中心与分布参数的鲁棒估计

根据计算得到的 *K* 邻域点编号矩阵 $ID_{n\times k}$ ，可以得到点 p_i 的 *K* 邻域集合为

$$\text{NB}(p_i)=\left\{p_j \mid j=id_{i1},\cdots,id_{ik}\right\} \tag{4-4}$$

然后，采用 DetMCD 算法计算出点云集合 $\text{NB}(p_i)$ 的中心与分布的鲁棒估计。

设点云集合 $\text{NB}(p_i)$ 可构成矩阵 $X_{k\times 3}$ ，行向量为各点空间坐标，$x_i^{\mathrm{T}}\,(i=1,\cdots,k)$ ，列向量为 $X_j\,(j=1,2,3)$ 。则点云集合中心与分布参数的鲁棒估计算法如下。

输入：点云集合矩阵 *X*。

输出：点云集合中心和分布参数的鲁棒估计 $(\hat{\mu}_i,\hat{\Sigma}_i)$ 。

第一步：对于每个列向量 X_j，根据其中位数 $\text{median}(X_j)$ 和鲁棒尺度估计量 $Q_n(X_j)$ 对点云矩阵进行规范化。其中 $Q_n(\bullet)$ 为 Rousseeuw 等(1993)提出的一种样本分布尺度的鲁棒估计量。通过规范化，可以确保算法对点云坐标位移和尺度变化的不变性。设规范化后的矩阵为 *Z*，行向量为 $Z_i^{\mathrm{T}}\,(i=1,\cdots,k)$ ，列向量为 $Z_j\,(j=1,2,3)$ 。

第二步：对 Z 的中心和分布参数进行初始估计，计算出六个 $\hat{\mu}_l(Z)$ 和 $\hat{\Sigma}_l(Z)$ 的初始估计量($l=1,\cdots,6$)。具体见文献中的初始估计量计算方法(Hubert et al.，2012)。

第三步：构造初始种子子集。采用第二步得到的所有估计量 $\left(\hat{\mu}_l(Z),\hat{\Sigma}_l(Z)\right)$ $(l=1,\cdots,6)$，计算各点的鲁棒马氏距离为

$$d_{i,l}=\mathrm{RD}\left(z_i,\hat{\mu}_l(Z),\quad \hat{\Sigma}_l(Z)\right)(i=1,\cdots,k;l=1,\cdots,6) \tag{4-5}$$

对于每组估计量，选择鲁棒马氏距离 $d_{i,l}$ 最小的 $k/2$ 个点，根据这 $k/2$ 个点重新计算估计量 $\left(\hat{\mu}^*{}_l(Z),\hat{\Sigma}_l^*(Z)\right)$ 和各点的鲁棒马氏距离 $d_{i,l}^*$。然后在由所有六组估计量得到的各点的鲁棒马氏距离 $d_{i,l}^*$ 中，选择 $d_{i,l}^*$ 值最小的 h 个点，构成子集 P_1。将这个子集作为初始种子子集。

第四步：优化迭代(concentration steps，C-steps)求解点云集合中心和分布的鲁棒估计 $\left(\hat{\mu}_r,\hat{\Sigma}_r\right)$。

第 4-1 步：根据当前的点云子集 P_k(初始 $k=1$，即为种子子集 P_1)，计算统计参数 $\left(\hat{\mu}_k,\hat{\Sigma}_k\right)$，即

$$\hat{\mu}_k=\frac{1}{h}\sum_{z_i\in P_k}z_i \tag{4-6}$$

$$\hat{\Sigma}_k=\frac{1}{h-1}\sum_{z_i}\left(z_i-\hat{\mu}_k\right)\left(z_i-\hat{\mu}_k\right)^{\mathrm{T}} \tag{4-7}$$

第 4-2 步：根据 $\left(\hat{\mu}_k,\hat{\Sigma}_k\right)$，计算每个点的马氏距离，并找到马氏距离最小的 h 个点。

第 4-3 步：将第 4-2 步得到的 h 个点作为子集 P_{k+1}，根据式(4-6)和式(4-7)计算统计参数 $\left(\hat{\mu}_{k+1},\hat{\Sigma}_{k+1}\right)$。

第 4-4 步：如果 $\det\left(\hat{\Sigma}_{k+1}\right)=0$ 或 $\det\left(\hat{\Sigma}_{k+1}\right)=\det\left(\hat{\Sigma}_k\right)$，迭代终止。否则 $k=k+1$，转至第 4-2 步。

根据上述优化迭代过程可以得到广义方差(行列式)最小的子集，最终就得到了 K 邻域集合 $\mathrm{NB}\left(p_i\right)$ 的中心和分布参数的鲁棒估计 $\left(\hat{\mu}_i,\hat{\Sigma}_i\right)$。

这部分算法的主要参数是优化迭代中保留的子集大小 h，该参数是对总体样本中正常样本数量的估计值。本小节根据文献(Hubert et al.，2012)，对正常点个数采用最保守的估计，约为全体样本数的一半，即 $h=\lfloor k/2\rfloor$。

5. 鲁棒法向量估计

采用前面得到的点 p_i 的 K 邻域集合的中心和分布参数的鲁棒估计量 $\left(\hat{\mu}_i,\hat{\Sigma}_i\right)$，计算点 p_i 的各邻域点 $p_j\in\mathrm{NB}\left(p_i\right)$ 的鲁棒马氏距离 $\mathrm{RD}_j=D(p_j,\hat{\mu}_i,\hat{\Sigma}_i),(j=1,\cdots,k)$。

其次，根据选定的显著性水平 α，计算出粗差判别限 L。根据统计推断的原理，通常可取显著性水平为 0.025，相应的置信度为 0.975，则有 $L=\sqrt{\chi^2_{3,0.975}}$。

最后，根据设定的粗差判别限 L 对粗差进行剔除。保留下来的点构成集合，即

$$\mathrm{RS}(p_i)=\left\{p_j \mid p_j \in \mathrm{NB}(p_i), \mathrm{RD}_j \leqslant L\right\} \tag{4-8}$$

根据粗差剔除后保留下的邻域点集 RS(p_i)，采用第四步中的点云集合中心与分布参数估计方法，得到 RS(p_i)的中心与分布参数的鲁棒估计$(\hat{\mu}_{\mathrm{rs}}, \hat{\Sigma}_{\mathrm{rs}})$。

$\hat{\Sigma}_{\mathrm{rs}}$即为点集 RS($p_i$)的协方差矩阵的鲁棒估计。对矩阵 $\hat{\Sigma}_{\mathrm{rs}}$ 进行特征值分解，可得

$$\hat{\Sigma}_{\mathrm{rs}} \cdot v_j = \lambda_j \cdot v_j, j=1,2,3 \tag{4-9}$$

式中，λ_j 是协方差矩阵的特征值；v_j 为特征向量。假设 $\lambda_1<\lambda_2<\lambda_3$，则点 p_i 处的法向量为 v_1，即

$$\mathrm{Normal}(p_i)=v_1 \tag{4-10}$$

上述方法得到的点云法向量 $\mathrm{Normal}(p_i)$ 存在着方向不一致的问题。根据本小节研究的地面三维激光点云数据的特征，采用基于视点的法向量方向调整方法。

对于一个地面三维激光采样点云集合 P，设其采样视点为 $v_p=(x_p, y_p, z_p)$，则可根据式(4-1)对法向量 $n_i \in \mathrm{Normal}(P)$ 的方向进行调整，即

$$n_i=\begin{cases} n_i, n_i \cdot (v_p - p_i) > 0 \\ -n_i, n_i \cdot (v_p - p_i) \leqslant 0 \end{cases} \tag{4-11}$$

通过对所有点 p_i 应用式(4-11)进行处理，可以使各点的法向量方向相对视点保持一致，从而实现点云法向量方向的统一。对于从多个测站得到的点云数据，需要根据其各自的视点分别调整统一法向量方向。若没有对应的视点坐标，则需要采用基于最小生成树的法向量方向传播等算法对法向量方向进行调整(Hoppe et al.，1992)。

4.2.3　实验与分析

为验证法向量计算效果，分别采用模拟点云数据与真实点云数据进行实验，将本节算法与传统基于 PCA 的方法进行比较，分析算法的精度、鲁棒性以及尖锐特征对计算效果的影响。

本节算法使用 MATLAB 语言实现，在 16 核 Xeon E5 工作站上进行实验。算法精度通过点云中各点计算得到的法向量与真实法向量的夹角度量。设点 p_i 的真

实法向量为 n_0，计算得到的法向量为 n_i，则点 p_i 处法向量计算的角度偏差为

$$\theta_i = \arccos\frac{\langle n_0, n_i\rangle}{\|n_0\|\|n_i\|} \tag{4-12}$$

对于一个包含 n 个点的点云数据,其各点计算得到的法向量都可以由式(4-12)计算出相应的角度偏差，所有点的角度偏差构成长度为 n 的角度误差向量 $\Theta = [\theta_1, \cdots, \theta_n]^{\mathrm{T}}$。对于不同的算法，可以通过比较其对同一点云计算得到的法向量角度误差以对比各自性能，具体可以采用角度误差的均值与中值等。

1. 模拟点云实验

因为真实点云中存在粗差与噪声干扰，无法单纯通过点云数据得到各点的真实法向量，所以首先使用构造的模拟点云对算法进行验证，检验算法的精度、稳健性与对尖锐特征的保持能力。

1) 鲁棒性分析

为了检验算法的鲁棒性，建立模拟平面点云模型并加入人工粗差。根据地面三维激光点云的采样密度和测量精度，构建一块 2m×2m 的正方形平面点云 $P = \{P_i \mid P_i = (px, py, pz)\}$。具体定义为

$$\begin{cases} |P| = 400, \mathrm{Scale} = 2 \\ \mathrm{Preceision} = 0.01 \\ px = \mathrm{rand}(|P|) \cdot \mathrm{Scale} \\ py = \mathrm{rand}(|P|) \cdot \mathrm{Scale} \\ pz = \mathrm{rand}(|P|) \cdot \mathrm{Precision} \end{cases} \tag{4-13}$$

式中，$|P|$为点云中点的个数；Scale 为正方形边长(m)；Precision 为测量精度，这里设为毫米级；rand($|P|$)是长度为$|P|$的随机数向量，取值范围为[0, 1]。

在代表地面的平面点云模型之上，添加均匀分布的模拟粗差点 $\mathrm{GP} = \{\mathrm{GP}_i \mid \mathrm{GP}_i = (\mathrm{gp}x, \mathrm{gp}y, \mathrm{gp}z)\}$。具体定义为

$$\begin{cases} |\mathrm{GP}| = |P| \cdot \mathrm{GrossErrorRate} \\ \mathrm{Height} - 0.2 \\ \mathrm{gp}x = \mathrm{rand}(|\mathrm{GP}|) \cdot \mathrm{Scale} \\ \mathrm{gp}y = \mathrm{rand}(|\mathrm{GP}|) \cdot \mathrm{Scale} \\ \mathrm{gp}z = \mathrm{rand}(|\mathrm{GP}|) \cdot \mathrm{Height} \end{cases} \tag{4-14}$$

式中，GrossErrorRate 为粗差点比例，即粗差点与正常点数目的比值，取值为[0, 1]。

根据上述平面点云与粗差点云，得到模拟点云模型定义为

$$\mathrm{PT}\left(|P|,|\mathrm{GP}|,\mathrm{Scale},\mathrm{Precision},\mathrm{GrossErrorRate},\mathrm{Height}\right) \tag{4-15}$$

图 4-5 为粗差点比例为 20%的模拟平面点云的示意图(X-O-Z 面侧视图)。分别测试粗差点比例 GrossErrorRate 分别为 0%、5%、…、100%共 21 组不同模拟点云数据。

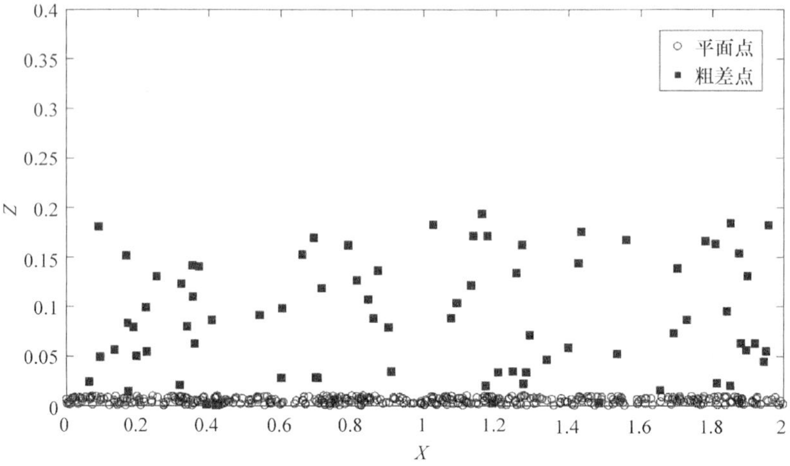

图 4-5 模拟平面点云(粗差点比例 20%)

为了更好地衡量算法效果，避免单次试验的随机性，对于每级粗差点比例构造 10 个不同的模拟点云，最后取结果的平均值作为该粗差点比例下的模拟点云实验结果。根据模拟点云的真实法向量 $n=(0,0,1)^{\mathrm{T}}$，分别在不同粗差比例下，对比基于 PCA 的法向量计算方法与本章提出的鲁棒法向量估计算法，得到每个点采用不同方法计算得到的角误差。采用点云中所有点的角误差中值 median(θ) 为指标，对比两种算法在不同粗差比例下的精度如图 4-6 所示。

由图 4-6 可见，在粗差比例低于 60%的情况下，本节算法的角度误差中值低于 1°，而 PCA 算法在存在 10%的粗差的情况下角度误差中值已大于 2°。以崩溃点(breakdown point)作为鲁棒性指标，则在少量粗差点存在的情况下，PCA 算法即受到较大影响，崩溃点为 0。本节算法的崩溃点约为 70%。一般认为崩溃点达到 50%的估计方法是鲁棒的。由此可见，本节提出的算法可在粗差的影响下得到法向量的可靠估计。

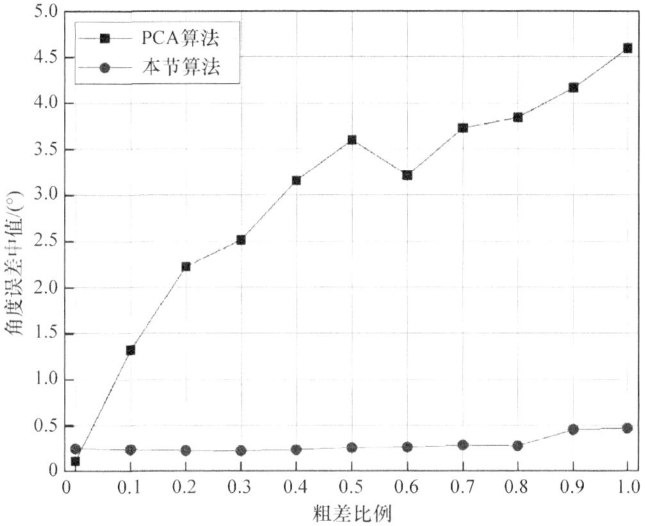

图 4-6　粗差比例对角误差的影响

2) 尖锐特征影响

为了检验尖锐特征对算法的影响，建立模拟尖锐点云模型并加入人工粗差。尖锐特征点云 $\mathrm{SP}=\left\{\mathrm{SP}_i \mid \mathrm{SP}_i=(\mathrm{sp}x,\mathrm{sp}y,\mathrm{sp}z)\right\}$ 由两个相交为锐角的平面组成，其中一个面 SP_1 与前面定义的正方形平面点云 $P=\left\{P_i \mid P_i=(px,py,pz)\right\}$ 相同，另一面 $\mathrm{SP}_2=\left\{\mathrm{SP}_2 \mid \mathrm{SP}_2=(\mathrm{sp}x_2,\mathrm{sp}y_2,\mathrm{sp}z_2)\right\}$ 位于该平面之上，与水平面夹角为 α，定义为

$$\begin{cases}|\mathrm{SP}_2|=400,\mathrm{Scale}=2\\ \mathrm{Preceision}=0.01\\ \mathrm{sp}x_2=\mathrm{rand}(|\mathrm{SP}_2|)\cdot\mathrm{Scale}\\ \mathrm{sp}y_2=\mathrm{rand}(|\mathrm{SP}_2|)\cdot\mathrm{Scale}\\ \mathrm{sp}z_2=\mathrm{sp}x_2\cdot\tan\alpha\end{cases} \tag{4-16}$$

在两个平面的外侧参照前面添加模拟粗差，这里取粗差比例为 10%。取夹角 α 分别为 0°、10°、…、80°，建立模拟尖锐特征模型 $\mathrm{SPT}(\alpha,\mathrm{SP}_1,\mathrm{SP}_2)$。根据两个平面的真实法向量 $n_1=(0,0,1)^{\mathrm{T}}$ 与 $n_2=(1,0,\tan(\pi/2-\alpha))^{\mathrm{T}}$，得到不同夹角下的角度误差中值。由图 4-7 可见，本节的算法在夹角大于 20°后的法向量角度误差中值即大于 1°，说明该算法可以较好地克服尖锐特征的影响，得到法向量的可靠估计。

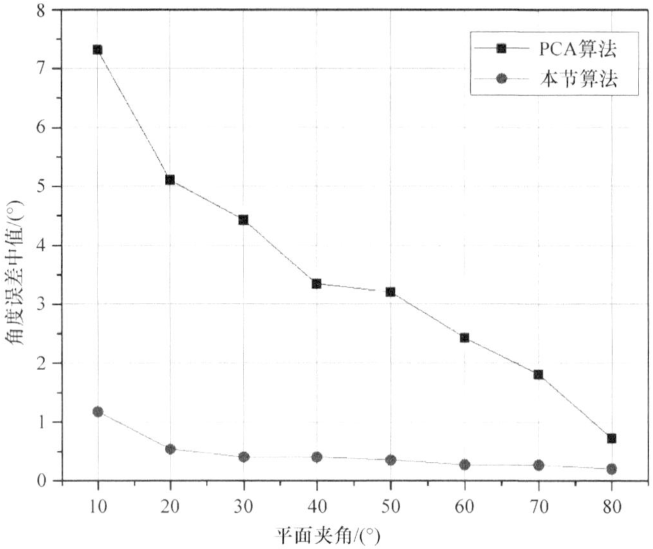

图 4-7　不同夹角的相交平面的法向量计算角度误差

如图 4-8 与图 4-9 所示，与夹角 45°时的模拟点云法向量计算结果对比，可以看到 PCA 算法在尖锐转折处误差较大，部分法向量散布在了两个平面之间。本节提出的算法虽然也受到了尖锐特征的影响，但求得的法向量方向基本正确，保持了原有的尖锐特征。

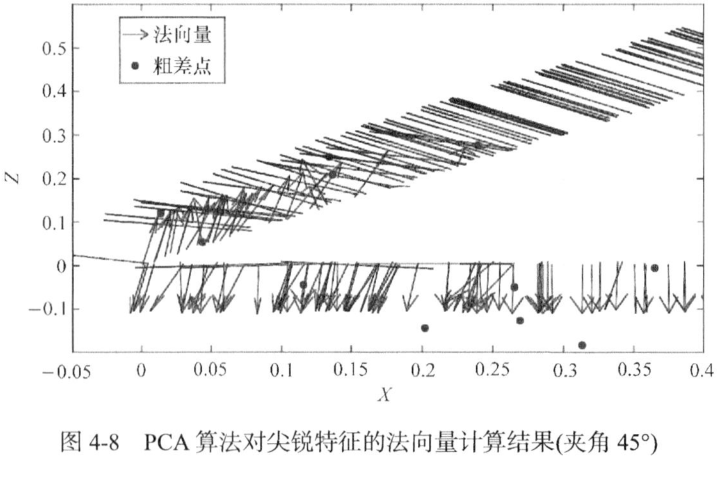

图 4-8　PCA 算法对尖锐特征的法向量计算结果(夹角 45°)

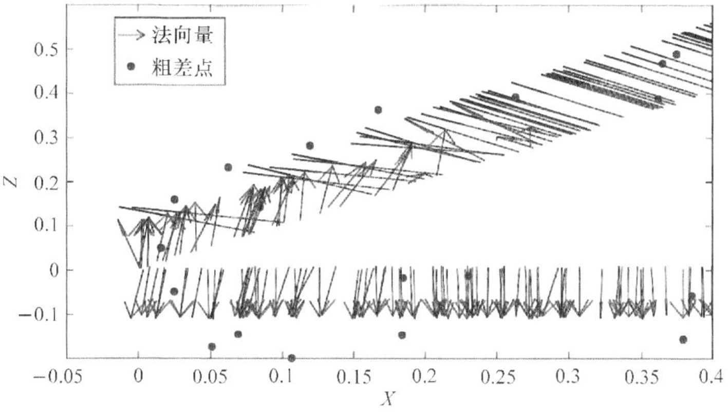

图 4-9　本章算法对尖锐特征的法向量计算结果(夹角 45°)

2. 真实点云实验

为了验证本节算法的实际效果，采用野外采集的真实三维点云数据(参见 2.2.2 小节)进行实验验证。选择甘肃省天水市桥子沟流域一条典型切沟的点云测量数据为实验对象。断面呈典型的 V 字形，切沟表面 90%被低矮豆科类植物和荒草覆盖，利用徕卡 HDS 6100 型三维激光扫描仪对切沟进行初始扫描并存储点云数据，扫描精度为 1mm，包含激光脚点 2805401 个，覆盖面积为 732.19287m^2，点云平均密度为 3831.5 个/m^2。

根据马鼎等(2013)提出的植被滤波算法，对点云数据进行滤波。为了提高计算速度，将滤波后的点云进行了重采样，降低点云密度，最终得到包含 9279 个点的三维点云数据，如图 4-10 所示。

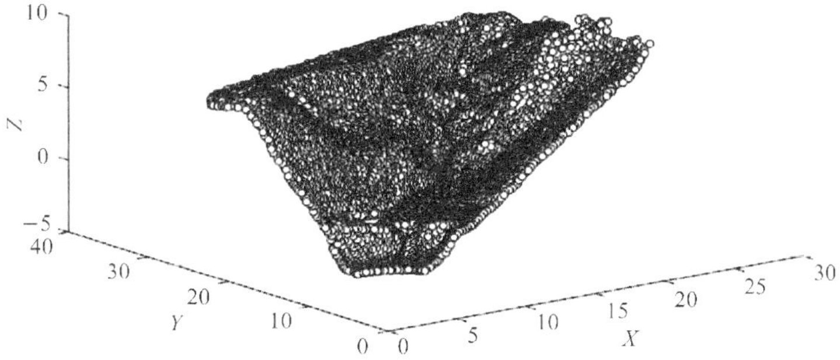

图 4-10　预处理后得到的真实地面激光点云数据

对经预处理得到的切沟点云数据，采用本节提出的基于鲁棒统计的法向量计算方法进行法向量计算。取邻域大小 K 为 15，优化迭代保留的子集大小为 $h=$

$\lfloor K/2 \rfloor = 7$，置信水平为 97.5%(显著性水平 0.025)。得到点云的法向量如图 4-11 所示(为了便于显示，从点云中随机抽取了 1000 个点进行显示)。可见，本节的算法可以针对复杂的地面三维点云进行可靠的法向量计算。

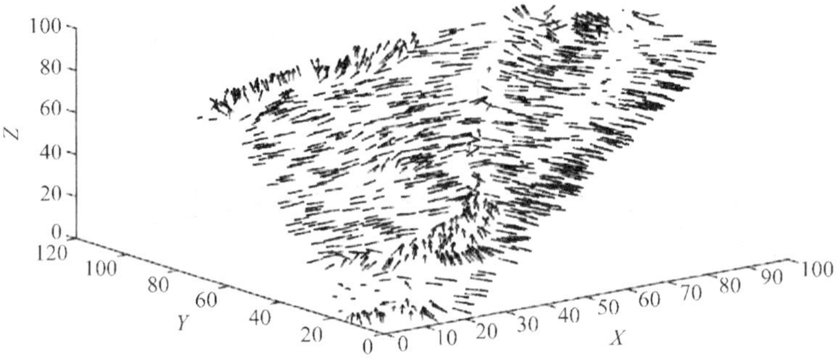

图 4-11　本节算法得到的真实地面激光点云数据的法向量结果

模拟点云的实验表明本节的方法相比于经典的 PCA 方法对粗差具有更好的鲁棒性，并且能基本保留点云中的尖锐特征，是散乱点云法向量的一种可靠计算方法。通过对真实地面激光点云数据的法向量计算，进一步证明了算法适用于复杂的地面激光扫描点云数据。

本节算法中通过剔除粗差点，采用更符合局部待建模表面分布的邻域点集，实现更精确的点云法向量计算。这一思路可以进一步与其他方法与工具结合，单纯基于马氏距离还只能在局部点云数据服从正态分布的假设下，实现一般统计意义上的粗差剔除，下一步可以针对特定的应用需求与不同数据的特点研究不同的粗差判别指标，提高算法的适用性。算法本身的参数中，可以尝试通过自适应的方式针对不同的局部点云确定邻域大小 K 的最优值，进一步提高算法的精确度。针对点云数据规模较大的特点，有必要研究通过并行计算等方法提高对法向量以及其他点云复杂局部特征的计算能力。

4.3　基于 LiDAR 点云的曲率计算

主曲率(principal curvature)和主方向(principal direction)是曲面的重要几何特性，它们对于三维重建、三维建模与分析具有重要作用。对于自然地面等未知曲面，其 LiDAR 点云的曲率计算是一项困难而有意义的工作。

根据采用的数学方法的不同，点云曲率的计算方法可以分为：基于曲面拟合的方法和基于离散结构的方法。基于曲面拟合的方法的主要步骤是先估计曲率计算点处的法向量，然后基于法向量建立局部坐标系，通过二次多项式曲面、三次多项式曲面或一般多项式曲面对点 p 处的局部点云进行曲面拟合，最终计算得到曲率与主方向。在基于多项式的曲面拟合中，二次多项式曲面由于结构简单、计算方便等优点，应用较为广泛。除此之外，也可以使用三次多项式曲面进行计算。Goldfeather 等(2004)提出了基于邻域法向量的三次多项式曲面拟合方法，该方法基于点 p 的邻域点和法向量将邻域点拟合为三次曲面。然后，通过最小二乘求解拟合多项式，求出 Weingarten 矩阵。最后，通过对 Weingarten 矩阵的奇异值分解得到其特征值与特征向量，最终得到主曲率和主方向。通过对邻域点的法向量信息的运用，提高了曲率计算的精度。基于离散结构的方法不需要进行曲面的拟合，而是通过微分几何(differential geometry)理论中的离散逼近，直接在离散结构中对曲率进行计算。例如，Taubin(1995)通过计算每个点处的曲率张量，然后将每个点的曲率张量进行特征值分解得到点云的主曲率。这种方法没有使用点云的法向量，误差较大。

本节基于 MLS 法对局部曲面进行拟合，MLS 法是一种基于迭代的局部曲面拟合技术。不同于基于多项式的曲面拟合，MLS 法是隐式曲面拟合，具有抗噪性强和对拓扑结构依赖性低的特点。MLS 法可以追溯到 Mclain(1974)和许多其他人的研究工作(Lancaster et al.，1981；Shepard，1968)。在此期间，局部回归方法(类似于 MLS 法)在统计领域中被广泛研究，以便进行噪声数据平滑处理。早期的 MLS 法专门用于函数拟合，Levin(1998)指出了 MLS 法在曲面拟合中的可行性和优越性。以 Levin 的方法为基础，Medioni 等(2000)实现了一种能够自动选择邻域大小的曲线重构方法。Amenta 等(2004)通过对移动最小二乘的推导，指出了 MLS 曲面是由能量函数和方向函数共同确定的隐式曲面，给出了移动最小二乘曲面的迭代求解方法。

4.3.1　基于 MLS 法的曲率计算原理

在基于曲面拟合的曲率计算过程中，通常需要通过最小二乘法求解曲面的参数。这里，加权最小二乘法(weighted least square，WLS)是一种常用的方法，其定义为

$$\min_{f\in\prod_m^d}\sum_i\theta\left(\left\|\bar{x}-x_i\right\|\right)\left\|f(x_i)-f_i\right\|^2 \tag{4-17}$$

因为实际的激光点云数据存在着采样不均匀的特点，并且受到噪声点的干扰，所以很难保证基于最小二乘的曲面拟合的精度。对此，Lancaster 等(1981)对加权最小二乘法进行改进，提出了 MLS 法，为

$$f(x)=f_x(x),\ \min_{f_x\in\prod_m^d}\sum_i\theta\left(\left\|x-x_i\right\|\right)\left\|f_x(x_i)-f_i\right\|^2 \tag{4-18}$$

它利用多个局部函数$f_x(x)$去拟合一个全局函数$f(x)$，将待拟合的空间点$x_i, x_i \in R^d$通过函数$f(x)=f_x(x)$投影到局部坐标系中。其中，$\theta(x)$是一个加权函数。通过对原始点进行 MLS 拟合，可以得到 MLS 曲面。

MLS 法可以用来处理三维空间的数据点，是专门针对三维物体的曲面表示与三维场景重建等问题提出的。它可以解决使用 LiDAR 等技术对物体表面测量得到的点数据出现的采样不均匀与测量误差问题。利用 MLS 法对这些三维数据点重新采样，可计算出近似真实物体表面上的点。在本节中，以 MLS 法为基础，提出点云曲率的计算方法。

4.3.2 基于 MLS 法的曲率计算方法

对于点云中的每个点P_i，首先将其通过 MLS 投影到 MLS 曲面上，然后直接根据 MLS 曲面计算点云曲率。

1. 计算 MLS 曲面投影

给定一个点云P，设其中一点为r。则过点$x=r+t\vec{a}$，以$\vec{a}$为法向量可确定一个平面，该平面与点r的距离为t。以点云P为参数，以法向量$\vec{a}$和点$x=r+t\vec{a}$为自变量，可定义能量函数为

$$e_{\mathrm{MLS}}(x,a)=\sum_{p_i \in P}\left(\langle a,p_i\rangle-\langle a,x\rangle\right)^2\theta(x,p_i) \tag{4-19}$$

式中，因为a的正负对结果无关，所以记为$e_{\mathrm{MLS}}(x,a)$。$\theta(\cdot)$为权函数，通常采用如式(4-20)的高斯函数，即

$$\theta(x,p_i)=\mathrm{e}^{\frac{-\|x-p_i\|}{h^2}} \tag{4-20}$$

式中，h为尺度参数；$\|\cdot\|$通常为点之间的欧几里得距离。因此，该能量函数度量了平面对点云P的拟合程度，即能量函数值越大，拟合度越差，反之，拟合度越好。

对于点云P，可以求得其所确定的能量函数的局部最小值。设能量函数在$(\vec{a},t)$处取得最小值，即在点集$x=r+t\vec{a}$上取得局部最小值。若定义函数$f(r)$为点集x中距离点r最近的点。则映射f下的不动点可以构成点云P的 MLS 曲面。

根据上述定义，还无法对 MLS 曲面进行计算，因此定义向量场为

$$n(x)=\arg\min_a e_{\mathrm{MLS}}(x,a) \tag{4-21}$$

向量$n(x)$也就是在$x\in R^3$的情况下最佳拟合平面的法向量。因为在x一定的情况下，权函数也就确定，所以能量函数就成了α的二次函数，此时能量函数通常会有唯一的最小值。可以通过求解三阶矩阵的最小特征值得到能量函数最小值的解$n(x)$。但是，当存在两个或三个最小特征值时，无法得到唯一的解。而在$n(x)$

一定时，能量函数最小值的解位于直线 $l_{x,n(x)}: y = x + t \cdot n(x)$ 上。若 $y = x$ 时，能量函数 $e_{\mathrm{MLS}}(y, n(x))$ 取得局部最小值，则点 x 属于 MLS 曲面。

因此，可以将 MLS 曲面定义为在 $l_{x,n(x)}: y = x + t \cdot n(x)$ 下，满足最优化问题的点 x 构成的集合。即

$$\arg\operatorname{local}\min_{y \in l_{x,n(x)}} e_{\mathrm{MLS}}(y, n(x)) \tag{4-22}$$

对于点云中的点 P_i，若其邻域点集合为 $\mathrm{Nb}(P_i)$。则 $e_{\mathrm{MLS}}(y, n(x))$ 可定义为

$$\begin{aligned} e_{\mathrm{MLS}}(y, n(x)) &= \sum_{p_k \in \mathrm{Nb}} \left(n(x)^{\mathrm{T}} \cdot (y - p_k)\right)^2 \theta\left(\|y - p_k\|\right) \\ &= \sum_{p_k \in \mathrm{Nb}} \left(n(x)^{\mathrm{T}} \cdot (x + t \cdot n(x) - p_k)\right)^2 \theta\left(\|x + t \cdot n(x) - p_k\|\right) \end{aligned} \tag{4-23}$$

式中，$p_k \in \mathrm{Nb}$ 为点 p_i 的邻域点。$\theta(\|y - q_i\|)$ 为权函数，为

$$\theta(\|y - q_i\|) = \mathrm{e}^{-\|y - q_i\|^2 / h^2} \tag{4-24}$$

式中，$\theta(\|y - q_i\|)$ 是一个高斯核函数；h 为其尺度参数，决定了高斯核的宽度。

若点云的法向量已知，设邻域点 $q_i \in Q$ 的法向量为 v_i，则 $n(x)$ 可定义为

$$n(x) = \frac{\sum_{p_k \in \mathrm{Nb}} v_i \cdot \theta(x, p_k)}{\left\|\sum_{p_k \in \mathrm{Nb}} v_i \cdot \theta(x, p_k)\right\|} \tag{4-25}$$

这样就可以由点云的邻域点与法向量，通过迭代的方法对 MLS 曲面进行求解。每次迭代时，根据点云的法向量，代入式(4-25)得到 $n(x_i)$，然后固定 $n(x)$，沿直线 $l_{x,n(x)}: y = x + t \cdot n(x_i)$ 求解能量函数 $e_{\mathrm{MLS}}(y, n(x_i))$ 的最小值，得到点 x_{i+1}，直到 $x_{i+1} = x_i$，迭代结束，则 x_i 为 MLS 曲面上的点。

该过程可用伪代码描述如下。

输入：点云 P，法向量 Normal，点 P_i。

输出：MLS 曲面上的点 q 和切平面法向量 n_q。

```
MLS_Projection(PointCloud P, NormalVector Normal, Point Pi)
{     xi=Pi;
Do
{     //寻找点 Pi 的 K 邻域点
Neighbor_Points = Neighbor(Pi，P，K);
//根据式(4-25)计算法向量 n(xi)
n(xi) = Normal_calculation(xi，Neighbor_Points，Normal);
//根据式(4-23)，求解关于 t 的最优化问题
t =minimum_Optimization(xi, n(xi));
```

//根据直线 $l_{x,n(x)}: y = x + t \cdot n(x_i)$，计算 x_{i+1}

$x_{i+1} = x_i + n(x) \cdot t$;

}While($\|x_{i+1} - x_i\| > \varepsilon$)//$\varepsilon$ 为极小值，当$\|x_{i+1} - x_i\| \leqslant \varepsilon$ 时，迭代停止

$q = x_{i+1}$;

$n_q = n(x_i)$;

}

2. 求解 MLS 曲面的主曲率

因为 MLS 曲面为隐式曲面，不能采用多项式拟合曲面中求解拟合函数参数的方法计算曲面的曲率，所以需要根据 MLS 曲面的公式定义求解其曲率。MLS 曲面可以由隐函数式(4-26)定义，即

$$g(x) = n(x)^{\mathrm{T}} \left(\left. \frac{\partial e(y, n(x))}{\partial y} \right|_{y=x} \right) \tag{4-26}$$

由该函数，可以得到 MLS 曲面的高斯曲率(Gaussian curvature)和平均曲率为

$$k_{\text{Gaussian}} = -\frac{\det \begin{pmatrix} H(g(x)) & \nabla^{\mathrm{T}} g(x) \\ \nabla g(x) & 0 \end{pmatrix}}{\|\nabla g(x)\|^4} \tag{4-27}$$

$$k_{\text{mean}} = -\left(\frac{\nabla g(x) \cdot H(g(x)) \cdot \nabla^{\mathrm{T}} g(x) - \|\nabla g(x)\|^2 \cdot \operatorname{tr}(H)}{\|\nabla g(x)\|^3} \right) \tag{4-28}$$

式中，det(A)是矩阵 A 的行列式；tr(A)是矩阵 A 的迹；$\nabla g(x)$ 为 $g(x)$ 的梯度，即

$$\nabla g(x) = \left(\frac{\partial g(x)}{\partial x} \quad \frac{\partial g(x)}{\partial y} \quad \frac{\partial g(x)}{\partial z} \right)^{\mathrm{T}} \tag{4-29}$$

$H(g(x))$ 为 $g(x)$ 的黑塞(Hessian)矩阵，即

$$\begin{aligned} H(g(x)) &= \nabla(\nabla(g(x))) \\ &= \begin{bmatrix} \frac{\partial g(x)}{\partial x \partial x} & \frac{\partial g(x)}{\partial x \partial y} & \frac{\partial g(x)}{\partial x \partial z} \\ \frac{\partial g(x)}{\partial x \partial y} & \frac{\partial g(x)}{\partial y \partial y} & \frac{\partial g(x)}{\partial y \partial z} \\ \frac{\partial g(x)}{\partial x \partial z} & \frac{\partial g(x)}{\partial y \partial z} & \frac{\partial g(x)}{\partial z \partial z} \end{bmatrix} \end{aligned} \tag{4-30}$$

为了进一步展开式(4-27)和式(4-28)，计算能量函数对 y 的偏导数，并且令 $y=x$，则有

$$\left.\frac{\partial e\left(y,n(x)\right)}{\partial y}\right|_{y=x}=\sum_{q_k\in Q}2e^{-\|x-q_i\|^2/h^2}\times\left(\left(x-q_k\right)^{\mathrm{T}}n(x)\cdot n(x)-\frac{1}{h^2}\left(\left(x-q_i\right)^2 n(x)\right)^2\cdot\left(x-q_i\right)\right)\tag{4-31}$$

将式(4-31)代入式(4-26)，并由 $n(x)^{\mathrm{T}}\cdot n(x)=1$，可得

$$\begin{aligned}g(x)&=n(x)^{\mathrm{T}}\left(\left.\frac{\partial e\left(y,n(x)\right)}{\partial y}\right|_{y=x}\right)\\&=\sum_{q_k\in Q}2e^{-\|x-q_i\|^2/h^2}\cdot\left(1-\frac{1}{h^2}\left(\left(x-q_i\right)^2 n(x)\right)^2\cdot\left(x-q_i\right)^{\mathrm{T}}\cdot n(x)\right)\end{aligned}\tag{4-32}$$

设 $A=e^{-\|x-q_k\|^2/h^2}$，$B=\left(x-q_i\right)^{\mathrm{T}}n(x)$，则式(4-32)可记为

$$g(x)=\sum_{q_k\in Q}2\cdot A\cdot\left(B-\frac{1}{h^2}B^3\right)\tag{4-33}$$

因此，$g(x)$的梯度可记为

$$\nabla\left(g(x)\right)=\sum_{q_k\in Q}2\cdot\left(\left(\frac{\partial A}{\partial x}\right)\cdot\left(B-\frac{1}{h^2}B^3\right)+A\cdot\left(1-\frac{3}{h^2}B^2\right)\cdot\left(\frac{\partial B}{\partial x}\right)\right)\tag{4-34}$$

而由

$$\begin{cases}\dfrac{\partial A}{\partial x}=-\dfrac{2}{h^2}e^{-\|x-q_k\|^2/h^2}\cdot\left(x-q_i\right)\\[2ex]\dfrac{\partial B}{\partial x}=n(x)+\nabla^{\mathrm{T}}\left(n(x)\left(x-q_i\right)\right)\end{cases}\tag{4-35}$$

最后可得

$$\begin{aligned}\nabla\left(g(x)\right)=\sum_{q_k\in Q}2e^{-\|x-q_k\|^2/h^2}&\left(\frac{2}{h^2}\left(\left(x-q_k\right)^{\mathrm{T}}\right)n(x)\right)\\&\times\left(\frac{1}{h^2}\left(\left(x-q_k\right)^{\mathrm{T}}n(x)\right)^2-1\right)\cdot\left(x-q_i\right)\\&+\left(1-\frac{3}{h^2}\left(\left(x-q_k\right)^{\mathrm{T}}n(x)\right)^2\right)\cdot\left(n(x)+\nabla^{\mathrm{T}}\left(n(x)\cdot\left(x-q_k\right)\right)\right)\end{aligned}\tag{4-36}$$

取 $C=(x-q_i)$，$D=n(x)+\nabla^{\mathrm{T}}\left(n(x)\right)\cdot\left(x-q_k\right)$，则有

$$\nabla\left(g\left(x\right)\right)=\sum_{q_k\in Q}2A\cdot\left(\frac{2}{h^2}\cdot B\cdot\left(\frac{1}{h^2}B^2-1\right)\cdot C+\left(1-\frac{3}{h^2}B^2\right)\cdot D\right)\tag{4-37}$$

因此，$g(x)$的 Hessian 矩阵可记为

$$\begin{aligned}H\left(g\left(x\right)\right)=&\sum_{q_k\in Q}2\left(\frac{2}{h^2}B\cdot\left(\frac{1}{h^2}B^2-1\right)\cdot C+\left(1-\frac{3}{h^2}B^2\right)\cdot D\right)\cdot\left(\frac{\partial A}{\partial x}\right)\\&+2A\cdot\left(\frac{6}{h^4}B^2-\frac{2}{h^2}\right)\cdot C\cdot\left(\frac{\partial B}{\partial x}\right)^{\mathrm{T}}+2A\cdot\frac{2}{h^2}B\left(\frac{1}{h^2}B^2-1\right)\cdot\left(\frac{\partial C}{\partial x}\right)\\&-2A\cdot\frac{6}{h^2}\cdot B\cdot D\cdot\left(\frac{\partial B}{\partial x}\right)^{\mathrm{T}}+2A\cdot\left(1-\frac{3}{h^2}B^2\right)\cdot\left(\frac{\partial B}{\partial x}\right)\end{aligned}\tag{4-38}$$

最终，将 $g(x)$的梯度和 Hessian 矩阵的代入式(4-37)和式(4-38)，得到高斯曲率 k_{Gaussian} 和平均曲率 k_{mean}，进一步还可得主曲率为

$$k_1=k_{\text{mean}}+\sqrt{k_{\text{mean}}^2-k_{\text{Gaussian}}}\tag{4-39}$$

$$k_2=k_{\text{mean}}-\sqrt{k_{\text{mean}}^2-k_{\text{Gaussian}}}\tag{4-40}$$

这样，就从 MLS 曲面中计算出了点云的曲率。

4.4 基于 LiDAR 点云的谷脊线提取

通过三维激光扫描测量得到的三维点云，详细提供了物体表面的精确三维信息。但是由于几何拓扑信息的缺失，从三维点云中直接提取地形特征还存在一定的困难，研究解决基于三维点云的地形特征提取具有重要的理论价值和实际意义。

4.4.1 点云特征线提取研究现状

基于 LiDAR 点云的谷脊线提取属于点云特征线提取的一个子问题。由于点云中噪声的存在，点云中的特征线提取还存在一定的困难。目前点云特征线提取的方法有基于 PCA 的特征提取方法、基于几何特征的方法、基于曲面拟合的特征提取方法和基于张量投票的方法等。

1) 基于 PCA 的特征提取方法

Gumhold 等(2001)提出了基于黎曼图(Riemann graph)的方法，通过黎曼图建立点之间的连接关系，然后通过 PCA 提取特征点。Pauly 等(2010)使用多尺度邻域的思想对 Gumhold 的方法进行了改进，应用多尺度的概念避免求解的特征值落入区域最大值(local maximum)，利用最小生成树(minimum spanning tree，MST)算法将选定的特征点连接成线，得到的特征线整体呈锯齿状线段状，再使用 Kass 等

(1988)提出的 Snakes 算法将线段平滑化。Demarsin 等(2007)首先通过 PCA 方法计算点云中各点的法向量，然后根据法向量的变化使用区域生长法得到点云的初始聚类，之后对边缘点云聚类进行分割，从而识别出尖锐特征，最后通过最小生成树方法构建特征线。

2) 基于几何特征的方法

Merigot 等(2011)通过计算点云的 Voronoi 单元格的卷积协方差，得到点云局部曲面上的主曲率和主方向等几何特征,从而实现对点云特征的提取。Lee 等(2005)提出了 mesh saliency 公式，将人眼对特征的判定用标量表示，并应用了多尺度的概念，计算出各种尺度下的曲率值，该研究着重于曲率值的后处理，计算出不同尺度的特征值，通过求差值的方法，消除了不同尺度下的细微特征，保留了特征明显的部分，突出了点云的主要特征。

3) 基于曲面拟合的特征提取方法

Pang 等(2011)、Kim(2013)以及 Weber 等(2010)都使用了 MLS 对点云曲率进行估计。Pang 等(2011)通过沿主方向生长线段的方法建立了初始特征线。Kim(2013)通过计算局部 Voronoi 图获得邻域信息。Weber 等(2010)通过计算高斯图(Gauss map)对点的邻域进行聚类提取尖锐特征。Daniels 等(2007)通过鲁棒 MLS 法拟合局部曲面，然后计算点在曲面上投影残差值，将投影残差值较大的点定义为潜在特征点。

4) 基于张量投票的方法

不同于上述方法，Park 等(2012)通过张量投票法(tensor voting theory，TVT)对点云特征进行提取。通过多尺度张量投票提高了特征提取的抗噪能力。Medioni 等(2000)提出用张量投票法对二维与三维离散数据中的特征信息进行提取，每个点接受临近点的投票形成二阶张量，然后通过张量分解得到三个特征值与对应的特征向量。按照三个特征值的大小形成三种形态，根据张量形态判断出具体特征类型。

理论上，直接利用 LiDAR 点云提取的地形特征线更加贴近真实地形，能充分发挥 LiDAR 数据高精度、高解析度的特点，避免插值等处理过程所导致的误差，可以获得更精确、丰富的地形特征信息。

4.4.2　谷脊线的曲率特性

在点云的谷脊线提取前，必须要先计算曲率。曲率是一个描述几何形体不平坦程度的量。对于不同几何体，平坦有不同的意义。对于曲线而言，平坦就是直线；对于曲面而言，平坦就是平面。如图 4-12 所示，在二维空间 R^2 中，对于曲线 $C:f(x,y)=0$ 上的点 P，可用一圆去近似该点附近的曲线。曲率大小即定义为

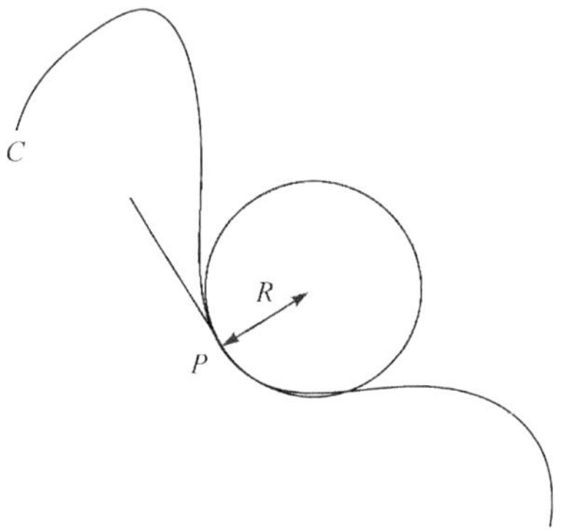

图 4-12　二维曲线曲率定义示意图

$$K = \frac{1}{R} \tag{4-41}$$

式中，R 为此圆的半径。它也可以记为

$$K = \nabla \cdot \left(\frac{\nabla f}{\|\nabla f\|} \right) \tag{4-42}$$

在三维空间 R^3 中，曲面的曲率可以用来描述该曲面在三维空间中的弯曲变化程度。在微分几何学中，常用主曲率、高斯曲率以及平均曲率来描述曲面曲率。

设局部曲面 S 上点 p 的法向量 n_p 与该点的切平面 T 上任一向量 T_n 所形成的平面 H 与该曲面 δ 的交集为 C，则这个交集是一个平面曲线。对于任意的切平面向量 T_n，计算点 p 在曲线 C 上的曲率，会得到相应的曲率值 $k_n(p)$。在不同曲线上点 p 的曲率值 $k_n(p)$ 会有极大值 $k_{\max}(p)$ 与极小值 $k_{\min}(p)$，它们就是主曲率。

如图 4-13 所示，曲率极值的方向分别为 $T_u, T_v \in H$ 且 $T_u \perp T_v$。T_u 和 T_v 称为主方向。

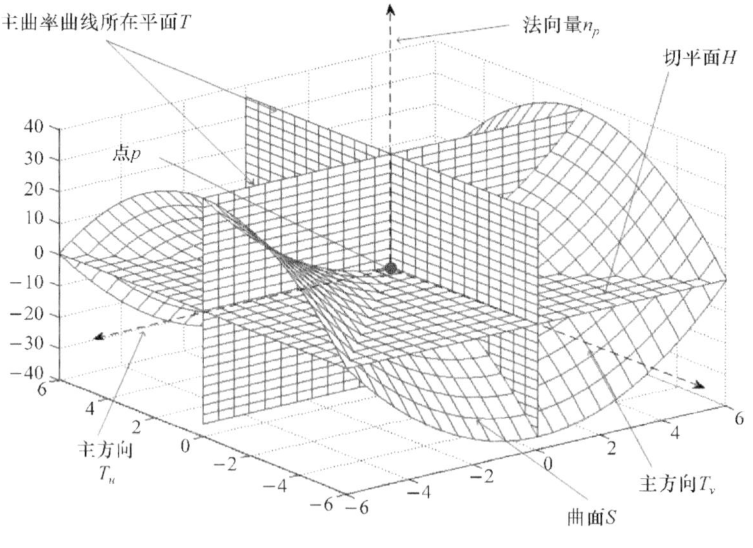

图 4-13　三维曲面曲率定义

高斯曲率 K 定义为两个主曲率的乘积，即

$$K = k_{\max}(p) k_{\min}(p) \tag{4-43}$$

平均曲率 H 定义为两个主曲率的算术平均，即

$$H = \frac{1}{2}\left(k_{\max}(p) + k_{\min}(p)\right) \tag{4-44}$$

平均曲率描述了曲面的平坦程度，因此平面的平均曲率为 0，其他曲面的平均曲率不为 0。高斯曲率又称总曲率，它是曲率的内在度量。平面与圆柱体的高斯曲率为 0。若高斯曲率的值大于 0，则该局部曲面为凸面(如球面、椭球面、单叶双曲面和椭圆抛物面)；若高斯曲率的值小于 0，则该局部曲面是局部鞍点(如伪球面、双叶双曲面的一叶和双曲抛物面)。

4.4.3　谷脊线提取算法描述

本小节结合谷脊线的几何意义，以点云曲率为依据，给出点云中谷脊点的判定条件，提出基于曲率的三维地形谷脊线提取方法。算法具体过程如下所示。

第一步：基于曲率的局部曲面分类。

输入：邻域点集合{Reserved_Neighbor(P_i)}、法向量 Normal(v_x,v_y,v_z)。

输出：邻域点集合 MLS_Neighbor(P_i)。

算法：基于法向量的邻域点选择。

主要参数：高斯函数尺度参数 h。

第二步：MLS 投影。

输入：邻域点集合 MLS_Neighbor(P_i)、法向量 Normal(v_x,v_y,v_z)。

输出：投影点 q、切平面法向量 n_q。

算法：MLS 法。

主要参数：高斯函数尺度参数 h。

第三步：曲率计算。

输入：投影点 q。

输出：主曲率 k_1\k_2、高斯曲率、平均曲率。

算法：MLS 曲面的曲率计算。

第四步：谷脊点判定。

输入：点云中每个点的主曲率 k_1\k_2。

输出：谷/脊点集合{Ridge/Valley}。

算法：谷脊点判定条件。

第五步：谷脊点的平滑收缩。

输入：谷/脊点集合{Ridge/Valley}。

输出：谷/脊点骨架{Ridge/Valley_Skeleton}。

算法：拉普拉斯迭代平滑收缩。

参数：迭代终止阈值。

第六步：谷脊线的生成。

输入：谷/脊点骨架{Ridge/Valley_Skeleton}。

输出：谷脊线{Ridge/Valley_Line}。

算法：骨架线连接算法。

参数：采样半径 R。

4.4.4 曲面拟合点云邻域点选择

为了提高拟合的精度，基于 4.2 节中粗差剔除后保留的邻域点集合 $\{\text{Reserved\_Neighbor}(P_i)\}$ 和各点的法向量 $\text{Normal}(P_i)$，按照下列条件进一步对邻域点进行选择。

首先，根据点 P_i 的每个邻域点 $q_k \in \{\text{Reserved\_Neighbor}(P_i)\}$ 的法向量 $\text{Normal}(q_k)$，计算所有邻域点法向量的加权法向量 $\text{Normal}_\text{m}(P_i)$ 为

$$\text{Normal}_\text{m}(P_i) = \sum_k \text{Normal}(q_k)\theta(\|q_k - P_i\|) \tag{4-45}$$

式中，

$$\theta(\|q_k - P_i\|) = \mathrm{e}^{\frac{-\|q_k - P_i\|^2}{h^2}} \tag{4-46}$$

它是一个高斯函数；h 是由三维点云分布尺度决定的固定参数。然后，分别对每个邻域点的法向量 $\text{Normal}(q_k)$ 判断其是否满足

$$\text{Normal}(q_k) \cdot \text{Normal}_\text{m}(P_i) > 0 \tag{4-47}$$

若不满足，则说明该邻域点处的法向量 $\text{Normal}(q_k)$ 与点 P_i 处的加权法向量 $\text{Normal}_\text{m}(P_i)$ 的夹角大于 90°。为了提高拟合的准确度，应该将该点从邻域点集合 $\{\text{Reserved\_Neighbor}(P_i)\}$ 中剔去，最后保留下的邻域点构成邻域点集合 $\text{MLS\_Neighbor}(P_i)$。

4.4.5 谷脊点的判定

根据曲面的曲率，可以对谷脊线做如下定义。脊(谷)线是由一系列点构成的曲线，在每个点上沿主方向的曲率的变化率最大。

假设对光滑表面进行充分采样得到三维点云数据，则可通过 MLS 得到各点处的主曲率 $k_{\max}$、$k_{\min}$ 与主方向 $t_{\max}$ 和 $t_{\min}$。假设 $k_{\max}$ 与 $k_{\min}$ 分别为最大和最小曲率($k_{\max} > k_{\min}$)，则 $t_{\max}$ 和 $t_{\min}$ 分别为对应的主方向。在主方向 $t_{\max}$ 和 $t_{\min}$ 上，主曲率 $k_{\max}$、$k_{\min}$ 的变化率分别为 $e_{\max} = \nabla k_{\max} \cdot t_{\max}$ 和 $e_{\min} = \nabla k_{\min} \cdot t_{\min}$。排除掉脐点

的情况($k_{\max} = k_{\min}$)，则可将谷脊点定义为

$$脊: \nabla e_{\max} \cdot t_{\max} < 0, \quad k_{\max} > |k_{\min}| \tag{4-48}$$

$$谷: \nabla e_{\max} \cdot t_{\max} > 0, \quad k_{\min} < -|k_{\max}| \tag{4-49}$$

因为在离散点云中，直接计算 $\nabla e_{\max}$ 与 $t_{\max}$ 较为复杂，所以本小节采用简化的条件。设定一个曲率阈值 $\bar{K}$ ，对于某个点 $P(x,y,z)$ ，当其主曲率 $k_1 \neq k_2$ 时，选择 k_1, k_2 中绝对值较大的值

$$k_{\max} = \begin{cases} k_1, & \text{abs}(k_1) > \text{abs}(k_2) \\ k_2, & \text{abs}(k_1) < \text{abs}(k_2) \end{cases} \tag{4-50}$$

然后可根据下面的条件对谷脊点进行判定

$$\begin{cases} P \in \{\text{Valley}\}, & \{k_{\max} < -\bar{K}\} \\ P \in \{\text{Ridge}\}, & \{k_{\max} > \bar{K}\} \end{cases} \tag{4-51}$$

对点云中的所有点进行判定，最终可以提取出谷脊点集合。

4.4.6　谷脊点的平滑收缩与谷脊线的生成

根据提取的谷脊点，需要进一步生成一维的谷脊线。本小节采用点云骨架线提取的方法，由提取的谷脊点生成谷脊线。谷脊线的生成主要包含两个步骤：分别为谷脊点平滑收缩和谷脊线生成与裁剪。

1. 谷脊点平滑收缩

在进行谷脊线的重建之前，为了突出谷脊线特征，需要对散乱的谷脊点进行平滑收缩。本小节采用拉普拉斯滤波算法对得到的谷脊点进行迭代平滑处理。每次迭代过程中，基于点云的曲率，对于谷脊点 p_i ，以其邻域点坐标 q_k 的加权平均值计算其平滑后的空间坐标。具体公式定义为

$$p_i' = p_i + \Delta p_i \tag{4-52}$$

$$\Delta p_i = \frac{1}{\sum_{k=1}^{K} w(q_k)} \sum_{k=1}^{K} w(q_k)(q_k - p_i) \tag{4-53}$$

式中， p_i' 为平滑运算后点 p_i 的坐标； q_k 为点 p_i 的邻域点； $w(q_k)$ 为权重函数，这里以曲率为权重，定义为

$$w(q_k) = H_k^2 \quad (k = 1, \cdots, K) \tag{4-54}$$

式中， H_k 为点 q_k 的平均曲率。

如图 4-14 所示，实心圆点为 4.4.5 小节提取的谷脊点。对于谷脊点 p_i，以其邻近谷脊点进行加权平均运算，得到其平滑后的坐标 p_i'。

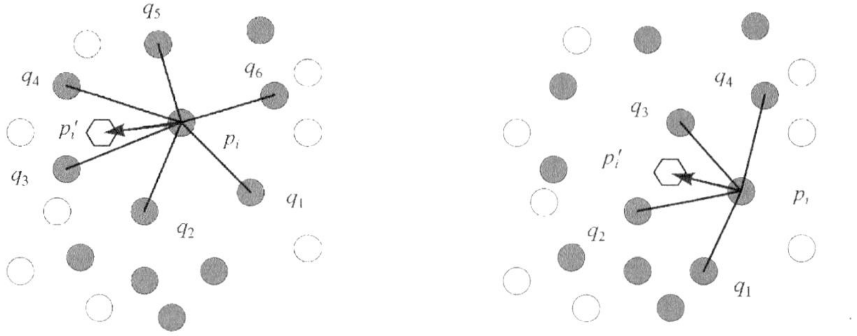

图 4-14　拉普拉斯平滑示意

根据式(4-52)对所有谷脊点进行一次平滑运算后，计算各个谷脊点之间的距离，如果某两个谷脊点之间的距离小于阈值 D，则将曲率绝对值较小的点从谷脊点集合 P_{rv} 中移除。移除后再次计算各点的法向量，根据式(4-52)对谷脊点集合迭代进行平滑处理，直到不再有点从集合中剔除，最终将得到线状分布的谷脊点。算法伪代码如下所示。

输入：谷脊点集 P_{rv}，点云的法向量 n_i，点云的曲率 H_i。

输出：平滑处理后得到的谷脊点集合 P_{rv}'。

Do

Finished = True;

For each $p_i \in P_{rv}$

　　//寻找点 p_i 的邻近谷脊点 q_k, k=1, …, K

　　q_k=MLS_Neighbor(p_i, K)

　　//根据点 p_i 的法向量 n_i 建立切平面。将 q_k 投影到切平面上，得到 q_k'

　　q_k' = Projection (q_k, p_i, n_i)

　　//在点集 q_k' 上进行拉普拉斯平滑运算

　　p_i = Laplacian(p_i, q_k')

　　For each　$p_i \in P_{rv}$

　　　　For each $p_j \in P_{rv} (i \neq j)$

　　　　　　//计算点 p_i 与点 p_j 之间的距离

　　　　　　$d_{ij} = \| p_i - p_j \|$

　　　　　　If　$d_{ij} < D$

　　　　　　　　If $|H_j| < |H_i|$

　　　　　　　　　　//将点 p_j 从谷脊点集 P_{rv} 中移除

```
                    {P_rv} = {P_rv} − {p_j}
                    Finished = False;
                Else
                    //将点 p_i 从谷脊点集 P_rv 中移除
                    {P_rv} = {P_rv} − {p_i}
                    Finished = False;
                End If
            End If
        End For
    End For
    For each  p_i ∈ P_rv
        //重新计算法向量
        n_i = normal_estimation(p_i)
    End For
End For
While(not Finished)
```

2. 谷脊线生成与裁剪

根据拉普拉斯收缩得到的线状谷脊点，采用文献中的点云骨架线提取算法生成谷脊线(Cao et al.，2010；Au et al.，2008)。该算法可从线状的一维点云生成相应的一维连接线，包括最远点采样、连接图的生成和边的裁剪三个步骤。其中，在最远点采样的过程中，可以通过采样半径的取值，设定谷脊线生成的尺度。

4.4.7　实验与分析

针对提出的基于曲率的谷脊点提取算法，首先通过模拟点云进行曲率阈值选择的分析，然后对真实地形的点云数据运用提出的算法进行谷脊点的提取。

实验在 Windows 8 X64 环境下，采用 MATLAB R2012a 软件编写运行算法程序，其中 FLANN 算法采用 FLANN 1.8.4 的 MATLAB 库。实验原始点云由徕卡 Cyclone 软件进行初步处理生成。

1. 谷脊点提取

1) 模拟点云的骨脊点提取

(1) 模拟点云的定义。因为在真实点云数据中存在随机噪声，无法得到法向量的真实值，所以为了分析计算结果的误差，本小节生成了模拟点云数据，以便对算法的精度进行分析。

如图 4-15 所示，模拟点云为三个互相垂直的三维空间平面，它们构成了立方体的一角。各平面上随机均匀分布三维空间点，各平面点数相同，均为 N 个。以平面 X-O-Y 为例，该平面上的随机点 P_{xy} 符合式(4-55)，其中坐标 x_i 与 y_i 为[0, Scale]上的随机数，z_i 为[0, Noise]上的随机数。

$$P_{xy}(N,\text{Scale},\text{Noise})=\begin{cases}P_{xy}=\{(x_i,y_i,z_i)\}, \quad i=1,\cdots,N\\ x_i,y_i=\text{rand}(0,\text{Scale})\\ z_i=\text{rand}(0,\text{Noise})\end{cases} \tag{4-55}$$

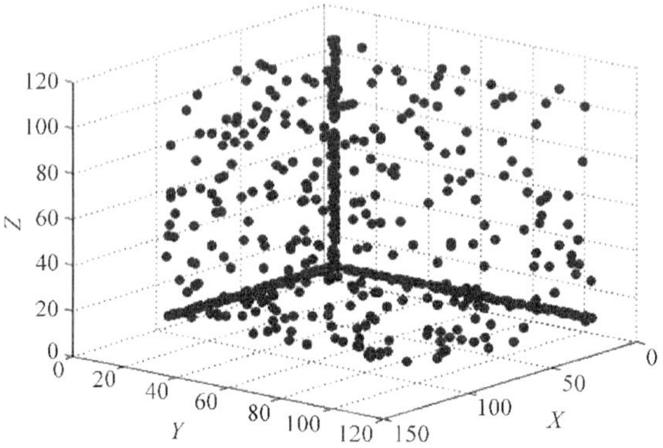

图 4-15　模拟点云示意图

参数 Scale 为点云分布的范围，在点数 N 一定的情况下，可以控制点云的分布密度，Scale 值越大点云分布密度越小；z_i 的真实值为 0，在模拟过程中，加入分布在[0, Noise]上的随机噪声 rand(0, Noise)。噪声强度可以表示为

$$\text{NoiseRate}=\frac{\text{Noise}}{\text{Scale}}\times 100\% \tag{4-56}$$

NoiseRate 值越大，点云的噪声越大，精度越低。

平面 X-O-Z 上的随机点 P_{xz} 符合式(4-57)，即

$$P_{xz}(N,\text{Scale},\text{Noise})=\begin{cases}P_{xz}=\{(x_i,y_i,z_i)\}, \quad i=1,\cdots,N\\ x_i,z_i=\text{rand}(0,\text{Scale})\\ y_i=\text{rand}(0,\text{Noise})\end{cases} \tag{4-57}$$

平面 Y-O-Z 上的随机点 P_{yz} 符合式(4-58)，即

$$P_{yz}(N,\text{Scale},\text{Noise})=\begin{cases}P_{yz}=\{(x_i,y_i,z_i)\}, i-1,\cdots,N\\ y_i,z_i=\text{rand}(0,\text{Scale})\\ x_i=\text{rand}(0,\text{Noise})\end{cases} \tag{4-58}$$

在三个平面相交的三条棱线 X、Y、Z 上，各随机均匀分布 N 个三维空间点。其中，棱线 X 上的点 P_X 符合式(4-59)，即

$$P_X(N,\text{Scale},\text{Noise})=\begin{cases}P_X=\{(x_i,y_i,z_i)\}, & i=1,\cdots,N\\ x_i=\text{rand}(0,\text{Scale}) \\ y_i,z_i=\text{rand}(0,\text{Noise})\end{cases} \tag{4-59}$$

棱线 Y 上的点 P_Y 符合式(4-60)，即

$$P_Y(N,\text{Scale},\text{Noise})=\begin{cases}P_Y=\{(x_i,y_i,z_i)\}, & i=1,\cdots,N\\ y_i=\text{rand}(0,\text{Scale}) \\ x_i,z_i=\text{rand}(0,\text{Noise})\end{cases} \tag{4-60}$$

棱线 Z 上的点 P_Z 符合式(4-61)，即

$$P_Z(N,\text{Scale},\text{Noise})=\begin{cases}P_Z=\{(x_i,y_i,z_i)\}, & i=1,\cdots,N\\ z_i=\text{rand}(0,\text{Scale}) \\ x_i,y_i=\text{rand}(0,\text{Noise})\end{cases} \tag{4-61}$$

综上所述，模拟点云可以由参数 N、Scale、Noise 定义，可表示为

$$\text{Cloud}(N,\text{Scale},\text{Noise})=\{P_{xy}\cup P_{xz}\cup P_{yz}\cup P_X\cup P_Y\cup P_Z\} \tag{4-62}$$

(2) 曲率阈值的选择。为了检验谷脊点提取的正确性，必须比较提取结果与真实数据的一致性。本章利用第Ⅰ类错误和第Ⅱ类错误两种指标来进行谷脊点提取质量的评估。设真实的谷脊点数目为 $n_{\text{TrueFeature}}$，识别出的真实谷脊点数目为 $n_{\text{RecognisedTrueFeature}}$，识别出的错误谷脊点数目为 $n_{\text{RecognisedFalseFeature}}$，则可计算出以下两个评估指标。

第Ⅰ类错误：提取出的真实谷脊点没有被提取出来的比率，定义为

$$\text{Type I Error}=\frac{n_{\text{TrueFeature}}-n_{\text{RecognisedTrueFeature}}}{n_{\text{TrueFeature}}} \tag{4-63}$$

第Ⅱ类错误：非谷脊点被当作谷脊点提取的比率，定义为

$$\text{Type II Error}=\frac{n_{\text{RecognisedFalseFeature}}}{n_{\text{TrueFeature}}+n_{\text{RecognisedFalseFeature}}} \tag{4-64}$$

(3) 模拟点云谷脊点提取。建立模拟点云 Cloud(600,100,1)，根据计算得到的法向量，采用提出的曲率计算方法，计算得到点云的曲率。根据得到的点云曲率，分别设定不同的曲率阈值，得到不同阈值下，谷脊点提取的第Ⅰ类错误与第Ⅱ类错误，如图 4-16 所示。

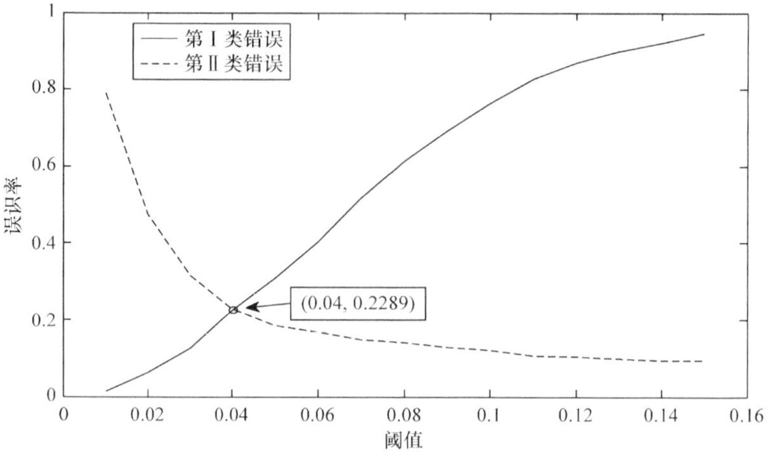

图 4-16　不同曲率阈值下谷脊点提取的第Ⅰ类错误与第Ⅱ类错误

由图 4-16 可见，随着阈值的增大，第Ⅰ类错误识别率逐渐增大，识别出的谷脊点逐渐减少，直到无法提取出谷脊点。而随着阈值的减少，第Ⅱ类错误识别率急剧增大，越来越多的非谷脊点被判定为谷脊点，真实的谷脊点特征混杂在大量的错误识别点中。第Ⅰ类错误误差曲线与第Ⅱ类错误误差曲线相交于(0.04，0.2289)，即阈值为 0.04 时，第Ⅰ类错误误差为 0.2289，有 77.11%的真实谷脊点得到识别。而随着阈值的增大，第Ⅰ类错误误差增长迅速，第Ⅱ类错误误差减少缓慢，所以对于模拟的点云数据，可以将阈值取为 0.04。

2) 真实地形点云的谷脊点提取

实验数据采用经预处理得到的切沟点云数据和 4.2 节计算得到的法向量。根据提出的点云曲率计算方法，得到各点的曲率。表 4-2 以前 10 个点为例，说明了输入的点云坐标与法向量，表 4-3 为计算得到的前 10 个点相应的曲率。

表 4-2　点云坐标与法向量(以前 10 个点为例)

编号	x	y	z	Normal x	Normal y	Normal z
1	0.9342	8.2582	1.0399	−0.0102	0.3747	0.9271
2	0.0000	9.1500	0.1171	−0.1257	0.2509	0.9598
3	0.2830	9.6468	0.0000	−0.1262	0.1298	0.9835
4	0.0795	10.0444	0.0150	−0.1452	0.1180	0.9823
5	0.4612	10.8793	0.1269	−0.1139	−0.0496	0.9923
6	0.6531	11.7882	0.2635	−0.1094	−0.0676	0.9917
7	0.2495	13.3071	0.3174	−0.0291	−0.1642	0.9860
8	0.3196	13.4119	0.3014	−0.0291	−0.1642	0.9860
9	0.2982	14.4025	0.3645	−0.0783	−0.2874	0.9546
10	0.3567	15.3891	0.8118	−0.1324	−0.5372	0.8330

表 4-3　MLS 计算得到的点云曲率(以前 10 个点为例)

编号	平均曲率 H	高斯曲率 K	主曲率 k_1	主曲率 k_2
1	0.0073	0.0906	0.1202	0.0611
2	0.0002	−0.0228	−0.0050	−0.0406
3	0.0008	−0.0344	−0.0141	−0.0547
4	0.0000	−0.0220	0.0009	−0.0449
5	−0.0003	0.0023	0.0199	0.0152
6	0.0005	0.0242	0.0358	0.0126
7	−0.0005	0.0193	0.0484	−0.0098
8	−0.0007	0.0138	0.0441	−0.0166
9	−0.0012	−0.0139	0.0241	−0.0519
10	−0.0022	−0.0211	0.0306	−0.0728

然后根据谷脊点判定条件，选取不同的阈值 $\bar{K}$ (0.2、0.1、0.08、0.03)对谷脊点进行提取。结果显示，阈值越大，提取的谷脊点越少；阈值越小，提取的谷脊点越多，但包含了许多非谷脊点。因此，需要选择合适的阈值才能较好地提取出点云的谷脊点。为此，建立 $k_{\max}$ 的直方图，可见曲率的分布值集中在 0 周围，代表大量的一般平面点，向直方图两端延伸逐渐趋于谷脊点(图 4-17)。对于本实验数据，最终选择阈值 $\bar{K} = 0.06$ 。由图 4-18 可见，该阈值下可以较好地提取出谷脊点且混杂的非谷脊点较少，有利于最终谷脊线的生成。

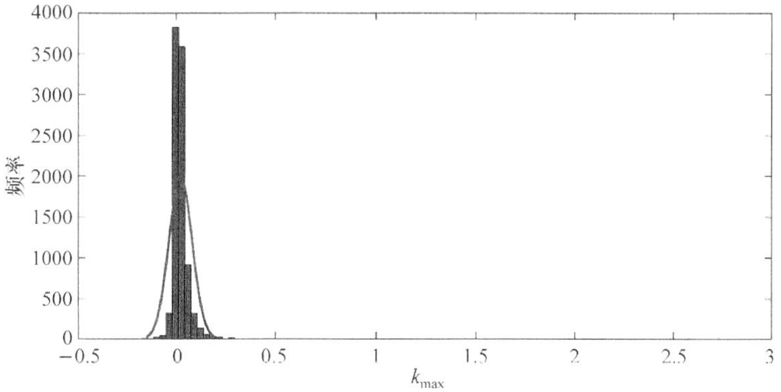

图 4-17　点云曲率直方图

这里需要注意的是，与模拟点云数据不同，在真实点云中无法预先获知真实的谷脊点，因此只能根据点云曲率的分布结合人工判定选定出合适的阈值。

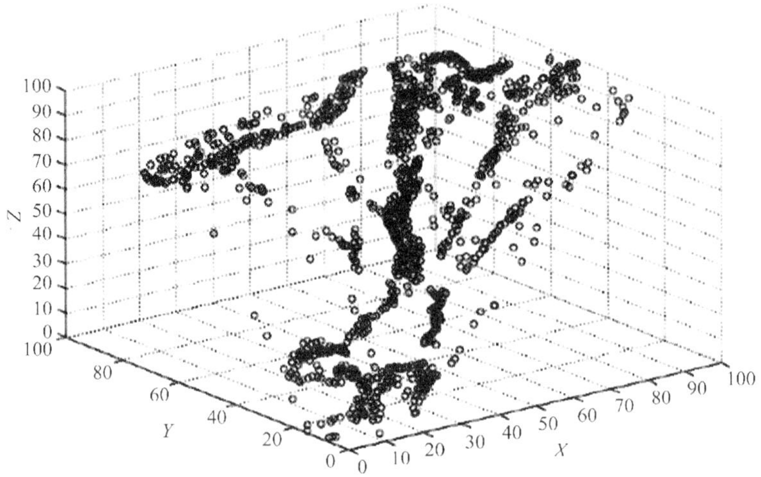

图 4-18 曲率阈值为 0.06 时提取的谷脊点

2. 谷脊线生成

根据文献中的点云骨架线连接算法(Au et al.，2008)，将前面提取的谷脊点连接生成谷脊线。

首先，采用拉普拉斯平滑算法对谷脊点进行平滑处理。通过多次拉普拉斯平滑迭代收缩，提取出待连接的谷脊点，为下一步谷脊线的生成提供较好的基础。其次，将待连接的谷脊点通过文献中的点云骨架线连接算法生成初始谷脊线(Au et al.，2008)。在连接过程中，可以通过设定最远点采样的半径，控制生成的谷脊线尺度。最后，在谷脊线相交的部位，还存在一些细碎的线段，需要进行裁减。通过对构建的谷脊线进行剪枝处理，最终获得谷脊线。

根据前面提取得到的真实地形的谷脊点(图 4-18)，提取谷脊线的过程及最终成果如图 4-19 所示。由图 4-19(a)可见，通过四次拉普拉斯平滑处理，逐渐从散乱的谷脊点中提取出了符合谷脊线分布的骨架点；由图 4-19(b)和(c)可见，点云的谷脊线中包含了细碎的线段，需要通过剪枝算法剔除；通过剪枝处理，最终得到的谷脊线如图 4-19(d)所示。

在谷脊线连接的过程中，还可以通过设置不同的最远点采样半径大小，控制生成的谷脊线尺度。

设点云空间的对角线长度为 D(为了便于显示，实验点云数据的坐标轴尺度都变换为[0,1]，因此 $D=\sqrt{3}$)，分别以 0.2D、0.17D、0.13D、0.1D、0.05D 为采样半径，进行谷脊线的生成。由上述不同采样半径下得到的谷脊线结果可见，采样半径越小，生成的谷脊线包含的地形细节越丰富，但是混杂的非地形特征也逐渐增

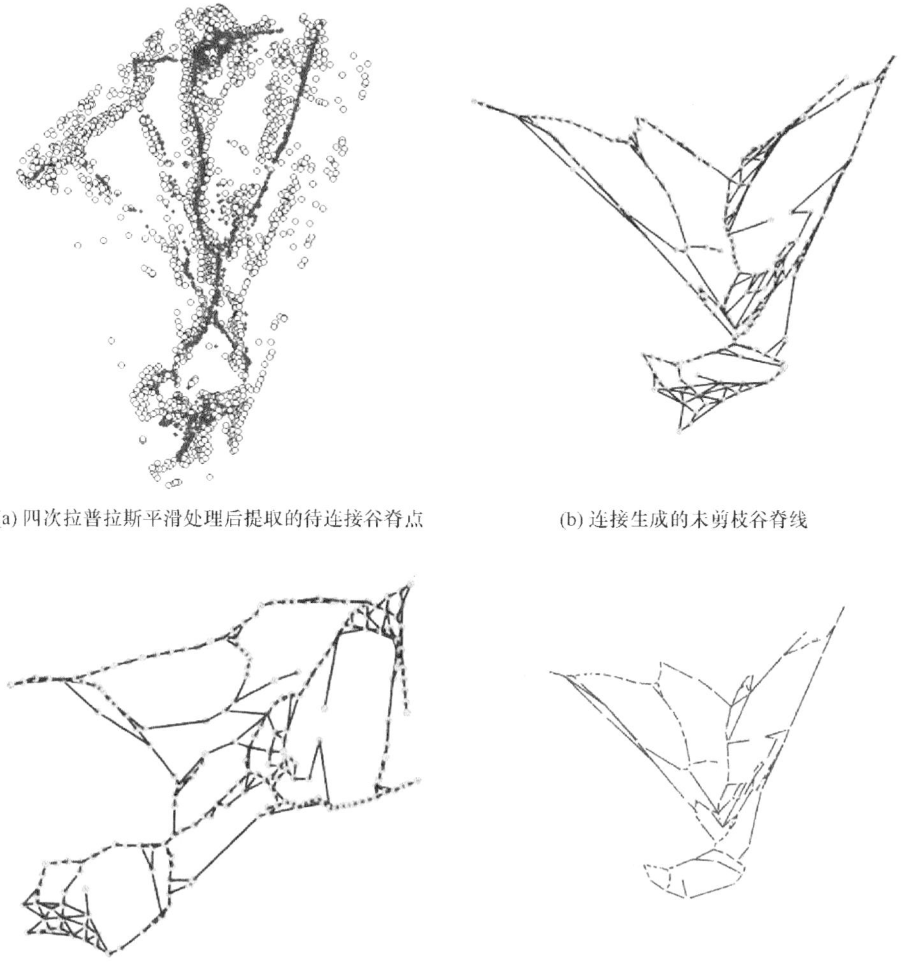

(a) 四次拉普拉斯平滑处理后提取的待连接谷脊点　(b) 连接生成的未剪枝谷脊线

(c) 未剪枝谷脊线俯视图　(d) 剪枝处理后的谷脊线

图 4-19　谷脊线的提取过程

多。采样半径越大，生成的谷脊线越简洁，逐渐趋于主要地形特征，但是当半径过大时，会有较为明显的偏差。实际应用时，应根据实验场景与需求，设定合适的采样半径。

本章深入地研究了三维激光扫描数据处理的相关问题，针对三维离散点云的几何拓扑特征计算中存在的困难，研究解决了基于 LiDAR 技术的三维地形谷脊线提取问题，书中提出的方法可以为相关的点云数据处理与应用提供参考。

参 考 文 献

安磊磊, 2015. 基于改进 PCA 和 LDA 的特征提取方法[D]. 保定: 河北大学.

黄培之, 1999. 2D 几何图形整体内插的一种方法[J]. 计算机学报, 22(2): 165-170.

黄培之, 2001. 提取山脊线和山谷线的一种新方法[J]. 武汉大学学报(信息科学版), 26(3): 247-252.

黄培之, 刘泽慧, 2005. 地形断面高程极值法的理论研究[J]. 测绘通报, (4): 11-13.

李宝, 2011. 三维点云的鲁棒处理技术研究[D]. 长沙: 国防科学技术大学.

李宝, 程志全, 党岗, 等, 2013. 一种基于 RANSAC 的点云特征线提取算法[J]. 计算机工程与科学, 35(2): 147-153.

李明磊, 张蕊, 李广云, 2015. 激光扫描点云法矢精确计算与表面光顺方法[J]. 计算机辅助设计与图形学学报, 27(7): 1153-1161.

李扬彦, 2013. 基于点云的三维重建与形变事件分析[D]. 深圳: 中国科学院深圳先进技术研究院.

刘洋, 杨晏立, 何政伟, 等, 2010. 分水线, 汇水线的多分辨率多阈值提取分析[J]. 地理空间信息, 8(1): 41-44.

刘泽慧, 黄培之, 2003. DEM 数据辅助的山脊线和山谷线提取方法的研究[J]. 测绘科学, 28(4): 33-36.

马鼎, 李斌兵, 2013. 黄土沟壑区切沟植被的激光点云滤波及地形构建[J]. 农业工程学报, 29(15): 162-171.

宋佳, 2006. 基于 DEM 的我国地貌形态类型自动划分研究[D]. 西安: 西北大学.

汤国安, 赵牡丹, 杨昕, 等, 2017. 地理信息系统(第二版)[M]. 北京: 科学出版社.

王瑞芳, 秦百顺, 黄成志, 等, 2008. 罗玉沟流域典型暴雨洪水及其产沙特性[J]. 中国水土保持科学, 6(4): 12-17.

王松, 夏绍玮, 1998. 一种鲁棒主成分分析(PCA)算法[J]. 系统工程理论与实践, 18(1): 9-13.

吴艳兰, 胡鹏, 2005. 几何特性与流线追踪相结合的地形结构线提取法[J]. 武汉大学学报(信息科学版), 30(12): 1115-1119.

辛麒, 2009. 基于机载激光雷达数据构建 DEM 的精度分析[D]. 西安: 长安大学.

张渭军, 孔金玲, 王文科, 等, 2006. 山脊线和山谷线自动提取的一种新方法[J]. 测绘科学, 31(1): 33-34.

周启鸣, 刘学军, 2006. 数字地形分析[M]. 北京: 科学出版社.

AMENTA N, YONG J K, 2004. Defining point-set surfaces[J]ACM transactions on graphics(TOG), 23(3): 264-270.

AU O K C, TAI C L, CHU H K, et al., 2008. Skeleton extraction by mesh contraction[J]. ACM transactions on graphics, 27(3): 44-57.

BESL P J, JAIN R C, 1988. Segmentation through variable-order surface fitting[J]. Pattern analysis and machine intelligence, 10(20): 167-192.

CAO J, TAGLIASACCHI A, OLSON M, et al., 2010. Point cloud skeletons via laplacian based contraction[C]. Shape modeling international conference (SMI): 187-197.

DANIELS J, HA L K, OCHOTTA T, et al., 2007. Robust smooth feature extraction from point clouds[C]. International conference on shape modeling and applications: 123-136.

DEMARSIN K, VANDERSTRAETEN D, VOLODINE T, et al., 2007. Detection of closed sharp edges in point clouds using normal estimation and graph theory[J]. Computer-aided design, 39(4): 276-283.

DEY T K, ZHAO W, 2004. Approximating the medial axis from the Voronoi diagram with a convergence guarantee[J]. Algorithms, 38(1): 179-200.

FISCHLER M A, BOLLES R C, 1981. Random sample consensus: A paradigm for model fitting with applications to image analysis and automated cartography[J]. Communications of the ACM, 24(6): 381-395.

GIMÉNEZ E, CRESPI M, GARRIDO M S, et al., 2012. Multivariate outlier detection based on robust computation of

Mahalanobis distances. Application to positioning assisted by RTK GNSS networks[J]. International journal of applied earth observation & geoinformation, 16(6): 94-100.

GOLDFEATHER J, INTERRANTE V, 2004. A novel cubic-order algorithm for approximating principal direction vectors[J]. ACM transactions on graphics(TOG), 23(1): 45-63.

GUMHOLD S, WANG X, MACLEOD R, 2001. Feature extraction from point clouds[C]. Proceeding of the loth international meshing roundtable: 292-305.

HOPPE H, DEROSE T, DUCHAMP T, et al., 1992. Surface reconstruction from unorganized points[J]. ACM siggraph computer graphics, 26(26): 71-78.

HUBERT M, ROUSSEEUW P J, VERDONCK T, 2012. A Deterministic algorithm for robust location and scatter[J]. Journal of computational & graphical statistics, 21(3): 618-637.

JENSON K, DOMINGUE O, 1988. Extracting topographic structure from digital elevation data for geographic system analysis[J]. Sensing, 54(11): 1593-1600.

KASS M, WITKIN A, TERZOPOULOS D, 1988. Snakes: Active contour models[J]. International journal of computer vision, 1(4): 321-331.

KIM S K, 2013. Extraction of ridge and valley lines from unorganized points[J]. Multimedia tools and applications, 63(1): 265-279.

LANCASTER P, SALKAUSKAS K, 1981. Surfaces generated by moving least squares methods[J]. Mathematics of computation, 37(155): 141-158.

LEE C H, VARSHNEY A, JACOBS D W, 2005. Mesh saliency[J]. ACM transactions on graphics, 24(3): 659-666.

LEVIN D, 1998. The approximation power of moving least-squares[J]. Mathematics of computation of the American mathematical society, 67(224): 1517-1531.

MARONNA R A, MARTIN R D, YOHAI V J, 2006. Robust statistics: Theory and methods[J]. Publications of the American statistical association, 103(482): 888-889.

MCLAIN D H, 1974. Drawing contours from arbitrary data points[J]. Computer journal, 17(4): 318-324.

MEDIONI G, LEE M S, TANG C K, 2000. A Computational Framework For Feature Extraction and Segmentation[M]. Amsterdam: Elsevier Science.

MERIGOT Q, OVSJANIKOV M, GUIBAS L, 2011. Voronoi-based curvature and feature estimation from point clouds[J]. IEEE transactions on visualization and computer graphics, 17(6): 743-756.

MITRA N J, NGUYEN A, GUIBAS L, 2004. Estimating surface normals in noisy point cloud data[J]. International journal of computational geometry & applications, 14(4-5): 261-276.

MOORE I D, GESSLER P E, NIELSEN G A, et al., 1993. Soil attribute prediction using terrain analysis[J]. Soil science society of america journal, 57(2): 443-452.

MUJA M, LOWE D G, 2014. Scalable nearest neighbor algorithms for high dimensional data[J]. IEEE transactions on pattern analysis and machine intelligence, 36(11): 2227.

O'CALLAGHAN J F, MARK D M , 1984. The extraction of drainage networks from digital elevation data[J]. Computer vision, graphics, and image processing, 28(3): 323-344.

OUYANG D, FENG H Y, 2005. On the normal vector estimation for point cloud data from smooth surfaces[J]. Computer-aided design, 37(10): 1071-1079.

PANG X F, PANG M Y, SONG Z, 2011. Extracting feature curves on point sets[J]. International journal of information engineering and electronic business(IJIEEB), 3(3): 1-7.

PARK M K, LEE S J, LEE K H, 2012. Multi-scale tensor voting for feature extraction from unstructured point clouds[J]. Graphical models, 74(4): 197-208.

PAULY M, KEISER R, GROSS M, 2010. Multi-scale feature extraction on point-sampled surfaces[J]. Computer graphics forum, 22(3): 281-289.

PLANCHON O, DARBOUX F, 2001. A fast, simple and versatile algorithm to fill the depressions of digital elevation models[J]. Catena, 46(2): 159-176.

QUINN P, BEVEN K, CHEVALLIER P, et al., 1991. The prediction of hillslope flow paths for distributed hydrologicalmodelling using digital terrain models[J]. Hydrological processes, 5(1): 59-79.

ROUSSEEUW P J, 1984. Least median of squares regression[J]. Journal of the American statistical association, 79(388): 871-880.

ROUSSEEUW P J, CROUX C, 1993. Alternatives to the median absolute deviation[J]. Journal of the American statistical association, 88(424): 1273-1283.

ROUSSEEUW P J, DRIESSEN K V, 1999. A fast algorithm for the minimum covariance determinant estimator[J]. Technometrics, 41(3): 212-223.

SAGAR B S D, MURTHY M B R, RAO C B, et al., 2003. Morphological approach to extract ridge and valley connectivity networks from digital elevation models[J]. International journal of remote sensing, 24(3): 573-581.

SHEPARD D, 1968. A two-dimensional interpolation function for irregularly-spaced data[C]. ACM national conference: 517-524.

SOILLE P, PESARESI M, 2002. Advances inmathematicalmorphology applied to geoscience and remote sensing[J]. IEEE transactions on geoscience and remote sensing, 40(9): 2042-2055.

TARBOTON D G, 1997. A new method for the determination of flow directions and upslope areas in grid digital elevation models[C]. Water resources research: 309-319.

TAUBIN G, 1995. A signal processing approach to fair surface design[C]. Conference on computer graphics and interactive techniques: 351-358.

WEBER C, HAHMANN S, HAGEN H, 2010. Sharp feature detection in point clouds[C]. Shape modeling international conference: 175-186.

第 5 章　基于地面三维激光扫描点云的侵蚀沟变化分析

基于地面三维激光扫描点云可以得到多时相三维点云数据，从而可以对侵蚀沟的形态变化进行分析。一块点云区域，可能存在变化也可能没有变化，还有可能无法判定变化。配准误差、测量误差和表面粗糙度的影响，对点云的变化分析是一个复杂的概率问题。

本章对该问题进行深入研究，对侵蚀沟变化分析的研究现状进行介绍，并重点对基于点到点(C2C)距离、点到模型(C2M)距离与多尺度模型到模型(M3C2)距离的点云变化比较算法进行讨论与实验分析。最后提出量化 DEM 差值结果的不确定性及修正泥沙负载量估算值的新方法，并应用到甘肃省天水市桥子沟流域的一条切沟的侵蚀/沉积体积变化估算中，得到对应的高程空间变化分布图、高程变化概率分布图及总侵蚀、沉积面积、体积变化量，经与黄河水土保持天水治理监督局(天水水土保持科学试验站)该切沟沟底把口站的实际径流泥沙观测资料对比，总侵蚀/沉积负载量与实际相差仅 2%左右，说明模型可以用于野外侵蚀沟形态变化监测和土壤侵蚀量估算。

5.1　研 究 现 状

5.1.1　侵蚀沟变化分析的研究与发展

目前，国内外已有一些学者基于多时相点云数据进行了三维地形变化分析的研究，应用领域涉及地表风化侵蚀分析(Brank，2008)、冰川退化运动分析(Fischer 等，2009)、泥石流分析(Daehne et al.，2013；Delong et al.，2012)、滑坡探测(Ventura et al.，2011)、矿区地表下沉分析(Yu et al.，2010)以及地震灾情评估(Nissen et al.，1995)等。在侵蚀沟变化分析中也逐步开始了三维点云的应用。

目前的地形三维变化检测算法主要存在两大问题：①大部分算法只考虑了配准造成的全局误差，没有综合考虑测量精度、配准误差和表面粗糙度的影响；②大部分算法仅仅利用高程差值等单一维度变化，没有深入考虑地表的空间位移，因此无法体现三维地形变化检测的真正意义。

对于较为平坦的地形场景，可以通过三维点云构建二维栅格数据，再使用经典的栅格数据处理方法对地形的变化进行比较。因为是基于 DEM 的比较方法，所以它被称为 DoD(difference of DEMs)方法。这种方法能够比较得到各个栅格像元上的高程变化，且计算量小，效率高。它还可以综合考虑点云数据的拼接误差以及粗糙度等因素，有较为系统的地形变化不确定性理论，但也有以下两个方面的不足。

(1) 因为 DEM 是一种 2.5D 的伪三维数据模型，所以该方法不适用于真正的三维场景，尤其是具有悬挑突出结构的地形场景的变化比较。一个栅格像元只能有一个高程值，不能反映真正的三维空间结构，而且对于侵蚀沟的沟壁这种主要是水平变化的区域，由于栅格分辨率的限制，DoD 方法难以分析其变化。

(2) 由于表面粗糙度的影响，即使是对平坦地面的 TLS 点云建立栅格数据模型也存在较大的困难。石块、植被以及地表起伏等会在 TLS 点云中造成不同尺度的空洞，而这些空洞区域在建立栅格数据的过程中，需要通过插值运算进行补充，这又给栅格模型增添了不确定性；而且由于采样密度与表面粗糙度的变化较大，栅格像元尺寸的选择也较为复杂。

因为 DoD 算法存在的上述局限性，所以研究人员后续提出了 C2C、C2M 和 M3C2 等基于点云的地形变化分析方法，这几种距离的示意图见图 5-1。

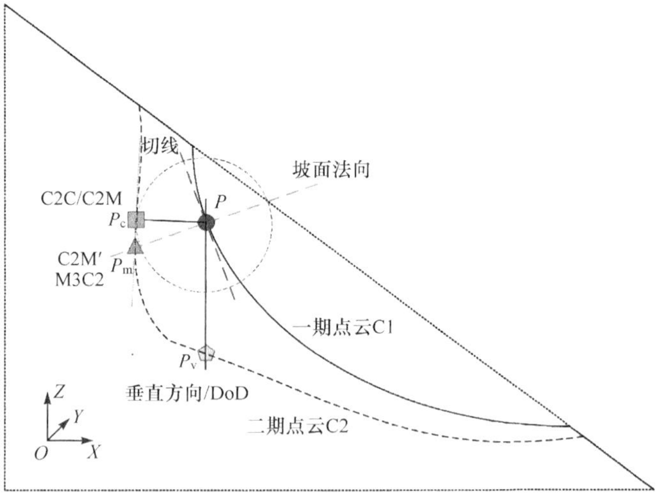

图 5-1 几种距离的示意图

5.1.2 基于地面激光点云的地形变化分析方法与分类

设一期点云为 C1，二期点云为 C2。图 5-1 中，点 P(圆形)为点云 C1 中的点，则各距离的定义分别如下所示。

(1) C2C 距离，是点云 C2 中距离点 P 最近的点 P_c 与点 P 的距离，即图 5-1 中二期点云 C2 上的点 P_c(正方形)与点 P 之间的距离。点 P_c 为以点 P 为圆心与点云 C2 相切的各圆中，半径最小的圆与点云 C2 的切点。该距离没有正负方向之分，不能反映距离变化的方向，且无论 C1 与 C2 比较还是 C2 与 C1 比较都是相同的。

(2) 垂直 C2C 距离，是点云 C2 上与点 P 的垂直距离最短的点 P_v 与点 P 的距离，即图中二期点云 C2 上点 P_v(正五边形)与点 P 之间的距离。默认沿 Z 轴向上为正，向下为负。该距离是 C2C 距离的一种特例。由于方向的限制，该距离不能反映侵蚀沟壁等复杂地形在水平方向上的变化。其结果与基于栅格模型的 DoD 距离相同，是一种 2.5D 地形变化比较方法。

(3) C2M 距离，根据选用的三角网格的不同可以有两种定义。①一种是点云 C1 与由点云 C2 构建的三角网格 M2 的距离 C2M。对于点云 C1 中的任一点 P，它等于三角网格 M2 中距离点 P 最近的顶点或三角面片与点 P 的距离。该距离在最近点为三角网顶点时与 C2C 距离相同，否则需根据三角面片上三个点进行计算。②另一种是点云 C2 与由点云 C1 构建的三角网格 M1 的距离 C2M′。对于点云 C1 上的点 P，根据三角网格 M1 可确定其法向量。点云 C2 中沿该法向方向与点 P 最近的点 P_m(三角形)之间的距离即为 C2 相对于 C1 的距离 C2M′。根据三角网格的法向量确定该距离的正负，即沿法向量方向为正，反方向为负。根据地形变化的时间顺序，通常采用第一种定义，即由初始点云 C1 参考三角网格 M1，计算点云 C2 相对于 M1 的 C2M 距离。

(4) M3C2 距离，定义为轴线过 C1 中点 P 且与其法向量方向一致的圆柱与二期点云 C2 相交点集的中心点 P_m，与点 P 在圆柱内的近邻点的中心点在轴线上的距离。该距离与第二种 C2M′距离类似，即点云 C2 上点 P_m(三角形)与点 P 之间的距离。主要区别为法向量的计算与点云 C2 中对应点的计算，即沿点 P 的法向量方向为正，反方向为负。

根据维数的不同，上述方法可以分为 2.5D 与 3D 两种类型；根据方向符号情况，可以分为有方向与无方向两类；根据不确定性理论可以分为有显著性变化指标与无显著性变化指标两类；根据数据来源可以分为基于点云和三角网格等几类。几种点云比较方法的特性如表 5-1 所示。

表 5-1　几种点云比较方法的特性

方法	特性			
	2.5D	3D	符号方向	显著性判定指标
DoD	√	×	√	√
C2C	×	√	×	×
C2M	×	√	√	×
M3C2	×	√	√	√

5.1.3 基于点云的地形变化判定

在点云变化距离计算的基础之上，还需要解决点云变化的判定问题。因为计算出的点云变化距离既有可能是真实的地形变化，还有可能是测量误差以及粗糙地物等造成的伪地形变化。因此，点云变化分析的一个关键是在各种不确定性的影响下确定真实的地形变化。其中的不确定性主要有以下三个来源。

1. 点云坐标测量的不确定性

根据原理的不同，三维激光扫描仪可以分为基于回波时间(time of flight，ToF)的三维激光扫描仪、基于相位的激光扫描仪以及基于三角测量原理的激光扫描仪。目前，这几种方法都还无法达到亚毫米级的精度，获得的点云空间坐标也就具有一定的不确定性。基于 ToF 的三维激光扫描仪目前可以在 100m 的测量距离上达到 2mm 的精度，而基于相位的激光扫描仪可以达到 1mm 的精度。

点云坐标测量的精度随着扫描距离的增加与入射角度的改变而减小。扫描表面的特性与扫描物理环境也会对该精度造成影响，并且这些因素对精度的影响较为复杂，难以建立通用的量化模型。但是，实验发现测量距离产生的噪声可以在任意距离上进行估算。假定局部扫描表面是一个平面，则局部点云的粗糙度就可以作为该噪声的度量。这个噪声近似服从正态分布，因此可以通过取局部点集的平均值对其进行消减。

2. 点云配准的不确定性

除了极少数扫描站点完全固定的情况，通常两期扫描点云的坐标系都需要进行配准以统一到同一坐标系，这就会产生一种系统误差。这个误差是由两期点云空间参考系的精度、扫描站点数以及扫描设备性能等因素决定。

目前主要有两种点云配准方法：①基于地面控制点的点云配准，它通过几个固定的地面控制点匹配多站/多期点云数据；②基于重叠区域比较的点云配准，它通过比较两个点云之间的重叠区域进行两者的配准，再通过独立的控制点或参考点云对点云的配准精度进行分析。

目前，基于重叠区域比较的点云配准精度可以达到厘米级(2～5cm)，基于控制点的点云配准精度可以达到毫米级。设备的测量精度也是影响最终配准精度的一个关键。因为控制点难以在扫描区域中严格均匀布设，所以两期点云在不同的区域与方向上也就不一定均匀匹配，因此配准误差在点云上一般为非均匀分布。

3. 采样表面粗糙度造成的不确定性

对于粗糙表面，由于设备的测量精度与表面粗糙物遮挡的影响，即使是在同一测站连续采样得到的各组点云数据也不会完全相同，这样即使被监测表面没有变化，也会得到微小的全局变形。对此，需要一个正确的置信阈值将这些不具有显著统计意义的变化剔除，以识别出真正的地形变化。此外，表面粗糙度还会影响法向量的估计，从而导致对地形变化的高估。理想情况下，可以基于各点的变化距离，根据上述三种不确定性确定点云中各点是否发生真实地形变化。但因为这些不确定性难以量化，所以只能基于一定的统计假定，采用近似的统计指标进行变化判定。

5.2　研究区域与实验数据

实验采用模拟坡面降雨实验初始和结束时的两期点云数据。坡面宽约 0.95m，长约 13.15m，面积约为 12.4925m^2。其中，初始的点云数据作为参考点云 P1，包含约 312.9 万个点；降雨结束时的点云作为对比点云 P2，包含约 312.7 万个点。如图 5-2 与图 5-3 所示，各点的颜色表示其相应的高程 Z。点云的上部为坡面顶部，下部为坡面底部。由图 5-2 可见，初始的坡面基本为水平面，只在坡底有局部低洼，所以全部点的高程基本呈正态分布，平均高程为 0.4036m，方差为 0.0096m。由图 5-3 可见，经过降雨实验冲刷，在坡面底部已形成了显著的侵蚀沟。

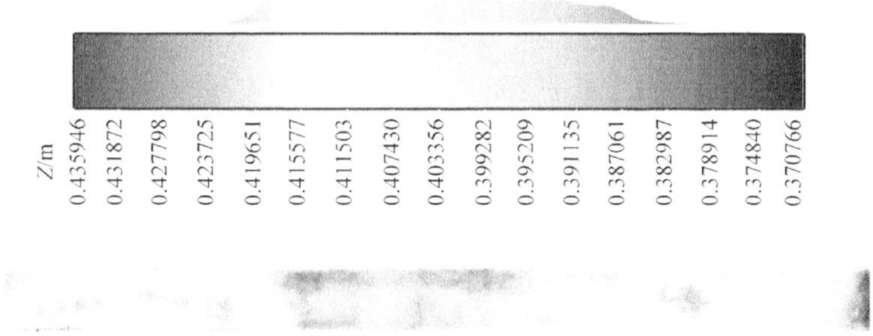

图 5-2　参考点云 P1

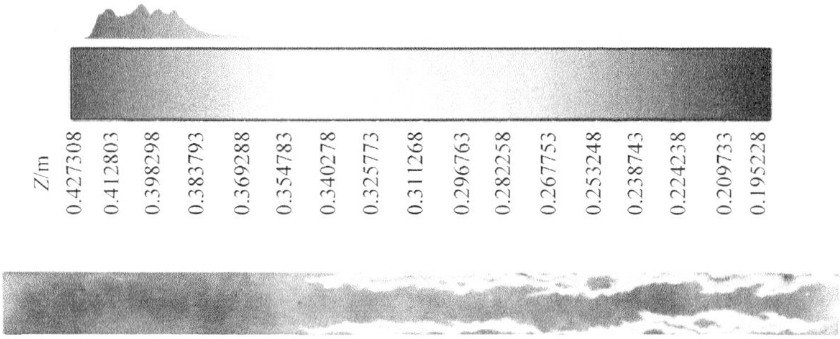

图 5-3　对比点云 P2

5.3 基于点到点距离的点云变化比较算法

5.3.1 算法原理

1. 经典 C2C 算法

经典 C2C 算法通过计算两组点云间各点与其最近邻居点的距离对地形变化进行度量与分析。因此，该算法不需要建立栅格模型等表面模型，也不需要对点云法向量进行计算，是最简单、最高效的点云变化分析算法。

对于待比较点云中的各点，该算法在其参考点云中选取空间距离最近的点作为其同名点。最简单的基于点对点距离的点云变化比较算法就是由该点对之间的距离 L_{C2C} 作为点云表面变化的近似描述。该算法可以克服 DoD 的不足，较好地描述了悬垂壁等三维结构的变化。但它所依赖的点对点距离容易受到粗糙度、粗差以及采样密度的影响。目前，还没有统计判定方法可以对该算法得到的各点距离变化的显著性进行评估，而且该算法得到的距离没有正负与方向，需要法向量等信息辅助得到真正的地形三维变化，因此它主要适用于稠密点云的快速比较。

2. 改进 C2C 算法

改进的 C2C 算法将参考点云中的邻域点集构建为高程模型或最小二乘拟合平面，通过待比较点到拟合模型或平面的距离对两期点云的变化进行描述，如图 5-4 所示。

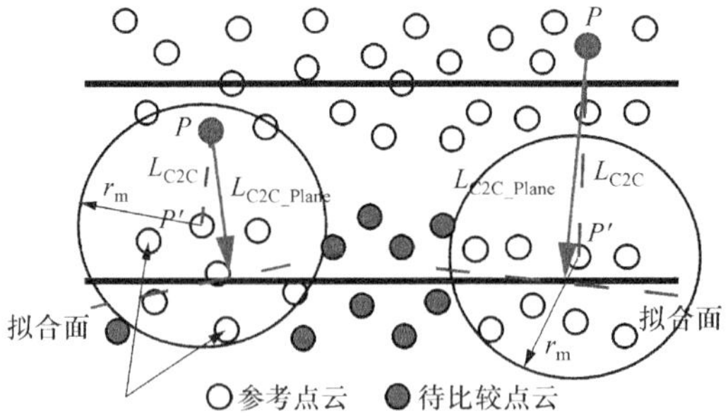

图 5-4 C2C 及改进 C2C 距离(C2C_Plane)平面示意图

对于待比较点云中的一点 P，该算法在其参考点云中选取与点 P'(点 P 的同名点，即参考点云中距点 P 空间距离最近的点)空间距离小于 r_m(邻域半径)的点作为其邻域点集。在该点集上，采用最小二乘法构造局部拟合平面，以点 P 到该拟合平面的距离作为点 P 的变化距离。相对于经典 C2C 算法中直接基于最近点的距离定义，该算法通过由邻域点集构造拟合平面，可以更好地考虑到原始表面的情况。

研究人员后续又提出了采用二阶多项式以及 Delaunay 三角网格等方法由邻域点集构造更精细的局部表面模型，但这些算法都难以克服粗差与采样不均的影响，除此之外，也没有考虑到表面粗糙度的影响。

5.3.2　算法描述

第一步：选定参考点云与比较点云。

两期点云，一组为参考(基准)点云，一组为(待)比较点云。虽然两期点云之间可以互为参考计算点云变化，但通常选择时间上较早的点云数据为参考点云，稍后的点云为比较点云。为了提高点云比较的效果，参考点云的数据范围应比比较点云大，而且采样密度也要更高。

第二步：根据参考点云构建八叉树(octree)。

首先在原始数据中采用小规模样本数据，通过初步试验了解点云数据的分布情况以辅助八叉树的设置。其中主要有以下三个参数。

(1) 八叉树的深度：该参数会影响算法的运行效率，但不会影响计算的精度。深度设定越大，八叉树的节点(octree node)越小，参加最近点比较的点也就越少，但也就需要搜索更多的八叉树的节点。因此，该参数设定的基本原则是：①点云的规模越大，设定的八叉树深度应相应增大；②点云间变化的距离尺度越大，设定的八叉树深度越小越好。

(2) 最大搜索距离：为了避免八叉树中陷入漫长的最近点搜索，最好根据实际情况设定搜索距离的上限，避免无谓的搜索，减小总体搜索时间。

(3) 最近点的搜索方向：可以设定沿 X、Y、Z 三个轴向方向分别搜索最近邻居点。

第三步：根据八叉树计算 C2C 距离。

根据构建的八叉树，可以对待比较点云中的各点在参考点云中分别搜索其最近邻居点，则各点与其最近邻居点之间的距离即为 C2C 距离。

5.3.3　实验与分析

1. 经典 C2C 距离实验

在 CloudCompare 软件中对两期点云 P1 与 P2 进行比较，计算点云 P2 相对于点云 P1 的 C2C 距离。其中，以点云 P1 为参考点云，P2 为对比点云，八叉树深度设定为 10，计算得到的对比点云 P2 的 C2C 距离如图 5-5 所示。坡底侵蚀沟部分的 C2C 距离如图 5-6 所示。

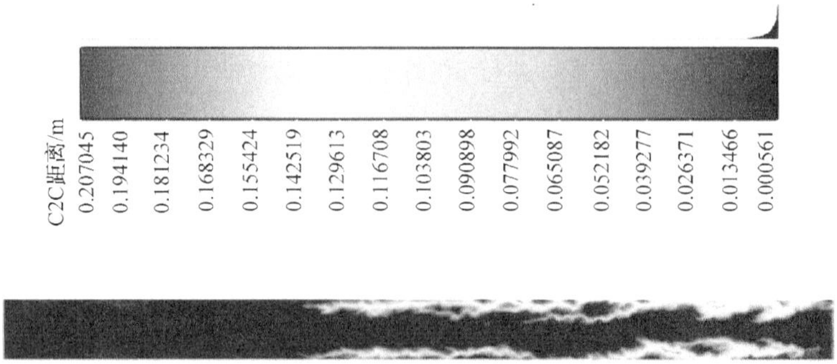

图 5-5　点云 P2 的 C2C 距离

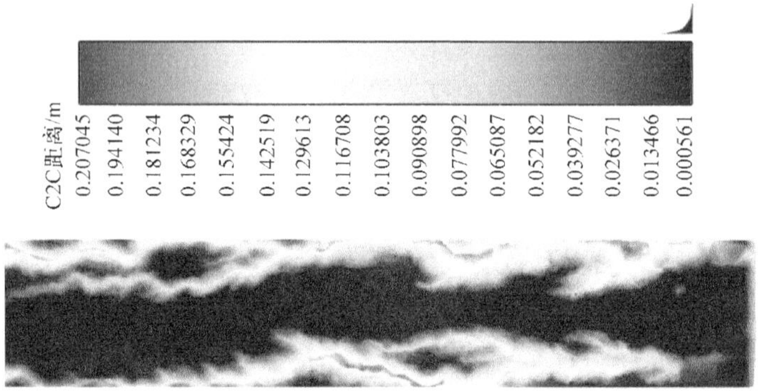

图 5-6　点云 P2 沟底部分的 C2C 距离

对点云 P2 的 C2C 距离建立统计直方图(图 5-7)。由图可见，C2C 距离没有正负，无法区分点云变化的方向。大部分的点只有微小的变化，只有侵蚀沟部分有显著变化，最大变化距离为 0.20705m，平均变化距离为 0.02553m，变化距离的中位数为 0.00413m。根据统计学原理，其服从于折叠正态分布(folded normal distribution)。

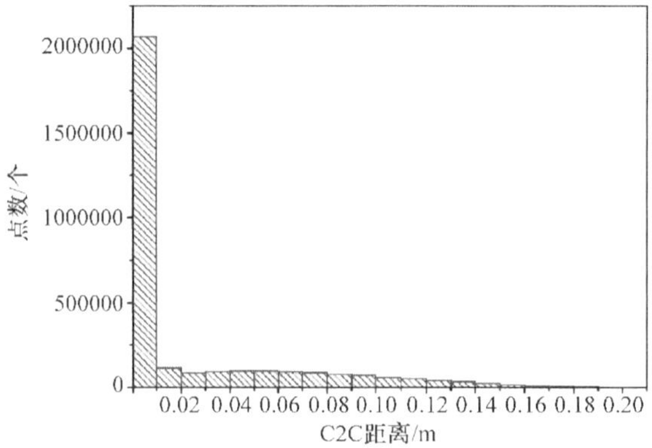

图 5-7　点云 P2 的 C2C 距离统计直方图

2. C2C_Plane 距离实验

采用CloudCompare计算点云P2相对于点云P1的改进点到点距离C2C_Plane。同样，以点云 P1 为参考点云，P2 为对比点云，八叉树深度设定为 10。

为了设定合适的邻域尺度，需要对点云 P1 的采样密度进行分析。首先，计算点云 P1 中各点与其最近邻居点的距离(nearest neighbour distance, NND)，得到最近邻居点距离的统计表(表 5-2)。由表可见，绝大多数点(>75%)的最近邻居点距离小于 0.00201m，说明点云数据采样密度较高且分布均匀。但也有部分点采样密度较低，主要是模拟降雨坡面边缘部分的少量点。因此，最近邻居点距离的平均值与中位数接近，约为 0.002m。

表 5-2　最近邻居点距离统计参数

最小值/m	第一四分位数/m	中位数/m	第三四分位数/m	最大值/m	平均值/m
0.00198	0.00199	0.00199	0.00201	0.00553	0.002

根据点云 P1 的采样密度情况，进一步分析不同半径下的最近邻居点个数。通过几组不同半径的实验，发现当半径为 0.0065m 时各点的最近邻居点个数基本为 30 个左右，具体的直方图分布如图 5-8 所示。

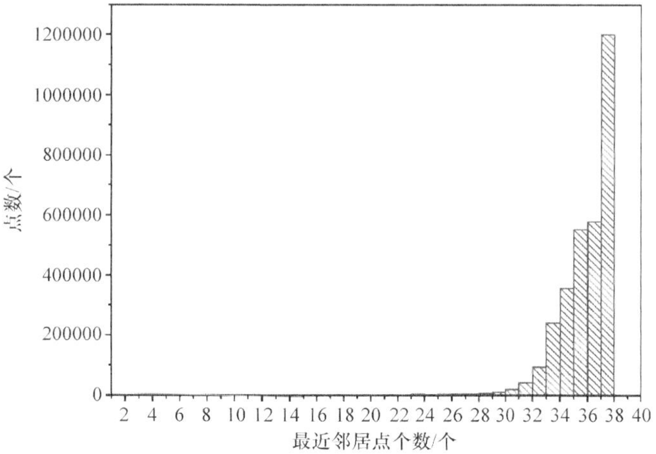

图 5-8　最近邻居点统计直方图(半径 0.0065m)

因此，将最近邻居点集尺度设为 0.0065m，可以得到对比点云 P2 的 C2C_Plane 距离，如图 5-9 所示。

对点云 P2 的 C2C_Plane 距离建立统计直方图(图 5-10)。可见，C2C_Plane 距离没有正负，无法区分点云变化的方向。大部分的点只有微小的变化，只有侵蚀沟部分有显著变化，最大变化距离为 0.20704m，平均变化距离为 0.02529m，变化距离中位数为 0.00401m。

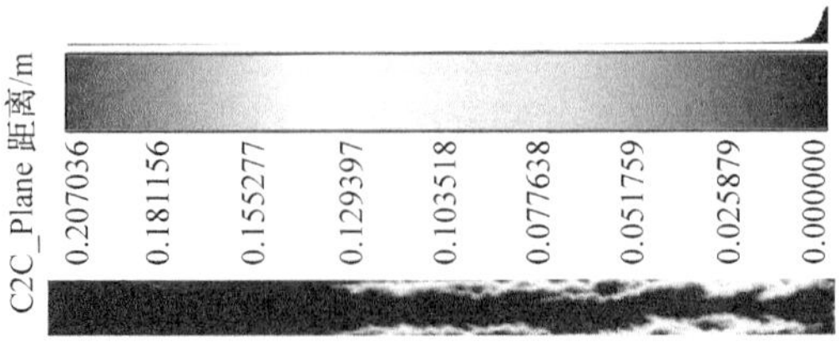

图 5-9　对比点云 P2 的 C2C_Plane 距离

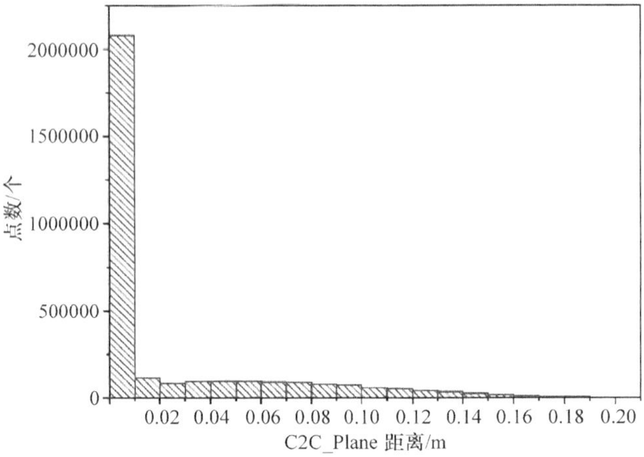

图 5-10　C2C_Plane 距离直方图

5.4　基于点到模型距离的点云变化比较算法

5.4.1　算法原理

C2M 算法通过计算待比较点云中各点到参考三角网格或其他表面模型的距离对地形变化进行分析。该算法的关键是参考表面的建立，对于表面起伏不大的地形，可以通过表面模型的构建提高地形变化分析的精度。一方面，对于包含有不同尺度的粗糙地物以及遮挡、空洞的复杂地形点云数据，三角网格等地表模型的建立是一个复杂的问题，它的运算规模巨大且需要人工辅助检查、修整；另一方面，地表模型的建立也会平滑模糊掉一些重要的地形细节。文献对基于 C2M 的隧道变形监测进行研究，给出了局部变形的置信区间和显著性检验指标，但是该算法没有考虑自然地形点云中存在的粗糙特征(Gosliga et al.，2006)。

5.4.2　算法描述

第一步：构建参考三角网格模型。

由参考点云采用 Delaunay 算法构建参考三角网格模型。主要参数是三角剖分边长的上限(max triangle edge length)。通过设定该上限可以控制生成的三角面片的最大尺寸，避免生成无意义的剖分。

第二步：选择比较对象。

C2M 算法比较的对象应为两期点云构建的三角网格模型或一个点云与一个三角网格模型。其中参考对象应为三角网格模型，其范围应比待比较对象大。比较对象可以为点云或三角网格模型，如果三角网格比较稀疏，最好在其基础上重采样加密点云，提高比较精度。

第三步：根据参考点云构建八叉树。

该过程与 C2C 中的八叉树构建基本类似。

第四步：计算 C2M 距离。

根据参考点云的八叉树与三角网格模型，对待比较点云中的每个点，可以找到其在参考点云中的最近点或最近三角面片，从而计算得到该点处的 C2M 距离。该步骤的主要参数是 C2M 距离的符号方向，一般根据三角网格模型的方向，确定变化距离的正负符号，也可以将变化方向翻转或者限定设定沿 *X*、*Y*、*Z* 三个轴向方向确定变化距离的正负符号。

5.4.3　实验与分析

首先，对参考点云 P1 建立三角网格模型。因为初始点云基本为平面，所以可以采用 Delaunay 三角剖分方法建立 2.5D 三角网格模型。其次，由全体点云构建拟合平面，然后将各点投影于拟合平面上，得到相应的 2D 投影点。最后，对 2D 投影点进行 Delaunay 三角剖分，最终获得点云的三角网格模型 M1(图 5-11 和图 5-12)。对于复杂地形的点云数据，这种 2.5D 的三角网格模型就不太适用，需要采用泊松表面重建等方法构建三维三角网格模型。

图 5-11　参考三角网格模型 M1

图 5-12　参考三角网格模型 M1 局部细节

该算法的主要参数为三角剖分边长的上限。通过设定该上限可以剔除在边界与空洞边缘等区域没有实际意义的大三角面片。若该上限设为零，则保留所有剖分得到的三角形。在实际应用中，应根据点云的采样密度与应用需求设定合适的上限，避免边界与空洞边缘的大三角面片对后续计算的干扰。

图 5-13 为保留所有剖分三角面片的参考三角网格模型 M1′的局部细节。由图可见，在点云的边界存在不符合实际地形的大三角面片(矩形框部分)，它们会干扰后续的边缘点 C2M 距离计算。因为在 C2M 距离的计算中，点云变化距离的方向(正负)是通过各点相应参考三角面片的法向量方向决定的，所以错误的三角面片会直接导致点云变化方向的误判。

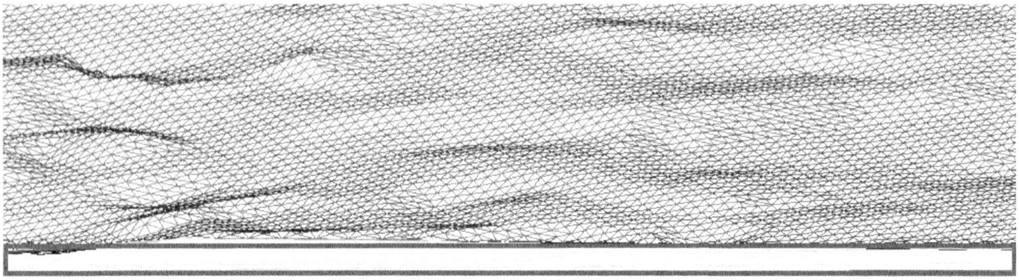

图 5-13　参考三角网格模型 M1′局部细节(MaxTriangleEdgeLength=0m)

图 5-14 即为以 M1′为参考面计算的待比较点云 P2 边缘的 C2M 距离。由图可见，在坡面点云边缘的侵蚀区域，各点的 C2M 距离本应为负(如点 A)。但由于参考面 M1′边缘存在大三角面片的干扰，导致 P2 中部分边缘点的法向方向错误，从而导致其 C2M 距离为正(如点 B、C)，造成对侵蚀/堆积的误判。

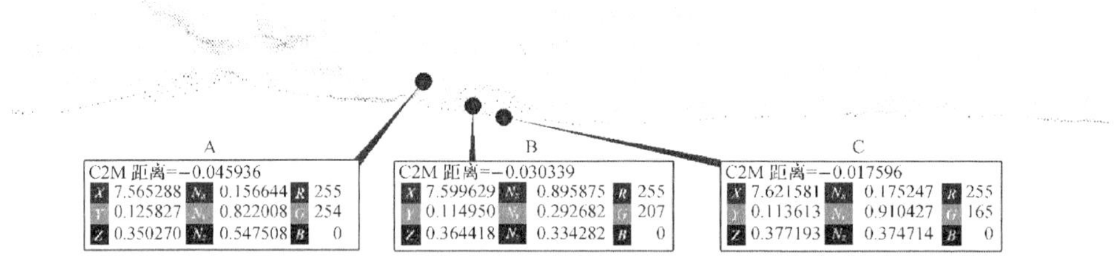

图 5-14　对比点云 P2 边缘的 C2M 距离(以 M1′为参考面)(单位：m)

图 5-15 为三角剖分边长的上限为 0.01m(1cm)得到的参考三角网格模型 M1 的局部细节。由图可见，点云边缘的剖分三角形符合实际地形，没有无意义的大三角面片。

通过参考三角网格模型 M1，计算得到待比较点云 P2 的各点的 C2M 距离如图 5-16 所示。图中浅色部分的变化距离接近零，深色部分变化距离为负。最大侵蚀深度为 0.207045m，最大堆积高度为 0.016104m。

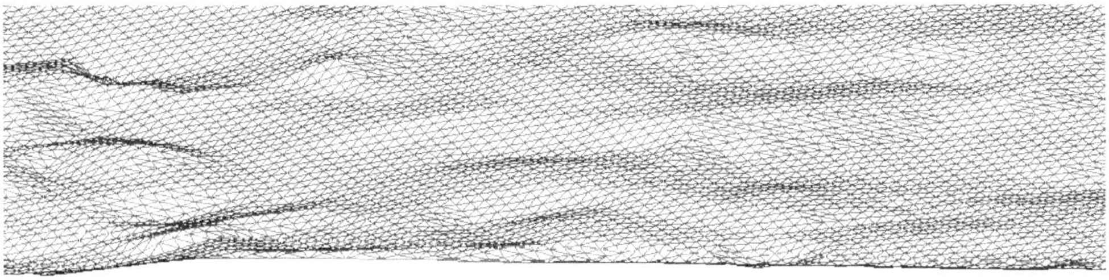

图 5-15　参考三角网格模型 M1 的局部细节(MaxTriangleEdgeLength=0.01m)

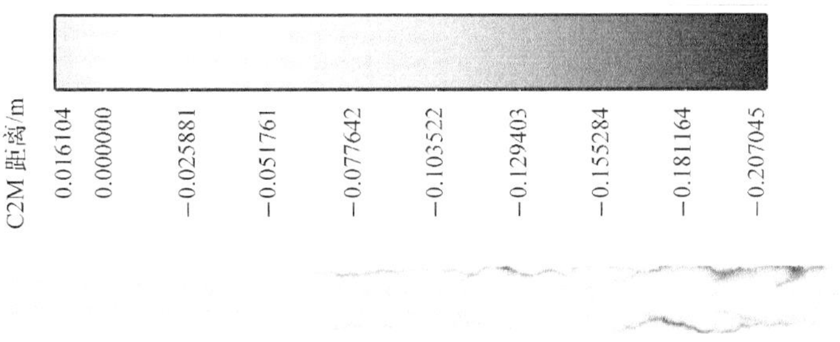

图 5-16　点云 P2 的 C2M 距离(MaxTriangleEdgeLength=0.01m)

图 5-17 为点云 P2 的 C2M 距离统计直方图。由图可见，大部分点的 C2M 距离近似于零，即基本没有发生变化。少量点的 C2M 距离为正，主要是在坡面上

图 5-17　点云 P2 的 C2M 距离统计直方图

的局部堆积(图 5-18)。大部分点的 C2M 距离为负，符合水流冲蚀下坡面侵蚀的特性。图 5-19 的点云 P2 坡底部分的 C2M 距离可以看到坡底的侵蚀沟形态。

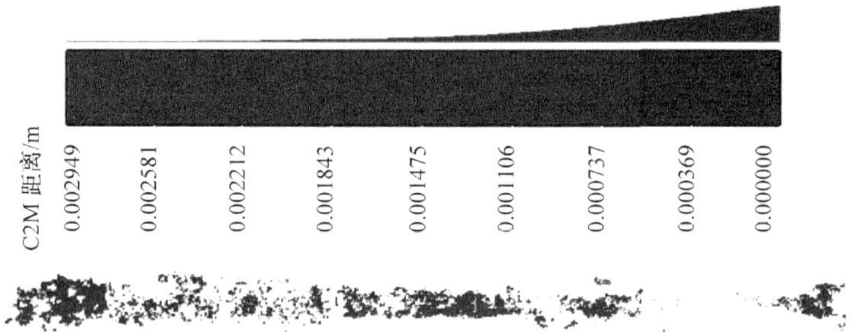

图 5-18　点云 P2 中 C2M 距离为正的各点

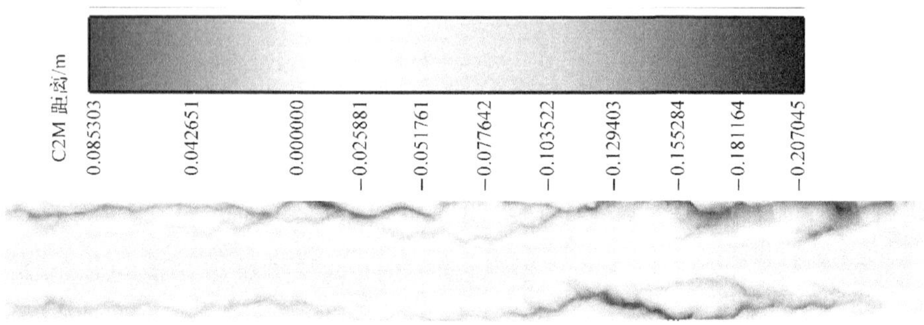

图 5-19　点云 P2 坡底部分的 C2M 距离(MaxTriangleEdgeLength=0.01m)

将 C2M 距离作为点云各点的 *Z* 轴高程值，保持水平坐标 *X*、*Y* 不变，构建得到 C2M 距离为高程的点云 P2′。图 5-20(a)为对比点云 P2(颜色表示高程)和参考点云 P1(水平分布点云)；图 5-20(b)为以 C2M 距离为高程的点云 P2′。由图可见，C2M 距离的变化与点云的相对变化基本相符。

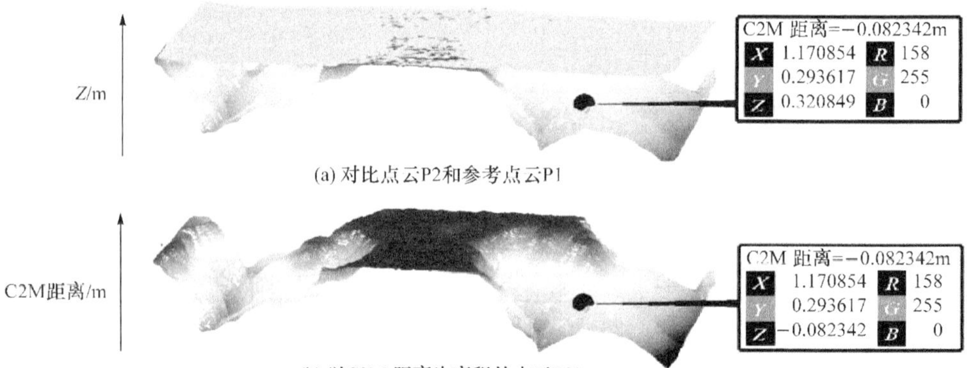

(a) 对比点云P2和参考点云P1

(b) 以C2M 距离为高程的点云P2′

图 5-20　参考点云 P1 与对比点云 P2 及以 C2M 距离为高程的点云 P2′

5.5　基于多尺度模型到模型距离的点云变化比较算法

5.5.1　算法原理

M3C2 算法与 C2C 算法类似，都是一种直接基于点云的地形变化比较算法。不同点在于，它一方面借鉴了 C2M 算法的思想，在邻域点集上计算出拟合平面从而得到表面法向量的估计，因此除了变化距离，它还可得到相应的变化方向；另一方面，类似于 C2C_Plane 通过最小二乘得到参考表面，它还通过取两期邻域点集在法向量方向上投影坐标的中心点克服了局部粗糙地物与噪声的影响，得到更为可靠的地形变化估计。

该算法主要包括三个步骤。首先，对于参考点云 C1 上的任一点 P，通过其邻域点集的最小二乘拟合平面得到局部法向量。邻域点集采用固定半径邻域点的定义，选取与点 P 距离小于 $D/2$ 的点构成邻域点集，如图 5-21(a)所示。D 即法向量的计算尺度，该尺度的选取应尽量确保各邻域点都位于拟合平面上。

其次，根据计算得到的点 P 处的法向量构建一个中轴线过点 P，轴线方向与点 P 法向量方向一致，直径为 d，高度为 L 的虚拟圆柱体。该圆柱体与两期点云分别相交，构成两个点云子集 S1 与 S2。将 S1 与 S2 分别投影在圆柱轴线上，可以在轴线上得到两期点云的法向坐标分布。再计算其投影坐标的平均值，分别得到 S1 与 S2 的投影中点 i_1 与 i_2，则 i_1 与 i_2 之间的距离即为点 P 处的 M3C2 距离，如图 5-21(b)所示。

最后，根据点集 S1 与 S2 可分别得到两期点云对应区域的局部粗糙度估计 σ_1(d) 与 σ_2(d)、两点集的大小 n_1 与 n_2 以及整体的配准误差，从而得到点 P 处的地形变化显著性阈值，判断其是否发生地形变化。

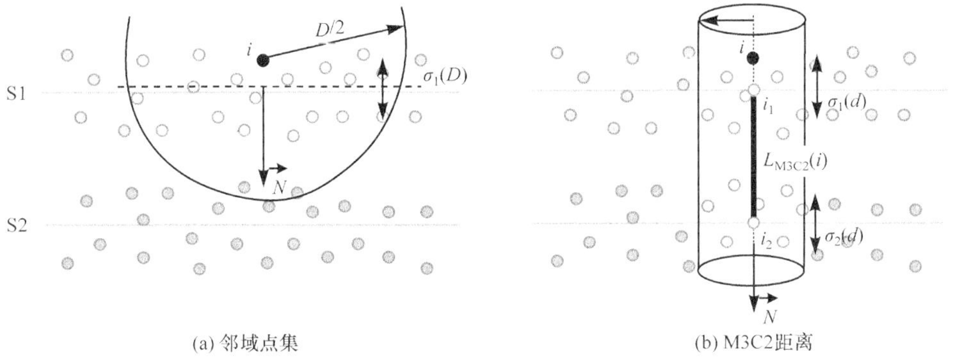

图 5-21　邻域点集及 M3C2 距离示意图

5.5.2 算法描述

M3C2 距离的计算首先要选定待比较的两期点云。不同于 C2M 距离，M3C2 距离的计算基于参考点云 P1，通过在 P1 上重采样的核心点集(或直接采用原始点集)，计算初始表面的法向量方向作为变化方向的参考。再根据选定的投影半径，将两期点云 P1 与 P2 投影在法向轴线上。投影点间的距离即为 P2 相对于 P1 的变化。

该算法主要有以下几个步骤。

第一步：两期点云数据的修整与处理。要确保对比点云的覆盖区域应大于参考点云，否则会产生无匹配点。此外，可以将与研究应用无关的点进行人工删除。两期点云间一般还需要进行配准，具体可以根据预先设定的标靶或参考点进行匹配，也可以由自动匹配算法辅助配准。配准完成后，记录相应的配准误差。

第二步：对于野外实地扫描得到的 TLS 点云，还需要特别考虑植被的影响，通过滤除植被点，可以提高后续的法向量计算准确性并减少参与计算的点数目。

第三步：法向量的计算。主要参数为法向量计算尺度 D。法向量计算的邻域点集定义为中轴线通过核心点，半径为 $D/2$ 的圆柱与两期点云相交于内部的点集。法向量估计的准确与否对 M3C2 的计算精度有很大影响。

法向量的计算尺度可以按以下要求设定。

(1) 默认设置：根据设定的法向量计算尺度进行计算。

(2) 多尺度方法：对于每个核心点，在不同的尺度上进行法向量的计算，然后以拟合平面最接近理想平面的法向量计算尺度作为最终尺度。

(3) 垂直方向：不进行法向量计算，仅使用垂直法向量计算(类似于 DoD 距离)。

(4) 水平方向：只计算水平面(X-O-Y)上的法向量。

法向量的方向可以按以下要求设定。

(1) 全局统一：相对于一个轴向或固定点。

(2) 相对视点统一：设定扫描测站，由视点进行统一。

为提高计算速度，针对侵蚀沟的形态特点，采用固定尺度在核心点集上进行法向量计算。然后通过计算法向量尺度与粗糙度的比值，检验选取的法向量尺度的有效性。

第四步：计算 M3C2 距离。为了提高计算速度，最好采用分支界限的思想设定不同的投影距离上限进行 M3C2 距离的计算。

首先以一个较小的最大投影距离上限计算 M3C2 距离，然后对计算结果中的无匹配点再采用较大的最大投影距离上限进行计算。这样可以在减小计算量的同时，尽量找到各点的相应投影点。但是由于遮挡造成的空洞、扫描区域的缺失等客观因素，最终还是会有部分点无法找到相应的投影点，也就无法计算其 M3C2 距离。

该步骤主要有以下参数。

(1) 核心点集的选择：①原始点云；②原始点云中的重采样子集(重采样参数为最小采样间距)；③用户预先准备的重采样子集。

(2) 投影尺度 d：通常，投影半径越大计算得到的局部粗糙度越小，但参与计算的点也就越多，计算量越大且空间分辨率越低。

(3) 最大高度：投影圆柱的最大高度。

第五步：地形变化显著性判定。根据各点的粗糙度与配准误差，可以得到各点处的地形变化不确定性，从而给出地形显著性变化的判定阈值。根据各点的 M3C2 距离就可以由其阈值判定是否为显著变化。

最终输出以下参数。

(1) 变化距离的不确定性：越接近零越好。

(2) 变化的显著性：是真实地形变化的概率，有显著变化为 1，无显著变化为 0。

(3) 每个核心点的邻域点集的方差(粗糙度)与邻域点数目。

对于找不到对应最近点的核心点，该点处的 M3C2 距离记为 NaN，表示在设定的圆柱范围内，找不到该点在另一个点云中的对应点。这种情况可能是由于遮挡、空洞导致不存在对应点，也可能是由于地形变化较大，设定的最大搜索距离需要增大。

5.5.3　关键步骤与参数

1. 点云核心点集的选择

通常进行地形的变化分析时都是基于原始点云，但为了提高运算速度并避免采样密度不均的影响，可以从参考点云中重采样得到核心点集，在此基础上再进行相关处理。由于原始的 TLS 点云的密度极高(采样点间距小于 1cm)，但可能分布不均匀，将其重采样为密度稍低(采样点间距为几个厘米)但分布更为均匀的核心点集后，将更有利于后续的处理与应用。

2. 点云法向量的计算

对于任一核心点 i，可以通过其邻域点集 Nni 的拟合平面得到该点处的法向量。邻域点集 Nni 可以采用固定半径邻域点集的定义，而以点 i 为球心，半径为 $D/2$ 的球体内包含的所有点作为邻域点集 Nni。各点的法向量统一于指定的法向正向方向(一般通过扫描站点的位置设定)。邻域点集 Nni 中各点到拟合平面的距离

的方差可以作为点 i 附近的点云粗糙度度量 oi(D)。法向量可以由参考点集计算，也可以由待比较点集计算，还可以采用两者的平均值。根据地形变化的规律，一般选择前期的参考点集的法向量进行后续的计算。

以垂直方向为法向量可以得到类似于 DoD 的点云变化结果。首先从原始点云中以栅格的形式重采样得到核心点集，然后取法向量方向为垂直方向，投影尺度 d 略大于栅格尺寸。可以通过 M3C2 算法得到各核心点在垂直方向上的变化，对得到的点集，根据其 M3C2 距离构建栅格模型，则可得到相当于 DoD 的栅格结果。而且相对于 DoD 方法，由于没有对原始点云的栅格插值，避免了栅格化中的插值误差。因为统一选取垂直方向为法向量，也忽略表面自身的方向，所以除了两期点云扫描区域不匹配的部分，几乎不存在无投影点的情况。但由于限制在了垂直方向进行比较，所以这时 M3C2 算法退化为一种二维地形变化比较方法，不能准确反映复杂的三维地形变化。

Barnhart 等(2014)表明，对于存在粗糙地物的大尺度真实地形数据，多尺度法向量方法可以更好地估计出表面法向量，提高点云变化比较的准确性。但是，通过对模拟降雨实验所获点云的实验发现，模拟坡面尺度较小，粗糙度不大，而侵蚀沟体部分的表面变化较大，导致在坡面的边缘和侵蚀剧烈的区域沿坡面法向量无法找到对应的变化点，因为沿参考坡面边缘的法向量，对应的点云在对比点云的坡面区域以外。

3. 点云间距离的计算

定义一个半径为 $d/2$，中轴线通过点 i 且方向与点 i 处法向量方向一致的圆柱。该圆柱与两期点云分别相交为两个点集 n_1 与 n_2。将两个点集中的各点投影到圆柱的中轴线上，可以分别得到各点集的轴向坐标分布，这个轴向坐标以点 i 为原点。两个点集的轴向坐标的平均值就是它们在法向方向上的中心位置 i_1 与 i_2。轴向坐标的方差 $\sigma_1(D)$与 $\sigma_2(D)$分别为两个点集在法向方向上的粗糙度。为了克服粗差的影响，还可以用各点集轴向坐标的中位数作为各点集的中心位置，以及采用四分位间距作为粗糙度的估计。这样就可以由点集 n_1 与 n_2 的轴向中心位置 i_1 与 i_2 间的距离得到两个点集之间的变化距离。

4. 表面粗糙度与法向量计算尺度的选择

在选定了法向量的计算方法之后，还需要考虑法向量的计算尺度设定。Kidner 等(2003)指出，当法向量计算尺度与粗糙地物的尺度相近时，计算得到的法向量方向也会随着表面粗糙地物的起伏而不断波动，最终会造成对地形变化的高估。一般而言，法向量尺度的选定应根据不同的应用需求而选定。如果是针对大块石头与土堆等亚米级尺度粗糙地物进行变化检测，则应选择较小的法向量计算尺度(10～20cm)；而对于大尺度的地形变化检测，为了避免表面粗糙地物的影响，应选择较大的法向量计算尺度。但为了检测到所需要的地形变化，法向量的计算尺度也不能大于显著地形变化的尺度。M3C2 的一个关键就是选定法向量计算的最优尺度。

在复杂的地形表面中，如果法向量计算尺度 D 与表面的粗糙要素尺度相近(或更小)，则法向量的计算结果就会受到其影响而波动，有可能导致对两个点云间变化距离的高估。而过大的法向量计算尺度则会导致无法识别出所需要尺度的地形变化，造成点云间变化距离的低估。因此，需要根据不同的应用需求选定合适的法向量计算尺度。

目前，研究人员主要对含有随机正态分布噪声的光滑表面点云法向量计算最优尺度取得了一定的研究进展，给出了由点云噪声强度、表面曲率和采样密度这三个因素构成的半经验公式。但是该公式包含经验参数，需要根据不同的点云数据进行校订，因此难以实际应用。它所依赖的假设条件更是不适用于包含各种粗糙地物与遮挡空洞的复杂自然场景 TLS 点云数据。

对此，可以采用更简单的经验化方法。根据应用目标设定法向量计算尺度的上/下界与间隔，从而在一系列不同的尺度上对法向量进行计算，最终采用拟合平面最接近理想平面的尺度作为最优法向量计算尺度。拟合平面的求解可以通过对邻域点集采用 PCA 法得到。对于不同的尺度，PCA 得到的第三个主成分最小的尺度即为最优尺度。

5. 空间相关的点云变化置信域

与 DoD 和 C2M 方法类似，在得到 M3C2 距离之后，还需要建立空间相关的点云变化置信域进行点云变化的识别与分析。不同置信域决定了在相应置信度下能够监测到的最小变化量，因此也被称为变化检测水平(level of detection)，记为 $\mathrm{LoD}_{x\%}$，其中 $x\%$为置信度，通常取 95%。因为点云测量误差与配准误差的空间分布难以精确建模，所以采用两期点云法向方向上的配准误差 Reg 与粗糙度 $\sigma_1(d)$与 $\sigma_2(d)$构建置信度为 95%的变化监测水平 $\mathrm{LoD}_{95\%}$。其中，假定配准误差 Reg 在点云中均匀分布且各向同性。粗糙度 $\sigma_1(d)$与 $\sigma_2(d)$由两期点云中的点集分别计算，它们受到真实表面粗糙度、参考点云的真实法向方向以及设备测量误差影响。为了对点云变化监测水平 $\mathrm{LoD}_{95\%}$进行估计，基于正态分布的假设提出参数估计公式。

假设点集 n_1 与 n_2 中各点的轴向位置分别服从中心为 i_1 与 i_2，方差为 $\sigma_1(d)$与 $\sigma_2(d)$的正态分布，则当点集 n_1 与 n_2 中的点数目大于 30 时，$\mathrm{LoD}_{95\%}$可定义为

$$\mathrm{LoD}_{95\%}=\pm1.96\left(\sqrt{\frac{\sigma_1(d)}{n_1}+\frac{\sigma_2(d)}{n_2}}+\mathrm{Reg}\right) \tag{5-1}$$

当点集 n_1 与 n_2 的 M3C2 距离大于 $\mathrm{LoD}_{95\%}$时，才可以判定为两期点云间存在真实的变化，否则只能认定为配准误差与粗糙度引起的不确定性。对于不同的置信度大小，可以使用置信度 $x\%$对应的双边 z 检验(two-tailed z-statistics)代替常数 1.96。

当点集 n_1 与 n_2 中的点数目小于 30 时，式(5-1)中的常数 1.96 要由双边 t 检验给出，即

$$\mathrm{DF}=\left(\frac{\sigma_1^2}{n_1}+\frac{\sigma_2^2}{n_2}\right)\Bigg/\left(\frac{\sigma_1^4}{n_1^2}\Big/(n_1-1)+\frac{\sigma_2^4}{n_2^2}\Big/(n_2-1)\right) \tag{5-2}$$

实验表明，基于高斯分布的假设，当点集 n_1 与 n_2 中的点数目大于 4 时，式(5-1)就可以较好的作为 $\mathrm{LoD}_{95\%}$的估计。增大投影尺度对 LoD 准确性的提高效果有限，反而会直接降低最终的分辨率。因此，最优的投影分辨率应至少满足 n_1 与 n_2 中的点数目大于 4。为了更符合假设条件，能够满足 n_1 与 n_2 中的点数目大于 30 更好。

5.5.4 实验与分析

1. 垂直方向 M3C2 距离

首先，对模拟降雨实验的点云采用垂直方向为法向量，计算点云的变化。图 5-22 为以垂直方向为法向量计算得到 M3C2 距离。法向量计算尺度 D 为 0.008m(8mm)，投影尺度 d 为 0.014m(14mm)，投影圆柱高度 L 为 0.4m。相应的 M3C2 统计直方图如图 5-23 所示。由图可见，该距离的直方图分布形态与 C2M 距离的结果类似。

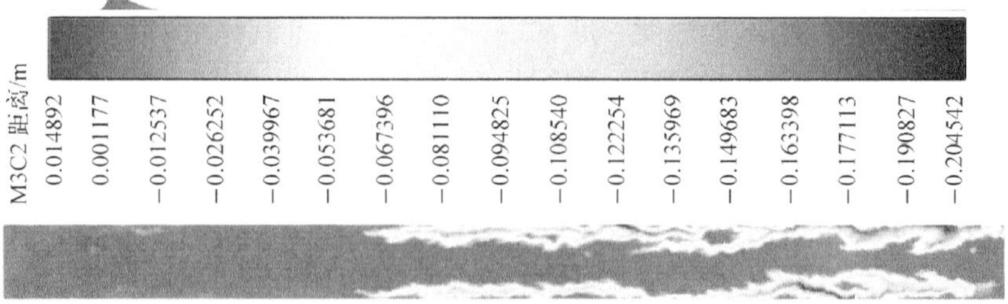

图 5-22　垂直方向 M3C2 距离

为了分析选取的法向量尺度的适用性，分别考察两期点云在相应尺度下的粗糙度，如图 5-24 与图 5-25 所示。其统计分布分别如图 5-26 与图 5-27 所示。参考

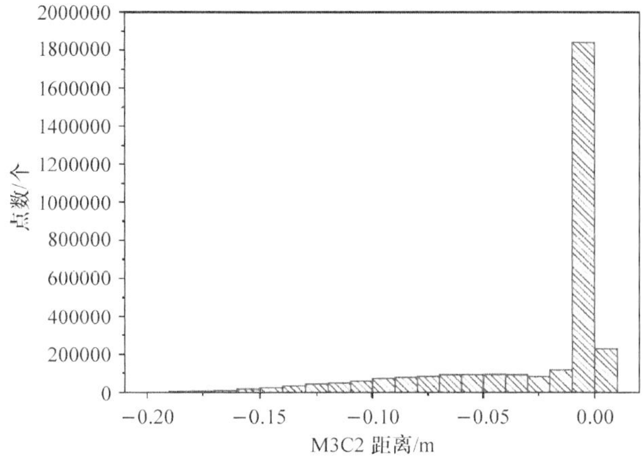

图 5-23　垂直方向 M3C2 距离的统计直方图

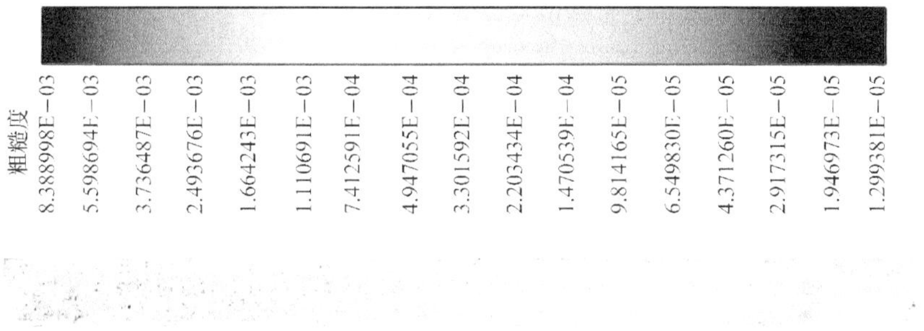

图 5-24　参考点云的各点(对数化)粗糙度

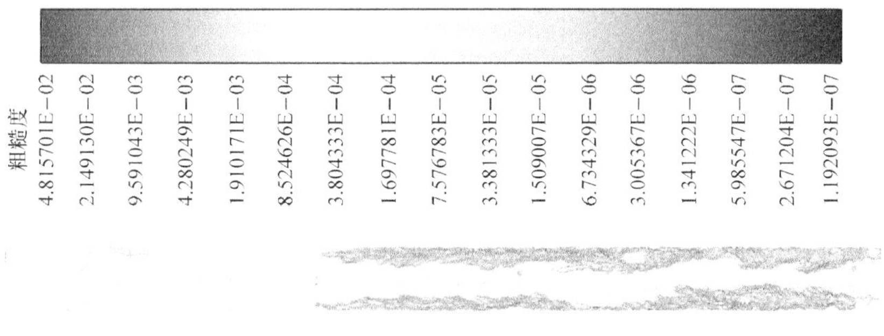

图 5-25　对比点云的各点(对数化)粗糙度

点云的粗糙度基本低于 1mm，平均粗糙度为 0.57mm，最大粗糙度为 8.39mm。对比点云的粗糙度基本低于 10mm，平均粗糙度为 2.23mm，最大粗糙度为 48.2mm。因此，选取法向量计算尺度 d 为 8mm 是合适的，可以基本克服点云表面粗糙度的影响。

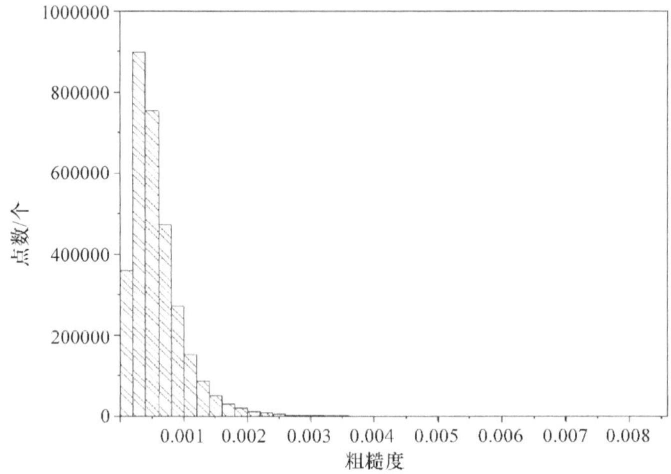

图 5-26　参考点云粗糙度直方图

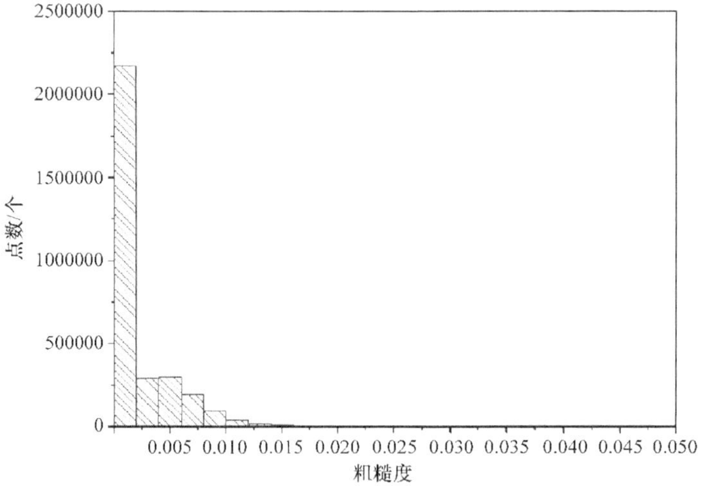

图 5-27　对比点云粗糙度直方图

为了分析选取的投影尺度的适用性，分别考察两期点云在相应尺度下的点密度。图 5-28 为参考点云中各点的投影点个数分布直方图。可见在选定的投影尺度下，各点的投影点个数基本大于 30 个，平均投影点个数为 36.9 个。图 5-29 为对比点云中各点的投影点个数分布直方图。各点的投影点个数也基本大于 30 个，平均投影点个数为 37.6 个。因此，在选定的投影尺度下，两期点云中的投影点个数可以达到显著性判定的要求。

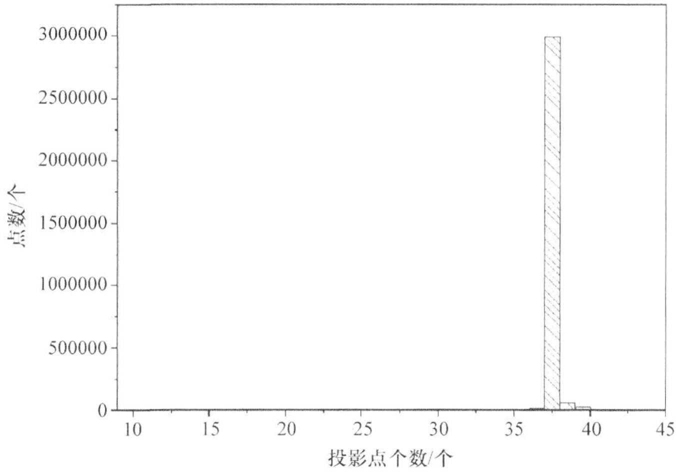

图 5-28　参考点云中各点投影点个数分布直方图

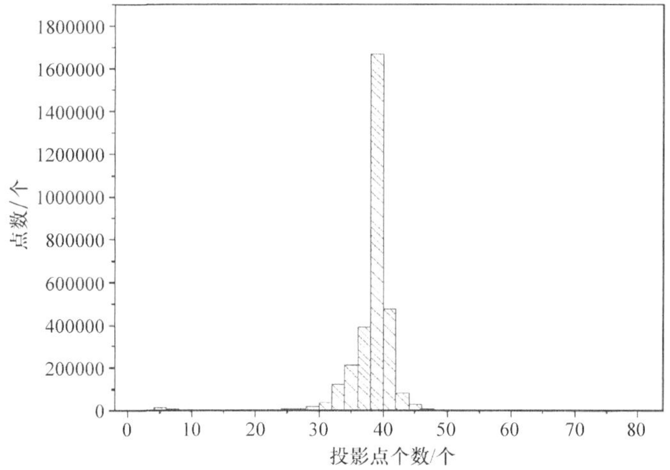

图 5-29　对比点云中各点投影点个数分布直方图

根据两期点云中各点的粗糙度、投影点个数与整体的配准误差(0.001m)，可以得到各点处的地形变化显著性判定阈值(95%置信度)见图 5-30。可以看到，侵蚀沟部分的地形变化显著性阈值要明显高于其他部分。该阈值的统计直方图如

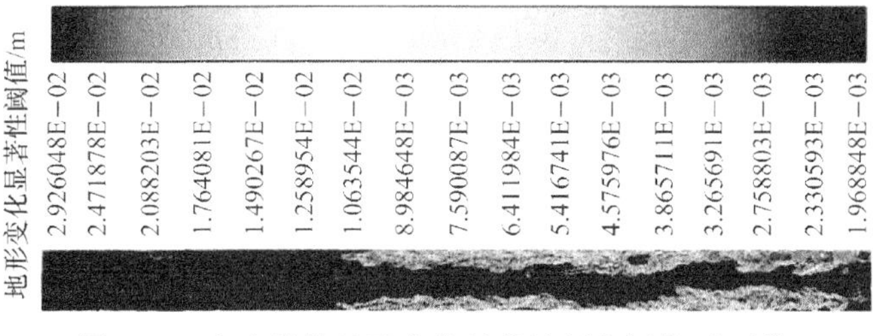

图 5-30　各点处的地形变化显著性判定阈值(取对数)

图 5-31 所示。地形变化显著性阈值最大为 0.02926m，平均阈值为 0.00274m。有 50%的点的阈值小于 0.0023m，75%的点的阈值小于 0.00306m。

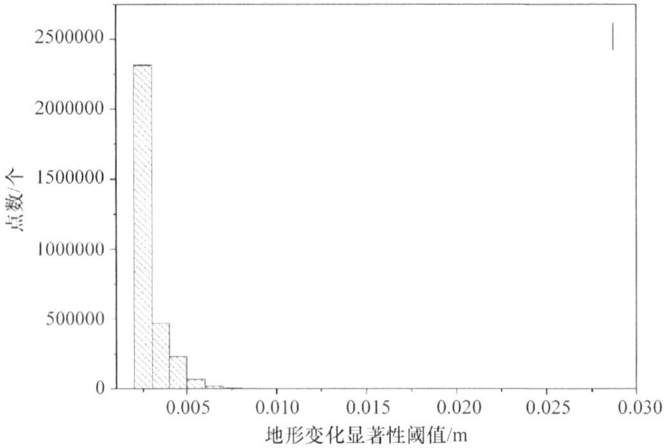

图 5-31　各点地形变化显著性判定阈值的直方图

根据计算得到的各点 M3C2 距离与其地形变化显著性判定阈值，得到各点的地形变化显著性如图 5-32 所示。其中，深色区域为发生显著地形变化，浅色为无显著地形变化。

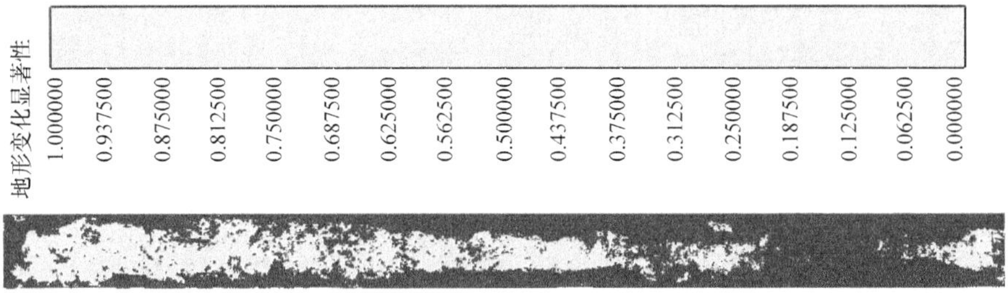

图 5-32　各点的地形变化显著性

2. 多尺度 M3C2 距离

多尺度 M3C2 距离与垂直 M3C2 距离的基本计算流程类似，主要是在法向量的计算部分采用多尺度方法，自适应选择法向量计算尺度。本小节设定最小尺度为 0.002m，最大尺度为 0.02m，步长为 0.002m，计算得到各点的法向量计算尺度如图 5-33 所示。

相应的法向量计算尺度统计直方图如图 5-34 所示。为了分析多尺度参数的设定，另设定最小尺度为 0.002m，最大尺度为 0.04m，步长为 0.002m，得到该参数下的法向量尺度统计直方图如图 5-35 所示。

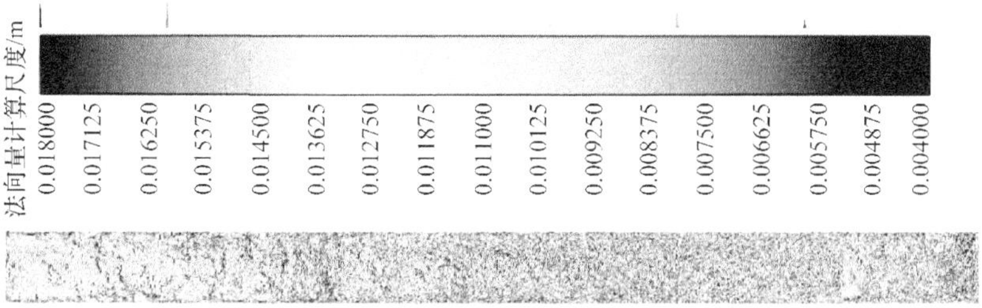

图 5-33　各点的法向量计算尺度

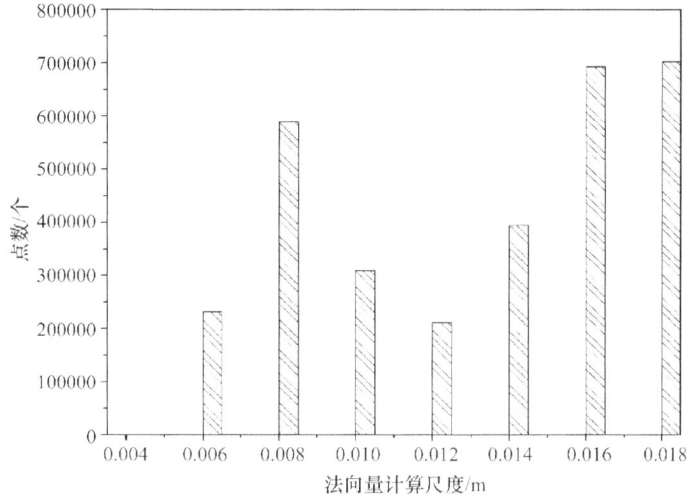

图 5-34　法向量计算尺度直方图(最大计算尺度 0.02m)

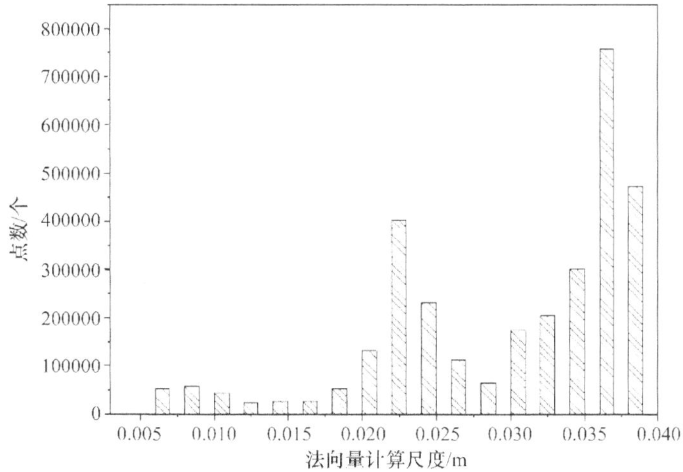

图 5-35　法向量计算尺度直方图(最大计算尺度 0.04m)

由直方图可见，因为多尺度 M3C2 方法会在设定的尺度范围内选取各点最接近平面分布(最小二乘拟合的误差最小)的法向量计算尺度，所以在地形相对平坦的区域，该算法会选取较大的法向量计算尺度，以提高平面拟合的精度。但实际应用中，还需要考虑点云的采样密度、地形地貌情况与应用目标对参数进行合理设定。对于本小节中的模拟降雨点云数据，因为采样密度高且没有植被、碎石等粗糙地物影响，所以最大法向量计算尺度取 0.02m 更为合适。

根据选定的各点法向量计算尺度,最终得到各点的多尺度 M3C2 距离如图 5-36 所示。相应的统计直方图如图 5-37 所示。

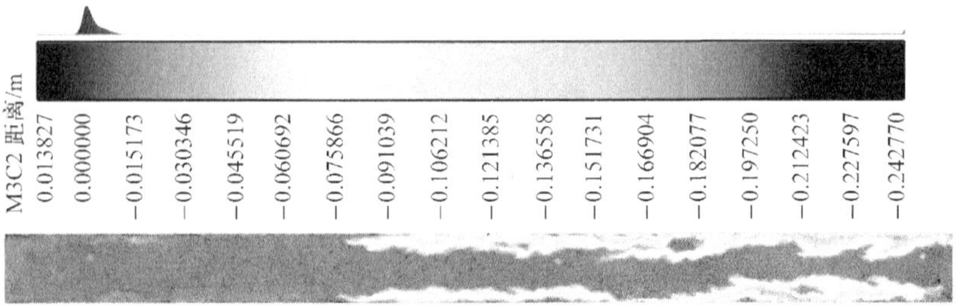

图 5-36　多尺度 M3C2 距离

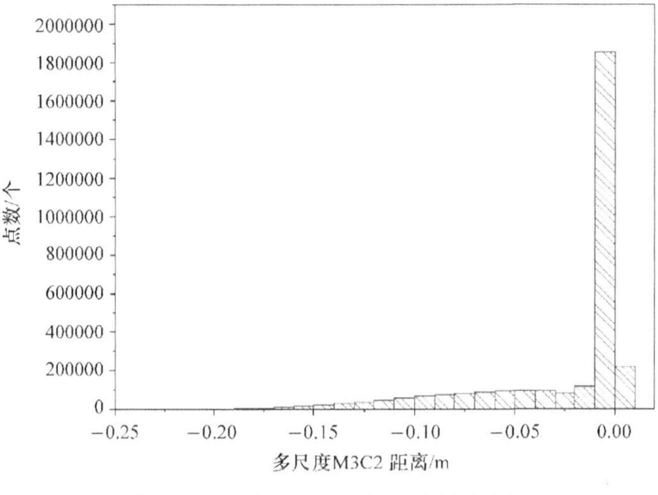

图 5-37　多尺度 M3C2 距离统计直方图

对垂直 M3C2 距离与多尺度 M3C2 距离进行比较。将各点的垂直 M3C2 距离减去其多尺度 M3C2 距离，得到二者之差如图 5-38 所示。该差值的直方图分布如图 5-39 所示。垂直 M3C2 距离与多尺度 M3C2 距离之差的均值为–0.0001m，中值为 0m，最小值为–0.14962m，最大值为 0.08174m。

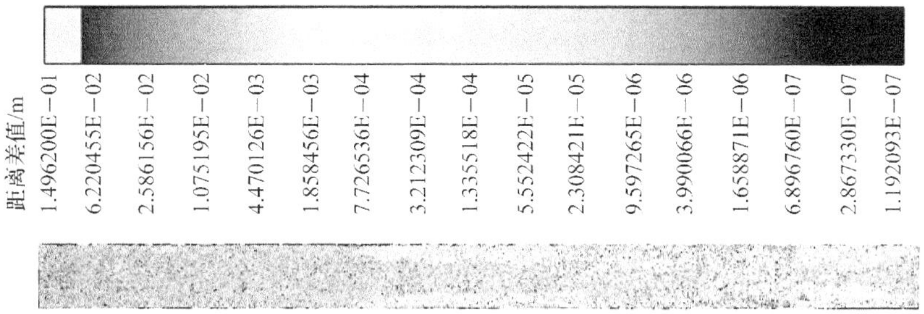

图 5-38　垂直 M3C2 距离与多尺度 M3C2 距离之差

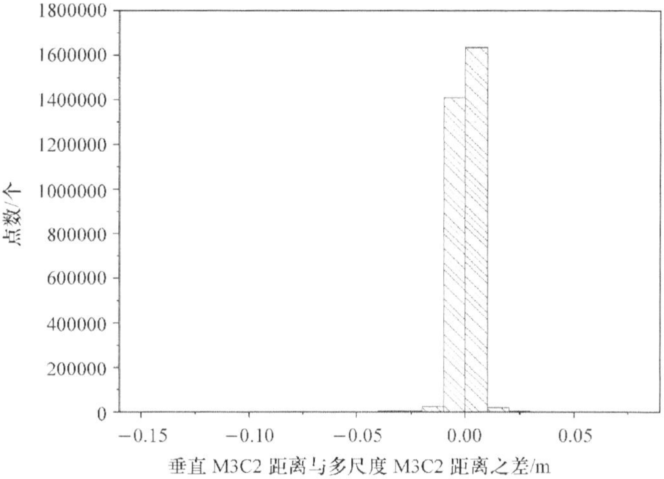

图 5-39　垂直 M3C2 距离与多尺度 M3C2 距离之差的统计直方图

进一步选取侵蚀沟部分的一段点云进行详细比较。以参考点云的 X、Y 坐标为水平坐标和纵坐标，分别由垂直 M3C2 距离与多尺度 M3C2 距离构造两个三维点云 Cloud_Vertical 与 Cloud_MultiScale。将两点云投影在水平面上可得图 5-40。在图上选取几个点对比其垂直 M3C2 距离与多尺度 M3C2 距离。可见对于同一点，两种距离基本相近，但并不完全相同。

而在三维立体视角下可见，两种距离得到的三维点云的空间分布基本相近，但由于多尺度 M3C2 距离选用的法向量计算尺度偏大，造成在地形变化强烈的沟体边缘的 M3C2 距离发生了较大偏离，不符合侵蚀地形的形态分布(图 5-41，图 5-42)。因此，对于模拟降雨侵蚀这种小尺度、高密度且无大尺度粗糙地物的点云数据，垂直 M3C2 距离可以更好地描述其地形变化情况。

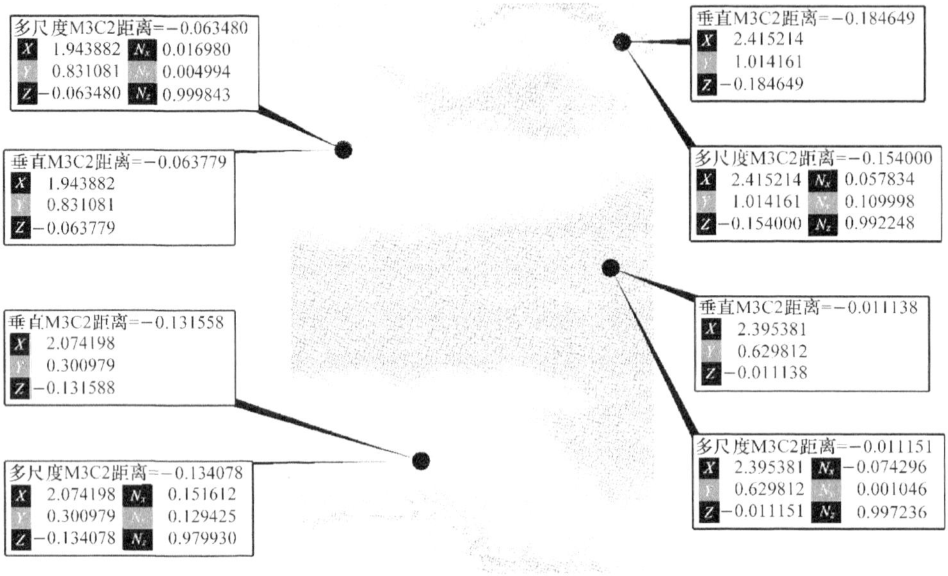

图 5-40　两种 M3C2 距离的比较(单位：m)

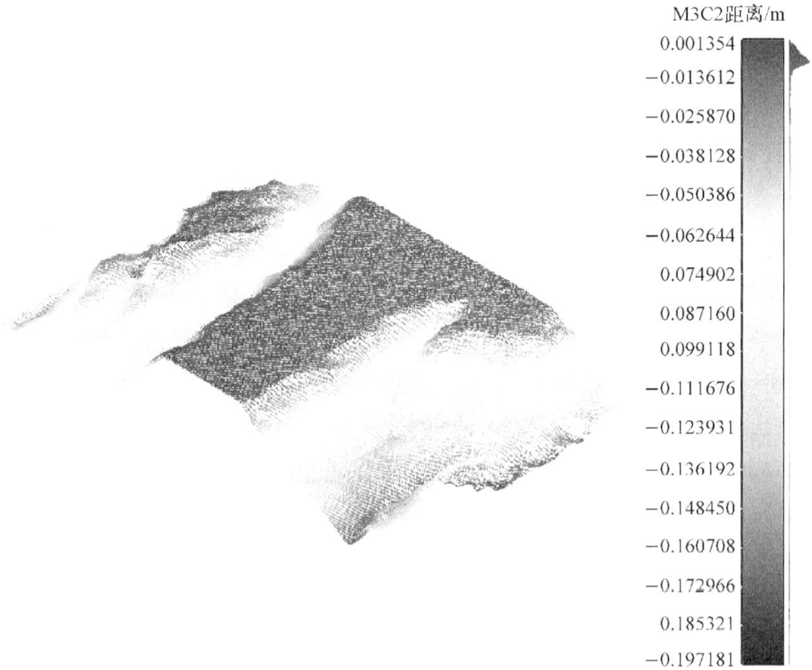

图 5-41　侵蚀沟部分点云的垂直 M3C2 距离的三维空间视图

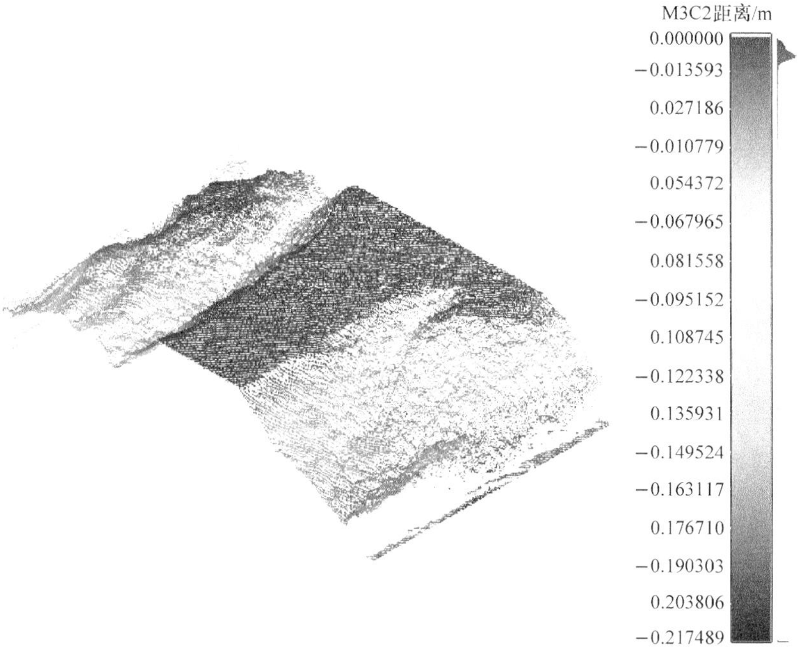

图 5-42　侵蚀沟部分点云的多尺度 M3C2 距离的三维空间视图

5.6　侵蚀沟泥沙负载量的估算及不确定性分析

5.6.1　测量过程随机误差

三维激光扫描仪测量过程中的随机误差一般是由环境因素导致的随机波动形成的误差，难以避免和控制，也是构成侵蚀沟泥沙负载量不确定性的重要部分，但其基本服从正态分布，可以用概率统计方法处理。因为三维激光扫描仪采集的点云数据最终要通过标靶控制点的高程数据统一校正到地理坐标下，所以利用 GPS 设备，通过大量重复测量研究区标靶控制点的高程值，估算的随机误差也基本可以反映整个测量过程中的随机误差。

设测量点高程误差服从 $N\left(\mu,\sigma^2\right)$ 分布，其中 μ 、σ^2 都是未知的，通过大量重复测量研究区标靶控制点的高程值，用来估计标靶控制点的测量标准差 σ ，即

$$\sigma=\sqrt{\frac{\sum_{i=1}^{l}\left(x_i-\bar{x}\right)^2}{l}},\quad \bar{x}=\frac{1}{l}\left(\sum_{i=1}^{l}x_i\right) \tag{5-3}$$

式中，σ 表示标靶点的测量标准差(m)；x_i 表示第 i 次测量记录的高程值(m)；l 表示测量重复次数；$\bar{x}$ 表示标靶点 l 次测量的高程平均值(m)。如果有 6 个标靶控制

点，则对 $\sigma_k (k=1,\cdots,6)$ 取平均值，作为 σ 。

5.6.2 泥沙负载量不确定性及修正方法原理

1. 原理

通过两期 DEM 相减得到侵蚀沟体积变化，其中，栅格单元正值表示沉积，负值代表侵蚀，用体积变化乘以土壤容重即可求得泥沙负载量。因此，侵蚀沟泥沙负载量估算的不确定性主要来自 DEM 误差，而 DEM 误差由测量过程中的随机误差、DEM 插值方法及地形表面结构误差及误差传递积累综合导致。

Taylor(1997)提出了一个通过两期或多期原始 DEM 误差得到 DEM 差值的误差传递基本框架，假设 x、y 代表两个不同的随机变量误差，分别满足无偏和独立要求，即 x 和 y 彼此独立，其误差均值方差服从正态分布，如果有变量 $q=x-y$，则 q 的误差由变量 x、y 的误差引起，推导过程如下所示。

设变量 x 概率(probability)取值为

$$\text{prob}(x) \propto \exp\left(\frac{-x^2}{2\sigma_x^2}\right) \tag{5-4}$$

同样，变量 y 概率取值为

$$\text{prob}(y) \propto \exp\left(\frac{-y^2}{2\sigma_y^2}\right) \tag{5-5}$$

式中，σ_x、σ_y 为变量 x、y 的标准差。假设变量 x、y 相互独立，即它们的协方差为 0，则 $x+y$ 的概率为

$$\text{prob}(x,y) \propto \exp\left(\frac{-y^2}{2\sigma_y^2}\right)\exp\left(\frac{-x^2}{2\sigma_x^2}\right) \equiv \exp\left[-\frac{1}{2}\left(\frac{x^2}{\sigma_x^2}+\frac{y^2}{\sigma_y^2}\right)\right] \tag{5-6}$$

由式(5-6)进一步推导得到

$$\text{prob}(x,y) \propto \exp\left[-\frac{1}{2}\left(\frac{(x-y)^2}{\sigma_x^2+\sigma_y^2}\right)\right] \tag{5-7}$$

式(5-7)表明，$(x-y)$的值服从以 $\sqrt{\sigma_x^2+\sigma_y^2}$ 为方差的正态分布，也就确定了变量 $q=x-y$ 的误差求解公式为

$$\sigma_q = \sqrt{\sigma_x^2+\sigma_y^2} \tag{5-8}$$

式中，σ_q 为变量 q 的标准差。据此，Brasington 等(2003)提出了求解 DEM 差值误差公式为

$$\delta_{\text{cutfill}} = \sqrt{\delta_{\text{new}}^2 + \delta_{\text{old}}^2} \tag{5-9}$$

式中，δ_{cutfill} 表示两期 DEM 差值结果的传递误差(m)；δ_{new} 与 δ_{old} 分别表示两期 DEM 的独立误差(m)。因此，关键问题是如何确定 δ_{new} 与 δ_{old} 的值。

根据 δ_Z 的不确定性定义

$$Z_{\text{actual}} = Z_{\text{DEM}} \pm \delta_Z \tag{5-10}$$

式中，Z_{actual} 是指实际地形中某一点的实际观测值；Z_{DEM} 是 DEM 中对应的高程插值，两者的误差 δ_Z 受多因素影响，且很难被测量或事先知道，因此没有一种确定性或统计方法可以完全解释 δ_Z。从统计特性分析 δ_Z，具有不确定性、独立性和随机性的特点，满足使用统计方法的先期条件。如果得到了 δ_Z，则根据式(5-9)，就可以得到 δ_{cutfill}，作为 DEM 差值各网格单元的误差估值和概率先验知识(将 t 检验值转化为概率)，再根据误差估值设定最小探测阈值并对 DEM 差值结果进行初步筛选。即在得到 δ_Z 的基础上，Brasington 等(2003)和 Lane 等(2003)引入 t 统计量，定义见式(5-11)，用来对 δ_{cutfill} 进行显著性检验。

$$t = \frac{\left|\text{DEM}_{\text{new}} - \text{DEM}_{\text{old}}\right|}{\delta_{\text{cutfill}}} \tag{5-11}$$

式中，t 为 t 统计值；DEM_{new}、DEM_{old} 分别为两期 DEM；δ_{cutfill} 表示两期 DEM 差值结果的传递误差。

2. *方法*

为了提高泥沙负载量估算结果的可靠性，本小节根据空间相邻侵蚀和沉积单元具有内在连续性和相关性的特点，即若某栅格单元与周边栅格单元距离越近，则它与周边栅格单元具有相同属性(侵蚀或沉积)的概率越大，此概率称为条件概率，作为各网格单元最终判定为侵蚀或沉积单元的基础，最后再利用 Bayesian 推理方法，对先验概率进行更新，以便对泥沙负载量进行修正。以下为净侵蚀负载量估算修正方法的算法描述，算法的流程图见图 5-43。

(1) 利用地形变化前后两期 DEM，进行相减运算，得到 DEM 差值。

(2) 用 Bootstrap 方法进行抽样，得到 δ_{new} 和 δ_{old}，计算 δ_{cutfill} 并确定 DEM 差值的最小探测阈值，对 DEM 差值结果进行筛选，小于该阈值的部分单元不计入侵蚀/沉积面积和体积，得到侵蚀/沉积、净体积变化的空间分布和数值。

(3) 根据 δ_{cutfill} 的 t 统计值计算概率累积分布函数(cumulative distribution function, CDF)值，作为先验概率。

(4) 计算侵蚀/沉积条件概率。

(5) 在先验概率和条件概率的基础上，根据 Bayesian 原理，计算后验概率，然后根据置信水平，确定 DEM 差值结果的可靠程度。

(6) 对 DEM 差值结果根据后验概率和置信水平重新计算泥沙负载量并输出结果。

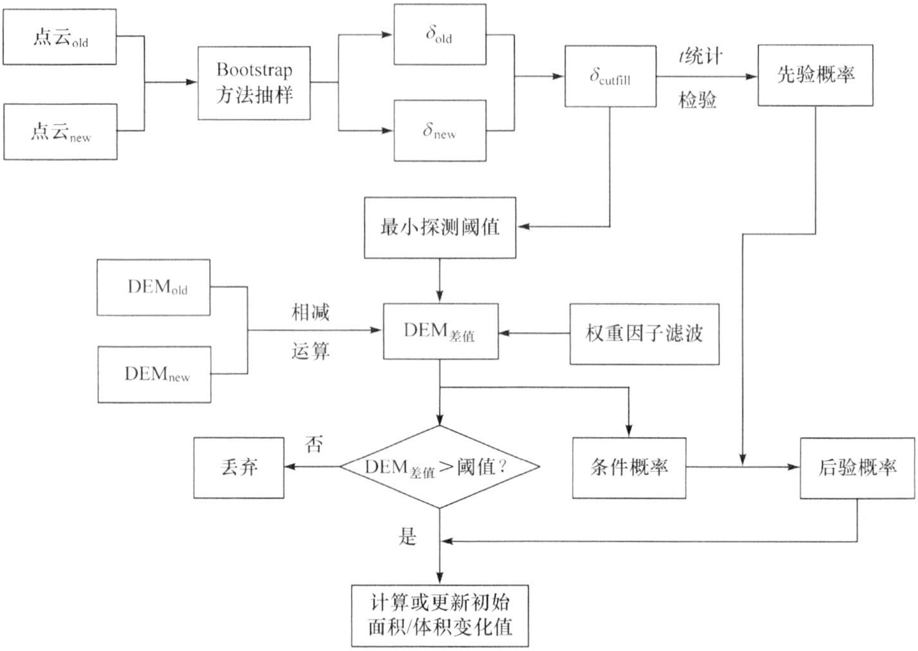

图 5-43　净侵蚀负载量估算修正算法流程图

3. Bootstrap 方法抽样

Bootstrap 方法是一种非参数统计方法，该方法的使用前提是原始的点云样本数据足够大，然后从中随机抽取点云子样本，这些子样本将不参与以后的 DEM 构建，而用余下的点云数据参与构建 DEM。

设点云总数为 N 个点，共进行了 m 次随机抽样，每次抽取的点云个数均为 n 个点，每次抽样中，将 n 个子样本点处的高程插值结果 Z_{DEM} 与观测值 Z_{actual} 一一进行比较，分别求绝对平均差、绝对最大差及绝对标准差，得到了 m 个绝对平均差、绝对最大差及绝对标准差。然后对构建的两期 DEM$_{old}$、DEM$_{new}$ 按照坡度分级提取相应栅格单元，并与 m 次抽样的 n 个子样本点分别进行叠置分析，按照坡度单元分别计算对应的绝对平均差的均值，作为对应坡度单元的 δ_Z，这一过程实际上将 DEM 误差进行了异质化处理。

4. 侵蚀/沉积条件概率

以侵蚀和沉积发生的空间相关性为基础，建立一个由权重因子构成的概率修正滤波器，该滤波器是一个由权重因子组成的 5×5 的移动窗口，见图 5-44(a)。首先根据 DEM 差值结果，提取得到对应的侵蚀/沉积单元图层，其中，1 表示沉积，–1 表示侵蚀，见图 5-44(b)。将卷积滤波器模板在侵蚀/沉积单元图层上逐行进行扫描并将对应单元相乘的累加和作为侵蚀或沉积的条件概率，计算公式为

$$P\left(A|E_j\right)=\frac{1}{12}\times\text{对应的侵蚀单元个数}+\frac{1}{48}\times\text{对应的侵蚀单元个数} \tag{5-12}$$

$$P\left(A|D_j\right)=\frac{1}{12}\times\text{对应的沉积单元个数}+\frac{1}{48}\times\text{对应的沉积单元个数} \tag{5-13}$$

式中，j 表示中心栅格单元；$P\left(A|E_j\right)$ 表示侵蚀条件概率；$P\left(A|D_j\right)$ 表示沉积条件概率。

$\frac{1}{48}$	$\frac{1}{48}$	$\frac{1}{48}$	$\frac{1}{48}$	$\frac{1}{48}$
$\frac{1}{48}$	$\frac{1}{12}$	$\frac{1}{12}$	$\frac{1}{12}$	$\frac{1}{48}$
$\frac{1}{48}$	$\frac{1}{12}$		$\frac{1}{12}$	$\frac{1}{48}$
$\frac{1}{48}$	$\frac{1}{12}$	$\frac{1}{12}$	$\frac{1}{12}$	$\frac{1}{48}$
$\frac{1}{48}$	$\frac{1}{48}$	$\frac{1}{48}$	$\frac{1}{48}$	$\frac{1}{48}$

(a) 5×5窗口权重因子

1	1	1	−1	1
−1	1	1	1	1
−1	1	0.2	1	−1
1	1	1	1	−1
−1	−1	−1	−1	−1

(b) 中心栅格单元条件概率

图 5-44　条件概率计算示意

假设中心栅格单元经 DEM 差值计算和最小阈值探测后，初步判定为侵蚀单元，于是用式(5-12)计算条件概率，由于权重因子为 1/12 的侵蚀单元个数为 0，权重因子为 1/48 的侵蚀单元个数为 10，计算得到中心栅格单元为侵蚀单元的概率只有 0.2[图 5-44(b)]，因此该中心栅格单元实际有可能为沉积单元。

$$P\left(A|E_j\right)=\frac{1}{12}\times 0+\frac{1}{48}\times 10\approx 0.2 \tag{5-14}$$

5. 侵蚀/沉积后验概率

在先验概率和条件概率的基础上，利用式(5-15)，计算得到后验概率，即

$$P\left(E_j|A\right)=\frac{P\left(A|E_j\right)\cdot P\left(E_j\right)}{P\left(A\right)},\quad P\left(D_j|A\right)=\frac{P\left(A|D_j\right)\cdot P\left(D_j\right)}{P\left(A\right)} \tag{5-15}$$

式中，$P(E_j)$ 与 $P\left(D_j\right)$ 分别表示 DEM 差值结果中某栅格为侵蚀、沉积单元的先验概率；$P(A)$ 为根据先验知识判定为侵蚀/沉积情况下，由侵蚀/沉积变化发生与不发生两种情况构成，计算式为

$$P\left(A\right)=\begin{cases}P\left(A\right)=P\left(A|E_j\right)\cdot P\left(E_j\right)+P\left(A|E_i\right)\cdot P\left(E_i\right), & \text{先验判定为侵蚀单元时}\\ P\left(A\right)=P\left(A|D_j\right)\cdot P\left(D_j\right)+P\left(A|D_i\right)\cdot P\left(D_i\right), & \text{先验判定为沉积单元时}\end{cases} \tag{5-16}$$

式中，j 指侵蚀/沉积发生的概率；i 指侵蚀/沉积不发生的概率。

假设 $\delta_{\text{cutfill}}=0.0023$，根据式(5-11)计算得到 t=1，则在 95%置信水平下，$P(E_j)$=0.68，$P(E_i)$=0.32，经式(5-12)计算 $P(A|E_j)$=0.80，则 $P(A|E_i)$=0.2，因此 $P(A)$=0.80×0.68+0.20×0.32=0.608，将 $P(A)$带入式(5-15)，计算得到 $P(E_j|A)\approx 0.895$。

5.6.3　结果与分析

1. 试验区概况及数据准备

桥子沟流域系渭河水系藉河北岸罗玉沟下游左侧一小沟谷，地处甘肃省天水市秦城区北郊，属黄土丘陵沟壑区第三副区，位于 105°42′19″～105°43′25″E，34°36′19″～34°37′28″N，流域面积 2.38km^2。按地形方位可分为东、西两条切沟。通过实地调查，选择桥子沟西侧切沟作为试验区域，图 5-45(a)为观测切沟，长度为 34m，沟道平均比降 16.6%，沟头深 0.9m、宽 6.6m，平均坡度 21°，断面呈典型的 V 字形，切沟出口有天水水保站布设的把口站，每年雨季记录流量、流速等数据。

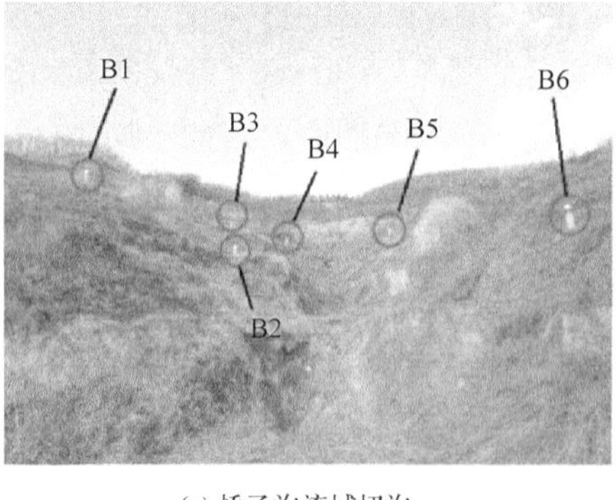

(a) 桥子沟流域切沟

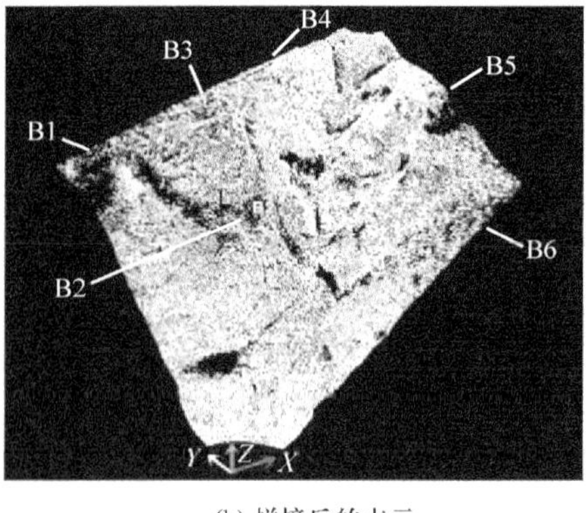

(b) 拼接后的点云

图 5-45　试验区切沟照片及点云数据

B1～B6 表示标靶点

在地形相对稳定、通视情况较好的 6 处地点布设标靶控制点，作为数据拼接和坐标系统一的基准。利用 GPS 设备测量得到了 6 个标靶点的经纬度坐标(表 5-3)。利用徕卡 HDS 6100 型三维激光扫描仪对切沟进行初始扫描并存储点云数据，扫描精度为 1mm，包含激光脚点个数为 1498191 个，回光强度取值范围为–2048～2047，点云平均密度为 3345.1 个/m^2，如图 5-45(b)所示。经过对点云数据的配准拼接、滤波和压缩等预处理，然后用于 DEM 的构建。

表 5-3　标靶点经纬度坐标

标靶点	东经/(°)	北纬/(°)	海拔/m
B1	105.717250	34.616470	1485
B2	105.717292	34.616474	1482
B3	105.717320	34.616523	1491
B4	105.717395	34.616534	1488
B5	105.717433	34.616521	1490
B6	105.717375	34.616351	1482

2. Bootstrap 方法抽样结果分析

由于计算量很大，Bootstrap 方法抽样需要借助 MATLAB 工具编程完成，共进行了 1000 次抽样，每次从 1498191 个点云中，随机抽取 10%子样本点，剩余的 90%的点云用来构建不规则三角网 TIN，再转成 DEM(栅格尺度为 0.01m)。将 149819 个子样本点的观测值 Z_{actual} 与对应的高程插值结果 Z_{DEM} 一一进行比较，分别求绝对平均差、绝对最大差及绝对标准差，结果见表 5-4(受篇幅所限，只列出了 5 次抽样结果)。表 5-4 中可以看出绝对最大差超过了 1.40m，而绝对平均差近似只有 0.021m。

表 5-4　Bootstrap 方法抽样结果

样本	绝对平均差/m	绝对最大差/m	绝对标准差/m
1	0.020700968	0.819848001	0.028363343
2	0.020654656	0.626610994	0.026259995
3	0.020498023	1.199239969	0.028472239
4	0.020387165	1.408849955	0.028600738
5	0.020889621	0.911765993	0.028707253

图 5-46(a)为采样点的观测高程与 DEM 高程对比，在置信度为 95%情况下，拟合的回归平方和为 99.98%；图 5-46(b)为采样点的高程误差直方图，说明了误差在 0～0.02m 的点占到了 55%以上。

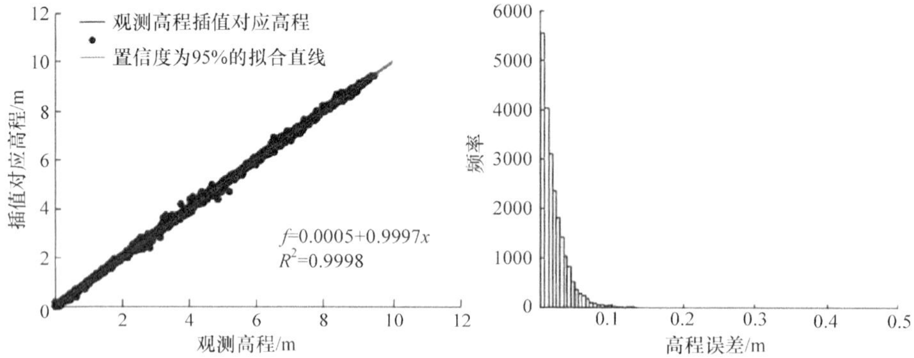

(a) 采样点的观测高程与DEM高程对比　　(b) 采样点的高程误差直方图

图 5-46　采样点高程误差分析

对两期 DEM_{old}、DEM_{new} 提取坡度并按照 0°～20°、21°～30°、31°～40°、41°～50°、51°～90°分级，将 1000 次抽样的子样本点与坡度分别进行叠置分析，得到了坡度与绝对平均差(即对应坡度的 δ_z)的关系，如表 5-5 所示。例如，在坡度为 0°～20°的栅格单元，对应的 δ_{zold} 为 0.0023m，δ_{znew} 为 0.0022m。此外，表 5-5 说明了坡度越大，绝对平均差越大，而沟底坡度较小，因此 DEM 的不确定性较小(0.0023m)；而切沟沟岸坡度较陡，则 DEM 的不确定性较大，绝对平均差均值变化范围为 0.0038～0.0069m。

表 5-5　坡度与 DEM 误差 δ_z 的关系

DEM 误差/m	坡度/(°)				
	0～20	21～30	31～40	41～50	51～90
δ_{zold}	0.0023	0.0038	0.0066	0.0075	0.0112
δ_{znew}	0.0022	0.0039	0.0069	0.0081	0.0117

注：δ_{zold}、δ_{znew} 分别表示两期 DEM 的独立误差。

选择绝对平均差最小的样本 4 为例，分析点密度、粗糙度与不确定性的关系(其他样本分析结果类似)。将子样本点的点密度分为 5 级(0～60 个/m²、61～90 个/m²、91～110 个/m²、111～140 个/m²、141～220 个/m²)，建立点密度与绝对平均差(即对应点密度的 δ_z)的对应关系，如表 5-6 所示。可以看出，当点密度为 0～140 个/m² 时，δ_z 随着点密度的增大而呈现出减小的趋势，大于 140 个/m² 时，δ_z 变化不大。

表 5-6　点密度与 DEM 误差 δ_z 的关系

DEM 误差/m	点密度/(个/m^2)				
	0～60	61～90	91～110	111～140	141～220
δ_z	0.0137	0.0074	0.0070	0.0067	0.0068

注：δ_z 表示 DEM 的独立误差。

在样本 4 上构建的 DEM 提取粗糙度(地面特定区域表面积与其投影面积之比，由坡度计算得到)并依据切沟基本形态分为 5 级(1～1.029、1.030～1.092、1.093～1.216、1.217～1.932、1.933～7)，将子样本点与粗糙度进行叠置分析，得到了粗糙度与绝对平均差(即对应粗糙度的 δ_z)的对应关系，如表 5-7 所示。可以看出，粗糙度越大，δ_z 不确定性越大，其中沟底区域的 δ_z 相对较小(0.0025m、0.0043m)，切沟两侧区域的不确定性普遍较大(0.0079m)，在切沟两侧沿着切沟方向的部分区域由于地形粗糙度比较大，不确定性明显偏大(0.0164m)。

表 5-7　粗糙度与 DEM 误差 δ_z 的关系

DEM 误差/m	粗糙度				
	1～1.029	1.030～1.092	1.093～1.216	1.217～1.932	1.933～7
δ_z	0.0025	0.0043	0.0065	0.0079	0.0164

注：δ_z 表示 DEM 的独立误差。

3. 不同探测阈值对确定 DEM 差值结果的影响

选择不同的探测阈值 0m、0.01m、0.02m、0.04m 和 0.1m(呈倍数增长)分别对 DEM 差值结果计算侵蚀/沉积及净体积变化量，结果见图 5-47。随着探测阈值增大，筛选程度趋向保守，分别得到了−9.9m^3、−9.8m^3、−9.3m^3、−8.1m^3、−4.3m^3 净体积变化量，净体积变化量依次减小，说明侵蚀和沉积量对探测阈值很敏感，而且 DEM 差值结果的不确定性越大，带来的探测阈值越大，导致泥沙负载量估算中有效地形变化信息的损失，因此估算的可靠性越低。以探测阈值 0m 为例，意味着不对 DEM 差值结果进行任何处理，得到的侵蚀和沉积量不确定性程度最大；探测阈值如果选 0.1m，则 DEM 差值结果中高程变化小于 0.1m 的单元网格被丢弃，即不参与侵蚀和沉积计算，因此图 5-47 对应阈值的高程变化直方图呈现双峰分布。

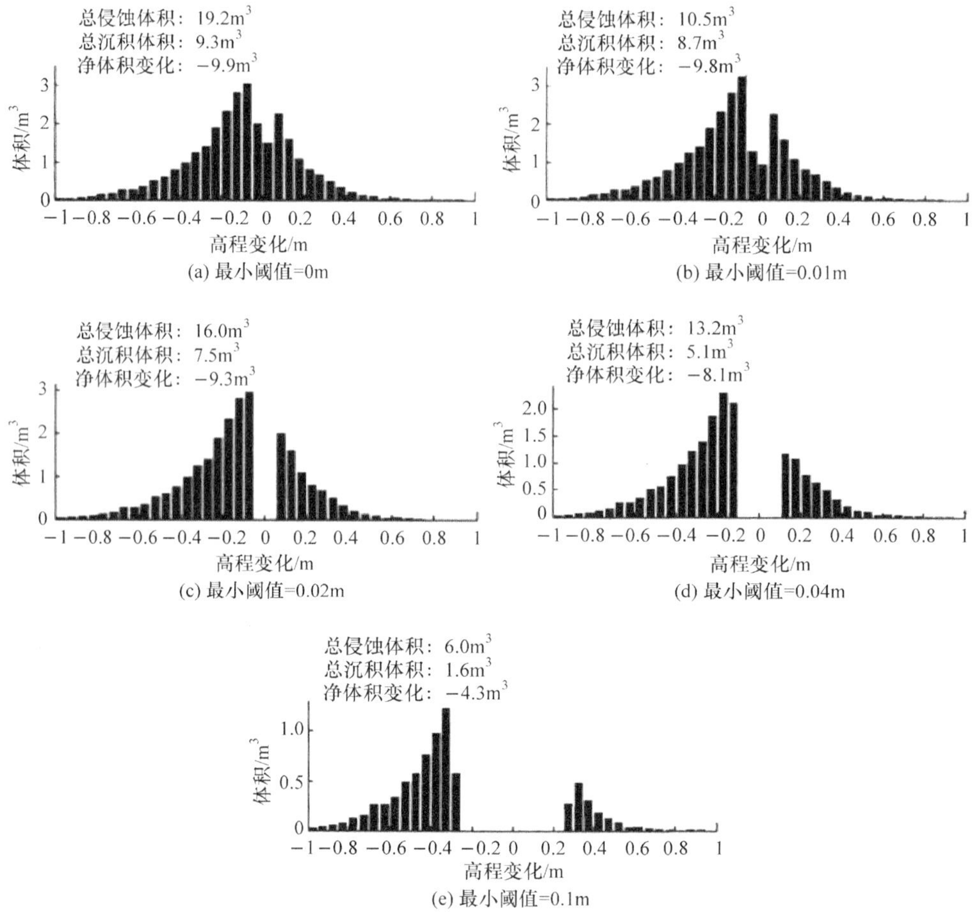

图 5-47　不同高程探测阈值下高程变化分布及侵蚀/沉积体积变化直方图

4. 净侵蚀/沉积负载值的修正

利用式(5-11)，取置信水平为 95%，根据计算的 t 统计值，确定 DEM 差值的最小探测阈值为 0.02m，然后将 t 统计值利用 MATLAB 统计工具箱的函数，计算得到概率累积分布函数 CDF，作为 DEM 差值结果真实性的先验概率[图 5-48(a)]，再以侵蚀和沉积发生的空间相关性为基础，建立一个由权重因子构成的概率修正滤波器，用来计算侵蚀和沉积发生的条件概率[图 5-48(b)]，最后通过 Bayesian 推理方法，计算侵蚀和沉积发生的后验概率[图 5-48(c)]，利用后验概率重新对 DEM 差值结果计算并输出结果。

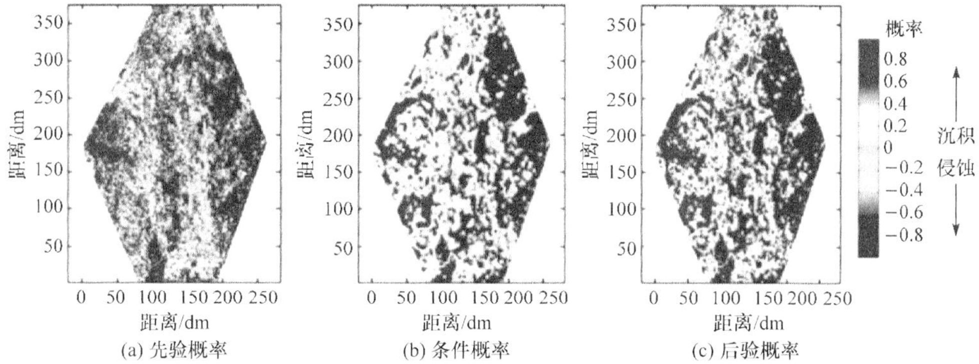

图 5-48　DEM 差值结果的概率分布

图 5-49(a)为未经处理的 DEM 差值结果，其中总侵蚀体积 19.2m^3，总沉积体积 9.3m^3，净体积变化–9.9m^3；图 5-49(b)为用 Brasington 等(2003)和 Lane 等(2003)方法修正的 DEM 差值结果，即用阈值为 0.02m 进行初筛的结果，其中总侵蚀体积 16.8m^3，总沉积体积 7.5m^3，净体积变化–9.3m^3；图 5-49(c)为本节提出的方法修正的DEM差值结果，即利用后验概率在95%置信水平下，重新计算阈值为0.02m 的 DEM 差值结果，其中，总侵蚀体积 13.9m^3，总沉积体积 5.4m^3，净体积变化–8.6m^3，净体积变化相比未经处理的净体积变化下降了 13.13%，相比 Brasington

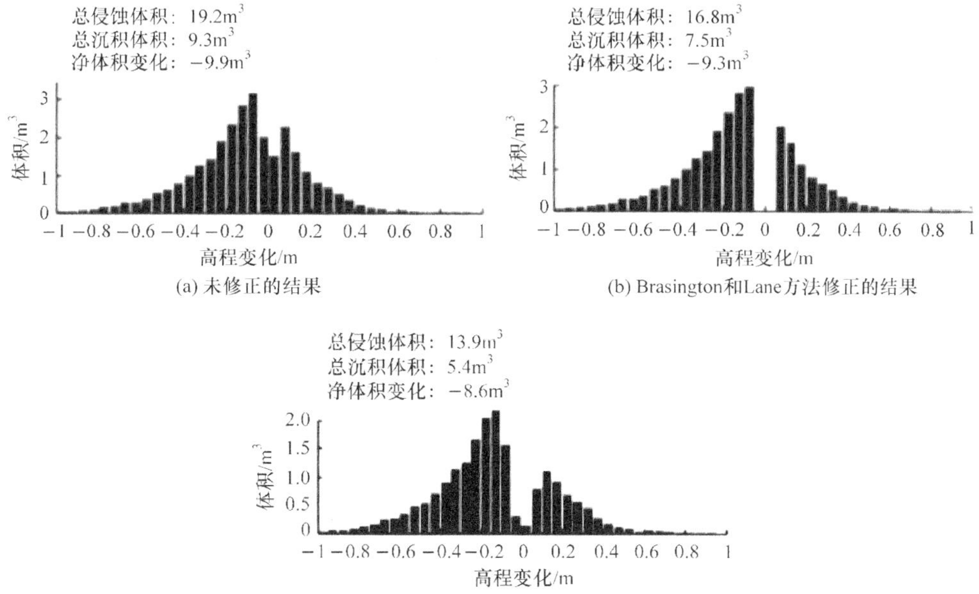

图 5-49　净侵蚀/沉积负载值的修正结果

和 Lane 方法的净体积变化下降了 7.53%，经用该切沟沟底把口站的实际径流泥沙观测资料推算，与实际相差 2%。受 2012 年 6～9 月当地无侵蚀性暴雨原因影响，切沟形态变化不大，主要以侵蚀为主。

根据不同探测阈值对侵蚀/沉积差值量影响的实验结果，说明侵蚀和沉积量对探测阈值很敏感，选择合适的最小探测阈值对侵蚀/沉积量准确估算至关重要。

参 考 文 献

FISCHER, 闵思佳, 孙建平, 2009. 地质条件、冰川后退和冻土退化等要素对罗萨峰东侧高山岩壁边坡稳定性的影响[J]. 水文地质工程地质技术方法动态, (5): 30-38.

BARNHART W D, HAYES G P, BRIGGS R W, et al., 2014. Ball-and-socket tectonic rotation during the 2013 Mw7.7 Balochistan earthquake[J]. Earth and planetary science letters, 403(5): 210-216.

BRANK B, 2008. Assessment of 4-node EAS－ANS shell elements for large deformation analysis[J]. Computational mechanics, 42(1): 39-51.

BRASINGTON J, LANGHAM J, RUMSBY B, 2003. Methodological sensitivity of morphometric estimates of coarse fluvial sediment transport[J]. Geomorphology, 53(3-4): 299-316.

DAEHNE A, CORSINI A, 2013. Kinematics of active earthflows revealed by digital image correlation and DEM subtraction techniques applied to multi-temporal LiDAR data[J]. Earth surface processes and landforms, 38(6): 640-654.

DELONG K L, QUINN T M, TAYLOR F W, 2012. Sea surface temperature variability in the southwest tropical Pacific since AD 1649[J]. Nature climate change, 2(11): 799-804.

GOSLIGA R V, LINDENBERGH R, PFEIFER N, 2006. Deformation analysis of a bored tunnel by means of terrestrial laser scanning[J]. IASPRS, 167-172.

KIDNER M, JOHNSON M, BATTON B, 2003. Distributed sensors for active structural acoustic control using large hierarchical control systems[C]. ASME 2003 international mechanical engineering congress and exposition: 181-188.

LANE S N, WESTAWAY R M, HICKS D M, 2003. Estimation of erosion and deposition volumes in a large, gravel-bed, braided river using synoptic remote sensing[J]. Earth surface processes and landforms, 28(3): 249-271.

NISSEN S S, HAYES D E, BUHL P, et al., 1995. Deep penetration seismic soundings across the northern margin of the South China Sea[J]. Journal of geophysical research solid earth, 100(B11): 22407-22434.

TAYLOR J, 1997. An Introduction to Error Analysis: The Study of Uncertainties in Physical Measurements[M]. 2nd edition, Mill Valley: University Science Books.

VENTURA P, CRISCIENZO M D, SCHNEIDER R, et al., 2011. The transition from carbon dust to silicates production in low-metallicity AGB and SAGB stars[J]. Physics, 519(4): 383-416.

YU N Y, WAGNER J R, LAIRD M R, et al., 2010. PSORTb 3.0: Improved protein subcellular localization prediction with refined localization subcategories and predictive capabilities for all prokaryotes[J]. Bioinformatics, 26(13): 1608-1615.

第 6 章　基于图像重建技术建立三维地面模型

黄土丘陵沟壑区地形复杂，使用地面激光扫描设备采集侵蚀沟三维点云数据受到的制约因素很多。相比于使用建模软件实地测量后构建地形模型与通过地面三维激光扫描设备等方式获取三维地形数据，基于图像重建技术进行三维地形建模不需要耗费大量的精力和技巧，对专业技术要求门槛较低，其生成的模型能生动地描述形状、明暗及纹理等丰富的细节，真实感强，并且设备价格便宜、携带方便，可结合具体环境条件灵活运用。

本章首先介绍基于图像重建技术的技术流程，其次探讨基于匹配特征点的点云稀疏重建相关技术，在此基础上，由基于面片的多视图立体视觉算法对稀疏重建得到的种子点进行扩展和过滤，生成稠密且具有真实颜色信息的点云数据。最后分别以模拟冲刷实验形成的侵蚀沟和黄土丘陵沟壑区的典型切沟地形为例，进行三维地形建模并分析建模质量。

6.1　基于图像重建技术建立三维地面模型的技术路线

根据计算机视觉理论，图像中蕴含着丰富的视觉信息，如亮度、明暗、轮廓、纹理、特征点以及清晰度等，基于图像的建模就是研究如何运用上述信息，由相关的算法流程计算对应参数，完成光学投影的逆变换，恢复出目标对象的几何结构、表面信息，得到其三维模型的过程。

基于图像的建模因其硬件设备要求低、自动化程度高、建模时间短及模型真实感强等优势，越来越受到相关领域的关注，但目前在三维地形重建方面应用较少，也存在很多的技术难点。针对利用图像重建技术生成三维地形模型的应用，本章主要集中其效率、精度和鲁棒性问题。目前常用的图像重建技术主要基于多视图立体视觉理论和 SFM 算法(马颂德等，2003)。

多视图立体视觉是计算机视觉领域的经典问题，也是长期以来研究的热点。立体视觉采用两幅或多幅已标定图像来重建几何模型，其基本原理是三角测量：对于相机内外参数均已知的两幅图像和一对同名点，以图像各自的投影中心为起点，穿过对应点的两条直线相交于空间中一点，由此可以计算得到某一空间点的三维坐标。如果图像间有足够多的同名点，就可以求解得到遍布目标表面的空间点，由此确定目标的三维形状与位置等信息。

SFM 算法首先在未标定图像序列中检测并匹配特征点，再利用图像间的各种约束关系，由匹配的特征点计算相机的运动参数和场景的空间结构信息，重建出三维稀疏点云。SFM 算法具有分层重建的性能，能够将建模流程划分为各个既相互关联又可以并行运行的模块,表现出良好的可控性和操作性,而且对光照变化、噪声干扰等也有较强的鲁棒性。

本章以基于图像重建技术为基础，研究建模流程及其关键技术，实现以地面地形为对象的三维重建，并分析该方法的实用性和准确性，主要技术路线如图 6-1 所示。

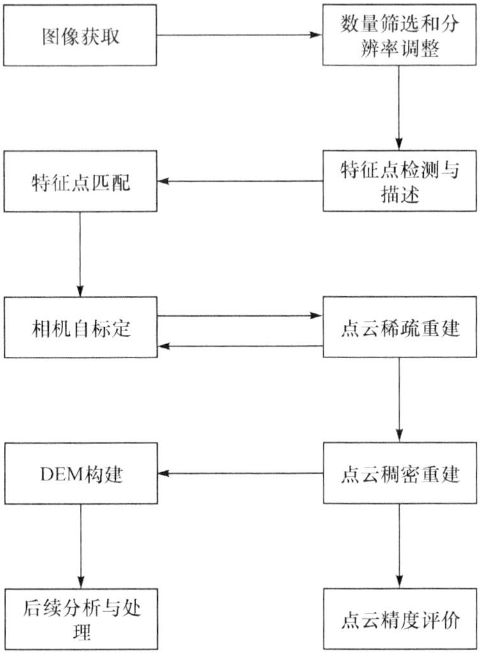

图 6-1　基于图像重建技术建立三维地面模型的技术路线

6.2　基于匹配特征点的稀疏重建

二维图像上的特征点检测与匹配是三维重建流程中极为重要的基础环节，重建时首先要考虑的问题就是提取什么样的点和怎样有效地提取这些点。本节在比较常用特征检测算法的基础上，着重介绍尺度不变的特征点检测(scale invariant feature transform, SIFT)算法和 Harris 角点检测算法的基本原理，并用这两种类型的特征信息相互取长补短，提出一种融合 Harris 特征的 SIFT 描述与匹配。最后在精确提取特征点并完成稳定匹配之后，介绍 SFM 算法，并详细阐述基于匹配特征点的 SFM 迭代计算过程和光束法平差优化方法，实现从二维到三维的变换这一核心步骤。

6.2.1　特征点检测及常用算法

在计算机视觉领域，有了特征点，许多图像处理不再需要对整幅图像进行操作，仅依赖这些特殊的点就能执行局部分析。如果能够提取出足够多的相互区分度良好的特征点并精确稳定定位，则可用这些特征点来寻找不同图像中同名点的稀疏点集合，从而为相机参数的计算提供基础，最终实现多视图立体视觉计算稠密三维点集。

近几十年来，研究者在特征点的检测方面做了大量工作。Morevec(1977)最早提出了用灰度方差检测角点的方法(定义角点为在水平、垂直和对角线方向都存在较大灰度变化的点)。Kitchen 等(1982)根据灰度沿边界轮廓梯度方向变化最大的性质提出了一种新的角点检测器。Harris 等(1988)从信号处理中的自相关函数受到启发，对 Morevec 算法进行了改进，提出了 Harris 角点检测算法。该方法在角点检测方面表现很好，但最重要的缺点是不具有尺度不变性。Shi 等(1994)对传统的 Harris 算子改进得到了 Shi-Tomasi 算子，它具有较高的运算效率和良好的旋转、光照不变性，然而对于图像尺度的变化产生误差的概率较高。同时，Shi-Tomasi 算子对原始图像纹理信息很敏感，图像的纹理信息丰富程度和角点的识别数量紧密相关。Smith 等(1997)提出了最小核值相似区(smallest univalve segment assimilating nucleus, SUSAN)检测算子，通过统计某像素周围的最小化区域特征来判定其属性(角点、边缘点或圆上的点)。该算法不需要计算图像的导数，因此抗噪能力强，但运算过程比较耗时。Lowe(2004，1999)提出了 SIFT 算法，通过后续完善使其性能不断提高，并成为目前普遍认可和广泛使用的一种特征点提取方法。它具有三个不变性(尺度、旋转以及光照)的优点，广泛使用于全景图的拼接、图像匹配以及机器人导航等领域。

SIFT 算子作为对于局部特征进行描述的算子，其检测过程可以分为四步：①构建高斯差分(difference of Gaussian, DoG)金字塔；②特征点的检测；③确认特征点的方向；④生成并计算关键点的特征向量。加速稳健特征点(speeded-up robust feature, SURF)算法在 SIFT 的基础上进行了改进，广泛用于目标检测、图像检索等领域，其与 SIFT 算法的两个最主要的区别是：①SURF 算法对图像使用 Hessian 矩阵行列式作为近似值图像，每一个像素点求出其矩阵而不是高斯差分图像；②在构建几个 octave 层时，保持图片大小的条件下变化了高斯模糊数值的大小，而不是用同一高斯模板反复降采样，其余则与 SIFT 算法相类似(Bay et al.，2006)。SURF 算法主要提升了 SIFT 算法的效率，在时间上提升较为明显，但是同时也牺牲了一部分稳定性和精度，主要用于大量图像的特征点匹配处理。

一般来说，衡量一种特征点检测算法的性能优劣，最直观的就是看其提取的特征点数量，但并不是特征点越密集的方法就越优秀，这是由于特征点过多会使之后的匹配计算时间增长、存储负担加重。除此以外，检测到的特征点应该在图像上分布均匀，而不是聚集在某一个或多个分散的局部区域。检测算法应该能对图像平移、旋转以及尺度缩放等变换具有不变性，以保证匹配效果良好。检测算法还应该有良好的适应性，即能够在不同类型的图像上稳定提取有效的特征点。

考虑到野外地形获取的图像数据普遍存在旋转、尺度改变和自然条件带来的光照变化，以及由提取的关键点几何信息对地形特征的整体描述，本节选择了 SIFT 和 Harris 两种算法进行分析应用。

6.2.2 SIFT 特征提取与匹配

1. 尺度空间极值检测

尺度空间极值检测就是要在图像中寻找对于尺度变化保持不变的潜在极值点，因此需要一个核函数来模拟图像的尺度空间。Witkin(1984)在进行图像分析时，为了模拟多尺度特性，提出了尺度空间的概念，并利用高斯核对原图像进行卷积实现了尺度不变性。高斯核已被证明是实现图像尺度变换的唯一线性核。

此步骤中会用到高斯金字塔和高斯差分金字塔。前者是由不同尺度因子的高斯函数与原图像进行卷积得到的一系列图像，后者则由相邻尺度的高斯模糊图像直接相减得到。二维图像 $I(x,y)$的尺度空间 $L(x,y,\sigma)$表示为

$$L(x,y,\sigma)=G(x,y,\sigma)*I(x,y)=\frac{1}{2\pi\sigma^2}\mathrm{e}^{-\left(x^2+y^2\right)/2\sigma^2}*I(x,y) \tag{6-1}$$

式中，$G(x, y, \sigma)$是尺度可变高斯函数；*为卷积操作。

为了在尺度空间中提高检测极值点的效率，通常在差分空间中进行寻找，以确定特征点的位置和所在尺度以便提高运算速度。DoG 被证明是尺度归一化的高斯拉普拉斯(Laplacian of Gaussian，LoG)算子的近似，并且只需在相邻尺度的高斯图像上求差就能得到。差分空间 $D(x, y, \sigma)$表示为

$$D(x,y,\sigma)=\left(G(x,y,k\sigma)-G(x,y,\sigma)\right)*I(x,y)=L(x,y,k\sigma)-L(x,y,\sigma) \tag{6-2}$$

2. 精确定位极值点

检测出候选特征点之后，下一步操作是要剔除掉一些对比度低和边缘附近对噪声敏感的候选点。具体通过以下两个方法筛选稳定特征：一是采用尺度空间函数的二阶泰勒展开式对极值点所在位置插值，获得亚像素级的位置精度，同时由展开式再计算该处的值，从而过滤掉低响应的候选点；二是边缘上的极值点不稳

定，易受噪声的干扰，这类点在边缘方向的主曲率很大，垂直边缘方向的主曲率很小，可以对两个曲率的比值设定阈值来过滤掉这类点。

上一步产生的候选极值点是在离散空间中得到的，因此检测出的极值点并没有精确定位。鉴于连续空间与离散空间的差异以及由此带来的极值点检测的差别，通常要对离散空间点进行插值，以确定连续空间上的极值点。

$D(x, y, \sigma)$在候选点(x_0, y_0, σ)处的拟合函数的泰勒展开式为

$$D(x,y,\sigma)=D(x_0,y_0,\sigma)+\frac{\partial D^{\mathrm{T}}}{\partial X}X+\frac{1}{2}X^{\mathrm{T}}\frac{\partial^2 D}{\partial X^2}X \tag{6-3}$$

推导得到精确的极值点位置为

$$\hat{X}=-\left(\frac{\partial^2 D}{\partial X^2}\right)^{-1}\frac{\partial D}{\partial X} \tag{6-4}$$

与其对应的极值为

$$D(\hat{X})=D+\frac{1}{2}\frac{\partial D^{\mathrm{T}}}{\partial X} \tag{6-5}$$

一方面，当 $\hat{X}$ (偏移插值中心点的距离)大于 0.5 时，说明插值中心点在某一方向上偏移到近邻点，则此类点需要剔除；另一方面，因为响应值过小的点易受噪声干扰，所以对于 $D(\hat{X})<0.03$ 的点(假定图像灰度值在 0～1.0)同样需要剔除。

此外，DoG 对图像中的边缘有较强的响应值，然而边缘上的点具有定位的歧义性，而且在后续处理中不稳定，因此需要消除边缘效应。对此，可以采用特征点的 Hessian 矩阵进行判断，令 $T_{\mathrm{r}}(H)$表示矩阵特征值的和，$\det(H)$为矩阵行列式，γ 为比值。通过式(6-6)判断主曲率是否小于某阈值，γ 一般取 6～10。

$$\frac{T_{\mathrm{r}}(H)^2}{\det(H)}<\frac{(\gamma+1)^2}{\gamma} \tag{6-6}$$

3. 分配特征点方向

为了解决旋转不变性的问题，SIFT 算法为每个精确定位的特征点确定一个主方向。特征点的方向参数根据其所在邻域像素的梯度方向分布规律计算得到，由特征点所在尺度选择最接近的高斯图像 $L(x, y)$，则该点邻域上某一像素点梯度的模值 $m(x, y)$和方向 $\theta(x, y)$为

$$m(x,y)=\sqrt{\left(L(x+1,y)-L(x-1,y)\right)^2+\left(L(x,y+1)-L(x,y-1)\right)^2} \tag{6-7}$$

$$\theta(x,y)=\arctan\left(\left(L(x,y+1)-L(x,y-1)\right)/\left(L(x+1,y)-L(x-1,y)\right)\right) \tag{6-8}$$

计算时通常以特征点为中心，在其邻域内进行采样，利用梯度直方图统计各近邻像素的方向信息。直方图在 0°～360°变化，每 10°为 1 个区间。直方图的峰值表示该特征点邻域梯度方向的最大值，用其表示该点的方向。从增强特征点匹配的鲁棒性角度出发，在梯度直方图中如果还有达到主峰值 80%的值，则将该方向视为特征点的辅方向。一个特征点的主方向只能有一个，辅方向可以有多个。

4. 生成特征向量

经过之前三个步骤，每个确定的特征点定义了 3 个信息，即位置、对应尺度与方向。接下来要为每个特征点生成特征向量，如图 6-2 所示。

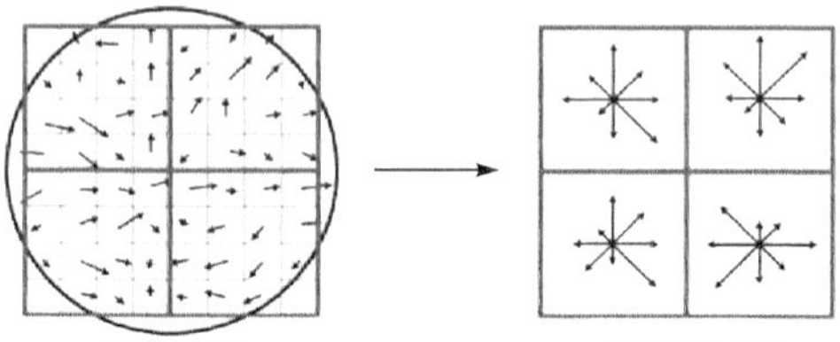

图 6-2　特征描述符

图 6-2 中每个特征点邻域内包含 4 个种子点，每个种子点具有 8 个方向的向量信息。为使后续匹配更加稳健，SIFT 算法实际采用 4×4 共 16 个 8 方向的种子点来描述每个特征点，这就构成了 128 维的特征向量。特征描述过程使用的这种基于相邻像素信息相关的方向统计联合思想，不仅使算法抗噪能力得到增强，也对下一步匹配提供了容错性(彭科举，2012)。

5. SIFT 特征匹配

SIFT 算法采用欧氏距离作为两幅图像之间度量准则。特征点的匹配，其实就是特征向量的匹配，通过比较特征向量之间的欧氏距离，可以找到满足度量准则的相互匹配点对。此外，还可以引入对极约束减少误匹配。对极约束是指两幅不同角度拍摄的图像的同名点一定存在于两幅图像的极线上。因此，在对特征点匹配时可以只在对应极线的方向上进行搜索。只有当配准点和极线的距离足够小时，才认为是正确的匹配点对，从而显著减少误匹配点出现的概率，缩短匹配时间。

最后，再采用 RANSAC 算法，过滤掉最近邻(nearest neighbor，NN)匹配产生的错误匹配点，进一步提高模型参数估计鲁棒性。

6.2.3　Harris 角点检测

Harris 角点检测利用灰度信息来寻找图像上的特征点。Harris 角点通常包括曲率变化大的点、直线交点和孤立点等，这类点对于把握场景或物体的几何特征信息具有重要意义。

Harris 算子基于微分运算和自相关矩阵实现对局部图像结构的描述和特征点的检测(Harris et al.，1988)。它采用微分算子及泰勒展开式定义灰度能量的变化，其中微分算子可以检测出像素在任意方向上的灰度变化。如果检测窗口中心像素点(u, v)的灰度值为 I，则当检测窗口移动(x, y)距离时，能量值的变化为

$$E(x,y)=\sum_{u,v}w_{u,v}\left(I_{u+x,v+y}-I_{u,v}\right)^2=\sum_{u,v}w_{u,v}\left[xX+yY+o\left(x^2+y^2\right)\right]^2 \tag{6-9}$$

式中，$w_{u,v}$ 是高斯窗口系数，主要目的是对图像窗口平滑滤波，对噪声进行一定的抑制，提高鲁棒性，其表达式为

$$w_{u,v}=\exp\left[-\left(u^2+v^2\right)/2\sigma^2\right] \tag{6-10}$$

X、Y 是一阶灰度梯度，可对图像求卷积得到，即

$$X=I\otimes(-1,0,1)\approx\frac{\partial I}{\partial x},\quad Y=I\otimes(-1,0,1)^{\mathrm{T}}\approx\frac{\partial I}{\partial y} \tag{6-11}$$

对于小距离移动的检测窗口，式(6-9)的能量变化值 $E(x, y)$可简化为

$$\begin{gathered}E(x,y)=Ax^2+2Cxy+By^2=(x,y)M(x,y)^2,\\ A=X^2\otimes w,\ B=Y^2\otimes w,\ C=(XY)\otimes w,\ M=\begin{bmatrix}A & C\\ C & B\end{bmatrix}\end{gathered} \tag{6-12}$$

因此，矩阵 M 成为 Harris 算法要解决的关键问题。根据自相关函数理论，M 可以定义为自相关函数的矩阵表示。设 M 的两个特征值为 λ_1、λ_2，与局部自相关函数的主曲率成比例，构成对 M 的旋转不变系数。当 M 的特征值都较小且趋近于 0 时，说明局部自相关函数曲线变化平缓，检测窗口移动引起的灰度能量值改变很小；当 M 的特征值一个较大一个较小时，说明窗口内的灰度能量值在一个方向变化很大，另一方向变化很小，则此窗口的中心像素点位于边缘上；当 M 的两个特征值都较大时，说明局部自相关函数有一个尖峰，窗口内的灰度能量值在任何方向的偏移变化都很大，则此处为角点。

为了简化复杂的计算以提高检测效率，Harris 算法不再求解矩阵 M 的特征值，而是使用角点响应函数来判断检测窗口中心像素点是否为角点，即

$$R=\det(M)-k\left(T_{\mathrm{r}}(M)\right)^2 \tag{6-13}$$

式中，k 为常系数，典型的经验值为 0.06，且有

$$\det(M)=\lambda_1\lambda_2=AC-B^2,\quad T_{\mathrm{r}}(M)=\lambda_1+\lambda_2=A+C \tag{6-14}$$

如果 R 较小，则此像素点在区域内部；如果 R 大于给定的阈值，则判定此像素点为角点；如果 R 小于零，则认为此像素位于边缘。

综上所述，Harris 算法实现流程可概括为：①输入灰度图像；②确定高斯方差、常系数 k 及阈值；③根据窗口中心像素点计算自相关矩阵 M 及响应函数 R；④判断 R 的取值是否大于给定的阈值，然后进行局部非最大值抑制，最终确定角点。通常根据角点响应函数最大值计算阈值，或者根据需要给出角点最大数目。

6.2.4　融合 Harris 特征的 SIFT 描述与匹配

1. 算法思想

融合 Harris 特征的 SIFT 描述与匹配算法的基本思想是：SIFT 算法获取的特征点稳定且精确，但是一部分特征点并不能实现匹配，还有一部分匹配点并不是表达重建对象所需要的点，然而这两部分点所占的比例却不小。相比之下，角点包含的图像信息层级较高，在进行基于特征点的稀疏重建时，往往可以更好地描述物体或场景的基本形态和结构。因此，在 SIFT 特征点的基础上融入角点特征，用角点邻域对 SIFT 特征点进行精简，可以实现二者相互补充和约束，能够在提高匹配效率的同时，使得最终生成的模型细节更加突出，真实感更强。

本小节由此提出了一种融合 Harris 特征的 SIFT 描述与匹配算法，一方面，通过 Harris 角点邻域筛选 SIFT 特征点，精简了参与后续匹配的特征点数量，一定程度上提高了 SIFT 算法的时间效率；另一方面，通过引入自相关矩阵，利用 Harris 角点邻域内的像素相关性可以使得角点范围内的 SIFT 特征点在保持其自身性质的同时具备更高的稳定性。

2. 算法流程

融合 Harris 特征的 SIFT 描述与匹配算法流程图如图 6-3 所示。

第一步：提取图像上的 Harris 角点特征。由 6.2.3 小节的描述将其概括为四步：①计算图像 $I(u, v)$在 x 和 y 两个方向的梯度 X、Y，参见式(6-11)；②使用高斯函数对 X^2、Y^2、XY 进行高斯加权，生成矩阵 M 的元素 A、B、C，参见式(6-12)；③计算像素的响应值 R，算法中 k 取 0.06，参见式(6-13)和式(6-14)；④保留 R 大于给定阈值 T(本章实验中取 $T = 0.1*R_{max}$)的点，并在 3×3 像素的邻域内抑制非最大值，局部最大值点就是最终的 Harris 特征点。

第二步：提取图像上的 SIFT 尺度不变特征。由 6.2.2 小节的描述将其概括为两步：①建立图像的 DoG 金字塔，在尺度空间内搜索潜在极值点；②精确定位极值点，剔除部分对比度低和边缘附近对噪声敏感的候选点。

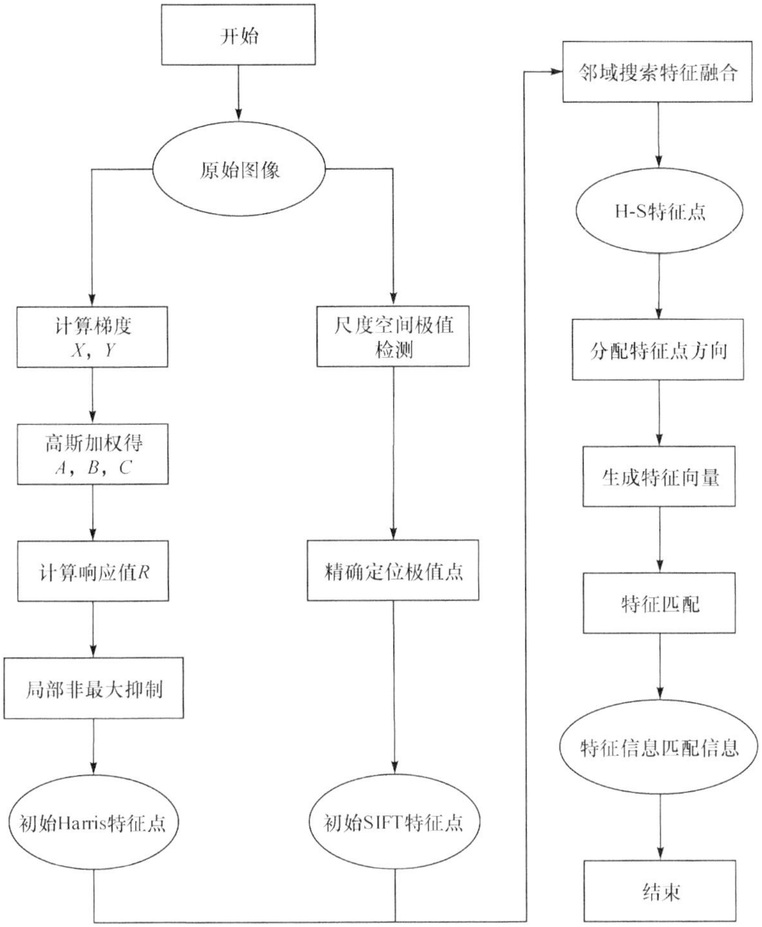

图 6-3　融合 Harris 特征的 SIFT 描述与匹配算法流程图

第三步：以检测到的 Harris 角点为基准搜索并保留邻域范围内的 SIFT 特征点，如果数量大于 10，则将基准的 Harris 点舍弃，否则在对应位置加入此 Harris 角点，由此产生 H-S 特征点，具备 SIFT 和 Harris 的共同特征。本小节实验中以 r 为半径进行搜索，即

$$r=\left(3\sigma_{\text{oct}}\times\sqrt{2}\times(d+1)+1\right)/2 \tag{6-15}$$

式中，σ_{oct} 为对应层尺度；d=4；r 是在充分考虑 SIFT 计算描述子(特征向量)的高斯加权范围基础上，根据图像区域大小得出的。

第四步：描述 H-S 特征点，生成描述符。分为两步：①分配特征点方向，由 H-S 特征点所在邻域像素的梯度方向分布规律计算得到，邻域某一像素点梯度用

模值 $m(x, y)$和方向 $\theta(x, y)$表示，m 和 θ 的计算见式(6-7)和式(6-8)，其中 Harris 角点所对应的位置尺度及选择的高斯图像的层级均为 1；②生成特征向量，将以 H-S 特征点为中心的 16×16 窗口均分为 4×4 子区域，对每个子区域生成 8 方向梯度直方图并由此产生种子点，最终得到 128(4×4×8)维特征向量。

第五步：通过对最近邻/次近邻的距离比值设置阈值筛选对应匹配点。

3. 实验与分析

对融合 Harris 特征的 SIFT 描述与匹配算法的性能和效率进行实验验证。

软件环境：Visual Studio 2010，OpenCV 2.3。

重复率可以在一定程度上评价各检测算法在旋转、缩放、视点变化、亮度改变以及噪声等影响下的唯一性、不变性和稳定性。重复率越高，特征点检测算法的稳定性越好，那么匹配的点对通常就会越多。按照 Schmid 等(2000)给出的重复率计算标准，将其定义为

$$r_{12}(\varepsilon)=R_{12}(\varepsilon)/\min(N_1,N_2) \tag{6-16}$$

式中，$R_{12}(\varepsilon)$是两幅图像在单应性约束下重投影误差小于ε的重复点数；N_1、N_2分别是两图像中检测到的特征点数。

实验数据包括：①旋转，将原图像顺时针旋转 0°～60°，每 10°进行一次重复率的计算；②亮度变化，以原始图像为基准将整体的亮度从 40%调节至 140%，模拟光照变化对获取图像带来的影响，每 20%进行一次重复率的计算；③视角变化，通过相机的平移和旋转来模拟视角的改变，从垂直于墙体平面的视角开始逆时针转动 0°～60°，每 10°进行一次重复率的计算；④尺度变化，图像缩放因子的范围为 1～4，每 0.5 进行一次重复率的计算。

评价标准：若在图像发生上述变化后，仍能检测到满足ε邻域范围内的同名特征点，则说明算法比较稳定，能够提高后续的正确匹配率，增强稳定性。

从图 6-4 可以看出：①针对测试图像集，在处理简单的旋转变化方面，三种算法的性能均较好，重复率都能保持在 75%以上，且彼此之间差异很小；②图像亮度的整体变化对各算法的重复率影响也不大，都稳定在 70%以上，但是此处仅是对亮度进行了简单的调节，即模拟了相机光圈系数的加减，而由光源变化给图像带来的一系列复杂改变以及由此对重复率的影响还需要深入探究；③视角变化也是相对难处理的情况，各算法重复率均在 50%以上，且保持相同的变化趋势和相当的数值水平；④但是在尺度变化下 Harris 算法的劣势就显而易见，图像尺度改变的程度越大，重复率急剧下降的趋势就越明显，SIFT 和 H-S 算法则具备良好的抗尺度缩放性能。从整体上来看，H-S 算法在保持 SIFT、Harris 各自优势的同时，对 Harris 所不具有的尺度不变性有了很大程度的提升，较好地达到了预期效果。

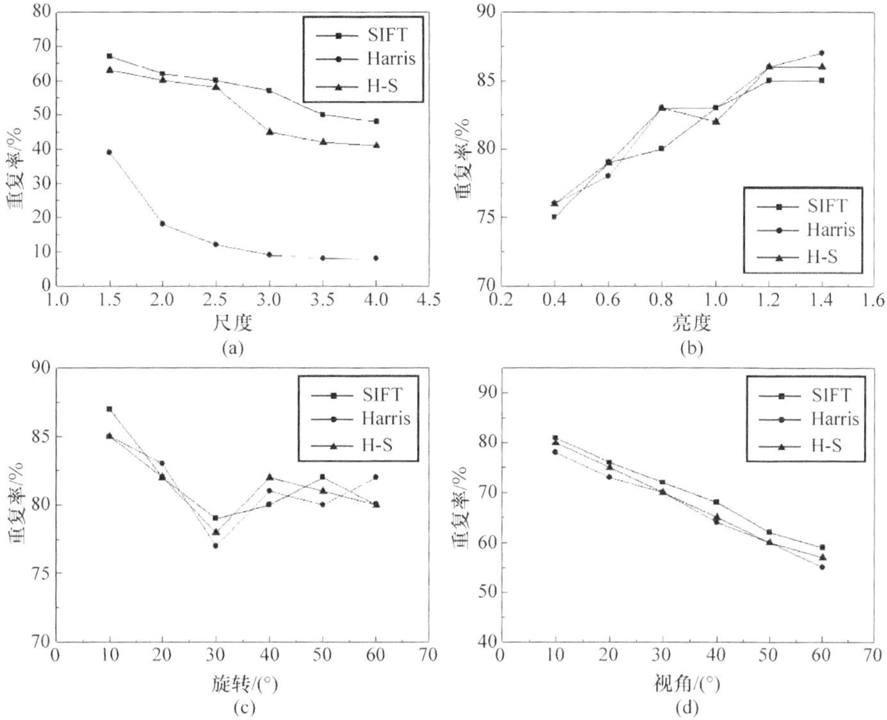

图 6-4　各算法重复率比较

如图 6-5 所示，图 6-5(a)～(c)分别为 Harris、SIFT、H-S 算法对实拍地形图像提取的特征点。通过比较能够直观地看出，图中标记的 A、B 两个区域，在 Harris 约束下，SIFT 特征点数量明显减少，A 处是对重建没有太大贡献的非对象主题区域，B 处地形变化较为均匀，没有突出起伏的边坡。C 处对控制点特征的融合，可使后续重建出更完整精确的标靶点，对坐标的变换和定位具有重要意义。此外，在拍摄的图像序列中选取 5 组数据进行对比，分析三种算法对特征点提取的数量和时间，结果见表 6-1。

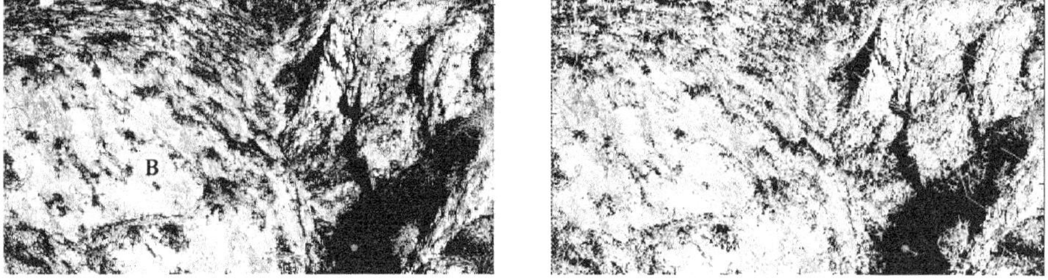

(a) Harris　　(b) SIFT

(c) H-S

图 6-5　特征点检测结果

表 6-1　常用特征点检测算法性能比较

分组	算法	特征点数/个	时间 1/s	初匹配对数/对	时间 2/s
第一组	Harris	2448/1644	0.29/0.22	212	0.34
	SIFT	5490/3332	0.52/0.33	246	0.68
	H-S	4168/2532	0.89/0.52	294	0.45
第二组	Harris	2132/2378	0.23/0.31	267	0.33
	SIFT	3861/5576	0.34/0.44	305	0.41
	H-S	3587/4361	0.61/0.74	320	0.33
第三组	Harris	2537/2501	0.32/0.34	331	0.40
	SIFT	5352/5187	0.33/0.29	745	0.65
	H-S	3803/3768	0.81/0.67	779	0.63
第四组	Harris	2214/2245	0.31/0.30	351	0.42
	SIFT	5213/5356	0.41/0.29	1067	0.88
	H-S	4047/4132	0.67/0.60	1082	0.65
第五组	Harris	2123/2089	0.31/0.35	237	0.30
	SIFT	5082/5103	0.42/0.41	541	0.57
	H-S	3901/3787	0.69/0.77	551	0.44

表 6-1 的数据直观显示：①就检测出的特征点数量来看，5 组实验的平均减幅为 23%，使得匹配阶段时间开销平均减少 21%，但匹配点对数却没有减少，呈现稳定中小幅上升的趋势；②因为分别进行了两种特征检测并执行了 Harris 邻域范围内的搜索和精简，所以在检测阶段 H-S 算法时间开销有所增加，但本次实验仅是简单串行了 SIFT 和 Harris 检测，考虑到实现过程中完全可以采用并行检测的方式，因此该阶段的时间增长能够控制在一个较小的范围；③n 幅图像在两两完全匹配策略下会进行 C_n^2 组特征匹配计算，由此可见 H-S 算法对特征点的精简

在后续匹配中带来的时间效率提升是明显的，再加上 Harris 特征的融入使 H-S 对关键点信息的描述能力增强，可以给重建和模型质量带来显著改善，表现出良好的优越性。

6.2.5　光束法平差

检测出稳定的特征点并完成高精度的匹配之后，SFM 算法可以借助投影模型及其约束关系，使用非线性优化方法恢复相机参数，从而建立二维图像与三维空间的对应关系，并解算出三维点坐标。

采用光束法平差在增量式迭代优化重建过程中计算出的相机参数和三维坐标是 SFM 算法的核心(Lourakis et al.，2009；Zhang et al.，2006)。光束法平差通过同时优化相机运动和空间点信息并在整个过程中迭代运行，使得已恢复的场景、正在恢复的场景和将要恢复的场景几何关系在最大程度上保持一致，即最小化重建出的所有空间点到其可见图像的总重投影误差。

对于 m 幅图像及对应空间中的 n 个三维点，如果点 j 对相机 i 可见，根据投影关系有

$$x_{ij} = P_i X_j,\ \ i = 1,2,\cdots,m,\ \ j = 1,2,\cdots,n \tag{6-17}$$

式中，投影矩阵 P 由相机内外参数构成，即 $P=K[R\ t]$，则光束法平差实际需要解决的问题是 $\min\{g(K, R, t, X)\}$。

针对 SFM 增量式迭代中两两图像间的结构恢复，假设(m_{1j}, m_{2j})是生成三维点 X_j 的两幅图像 I_1、I_2 中的特征匹配对，则相机相对位置、姿态以及空间点三维信息可以通过对目标函数[式(6-18)]进行最优化获得，即

$$\min_{R_i,t_i,X_j} \sum_{i=1}^{2}\sum_{j} m_{ij} - K\left[R_i \middle| t_i\right] X_j^{\ 2} \tag{6-18}$$

6.2.6　SFM 计算流程

1. 计算基础矩阵及生成“轨道”

以前面获得的特征点匹配信息作为输入来求解基础矩阵，通过对极几何相关约束来过滤误匹配。求解基础矩阵时，一般采用基于 Fischler 等(1981)提出的 RANSAC 算法的 8 点算法来确定整体最优、最稳定的取值。具体步骤如下。

(1) 输入为特征点提取与匹配后的点集，计算前将其归一化以提高鲁棒性。

(2) 对匹配点集重复 M 次采样，这里的 M 由算法自适应确定。

(3) 计算每一组随机样本(8 对匹配点构成)的基础矩阵 F。

(4) 用估算出的各候选基础矩阵 F 计算所有匹配点的重投影距离 d。

(5) 根据 d 的阈值确定与候选 F 对应的内点(inlier)比率。

(6) 选择具有最大 inlier 数的 F，当最大数目相等时取 inlier 标准差最小的 F 作为假定基础矩阵，之后由所有 inlier 使用非线性二乘法优化此 F(Marquardt，2006)。

(7) 用优化后的 F 再进行一次 inlier 的筛选，同时删除匹配信息中的外点(outlier)，如果 inlier 数小于指定阈值(本小节取 16)就说明图像间匹配度过低，则清除两幅图像的相关匹配信息。

(8) 当 inlier 比例达到 95%或者达到给定的迭代次数时结束流程。

上述过程完成了匹配特征点的过滤，基于得到的更为精确、稳定的匹配信息，接下来在图像集中生成“轨道”(track)。每个轨道由场景中的一点唯一确定，轨道的属性是通过特征匹配信息得到的对该点可见的图像。生成轨道时，如果同一条轨道中串联着位于同一幅图像中不同位置的特征点，则这条轨道会因为包含误匹配被删除，以保证后续求解过程的稳定。

2. 计算单应性及生成种子模型

单应性矩阵 H 把一幅图像平面上的点集位置与另一幅图像平面上的点集位置联系起来(Luong et al.，1996)。如果相机在拍摄两幅图像时的运动轨迹只有旋转没有平移，那么两者间就会有较高的单应性。在确定初始图像对时，要选择图像之间基线(即相机在两个拍摄位置成像中心的距离)足够大的组合，以使求解的种子模型足够精确，保证后续迭代的稳定。这一步流程中同样采用 RANSAC 算法，但不设置阈值，因为此处的 outlier 不是误匹配，只是没有达到所需要的单应关系，所以不会修改上一步的任何匹配信息，而是每次迭代不超过上限(本小节取 256)的次数并得到最大的单应性比例。

接下来就可以由筛选出的初始图像对计算种子模型。考虑到初始图像对选取的重要性，针对特征点匹配数量和图像间基线长度两个因素，制定的标准是包含 100 对以上的匹配特征，并使得 $NUMinliers_H$ / $NUMinliers_F$ (其中 H 表示单应性矩阵，F 表示基础矩阵，NUMinliers 分别在各自对应的 RANSAC 过程中得到)的值尽量小。首先根据选好的图像对，初始化各项参数，用其中一幅建立模型所在三维空间的坐标系，并用 5 点算法计算本质矩阵 E，得到相机在两个位置间的相对运动参数(Nister，2004)。其次由恢复出的相机参数通过三角测量的方法计算这两个位置都可见的 track 对应的点的坐标。最后运行一次光束法平差优化此次运算得到的相机参数和三维点坐标。

3. 增量迭代生成稀疏点云

向得到的初始种子模型中添加新的图像，估计相机参数并计算新增三维点坐标。这是一个持续迭代，增量生长的过程，具体而言每次迭代分为三个阶段。

第一阶段是从未使用的图像中选出包含已计算出的 track 点最多的图像，此操作一般将达到 0.75N(N 为未使用图像中的最大可见点数)个可见点的图像都加入待重建队列。对于每幅加入的图像使用基于 RANSAC 的直接线性变换(direct linear transform，DLT)计算相机参数(Hartley et al.，2003)，调用光束法平差优化此结果，这次优化只针对新增的相机参数和其可见的三维点，之前已有的其余参数都是不变的。第二阶段计算新增图像引入的新 track 点，三角测量计算时选取光线之间夹角足够大(如 2.0 弧度角)的两幅可见图像以提高准确性。第三阶段调用一次光束法平差对新增图像计算得到的整个结果进行优化，剔除明显的 outliers，使得计算更加鲁棒。

迭代运行这一系列步骤直至没有新的图像可以添加(或没有包含大于 20 个已求解的 track 点的图像)，整个自标定和重建过程结束。

增量式迭代计算是 SFM 的核心，每一次迭代都是同时求解相机参数和用三角测量的方法恢复空间三维点(戴嘉境，2012；李竞超，2010)。从初始图像对开始的结构恢复及三维点重建过程可更形象地表述为：初始结构信息通过第一幅图像 I_1 和第二幅图像 I_2 计算得到。相机内参数为 K，相机的第一个位置信息设为 $R_1=I$，$t_1=0$，第二个设为 $R_2=R$，$t_2=t$。初始空间点 X_j 通过 I_1、I_2 之间对应匹配点的三角测量得到。光束法平差目标函数如式(6-18)所示。

4. 空间三维点坐标计算

上述 SFM 迭代过程中，在得到两两图像间的投影矩阵后，就可以由匹配点对计算出对应空间点的三维坐标。设 P_{1i} 和 P_{2i}(i=1, 2, 3)分别是图像 1 的投影矩阵 P_1、图像 2 的投影矩阵 P_2 的 3 个行向量，以齐次坐标形式表示的空间点 X_w=(X, Y, Z, 1)在图像 1、2 上的投影分别是(u_1, v_1, 1)和(u_2, v_2, 1)，根据投影成像数学模型，对每幅图像可以得到两个独立的线性方程。对投影矩阵 P_1 有

$$s\begin{bmatrix} u_1 \\ v_1 \\ 1 \end{bmatrix} = \begin{bmatrix} P_{1i} \\ P_{2i} \\ P_{3i} \end{bmatrix} \widetilde{X_i} \Rightarrow \begin{bmatrix} P_{13}u_1 \quad P_{11} \\ P_{13}v_1 - P_{12} \end{bmatrix} \widetilde{X_i} = 0 \tag{6-19}$$

式中，s 为常数因子。同理，由 P_2 可得

$$\begin{bmatrix} P_{23}u_2 - P_{21} \\ P_{23}v_2 - P_{22} \end{bmatrix} \widetilde{X_i} = 0 \tag{6-20}$$

联立两式可得

$$\begin{bmatrix} P_{13}u_1 - P_{11} \\ P_{13}v_1 - P_{12} \\ P_{23}u_2 - P_{21} \\ P_{23}v_2 - P_{22} \end{bmatrix} \widetilde{X_i} = 0 \tag{6-21}$$

根据对极几何原理，每个图像点反投影后对应一条以相机光心为端点的射线，两幅(或以上)图像形成的反投影射线相交就可以确定空间点的位置，但由于各方面因素带来的误差，这些射线很难直接相交，这就对应了式(6-21)中的由四个方程求解三个未知数情况，在这种超定情况下，通过最小二乘法原理计算 X_i 的值，线性解出每对匹配点所对应的空间点三维坐标。

将式(6-21)写成 $A\widetilde{X_i} = 0$ 的形式，则对应于 $A^{\mathrm{T}}A$ 的最小特征值的特征向量即为解 $\widetilde{X_i}$ 。对 A 进行奇异值分解

$$A = U\Sigma V^{\mathrm{T}} \tag{6-22}$$

则 $\widetilde{X_i}$ 就等于矩阵 V 的最后一列。

6.3 稠密重建及 DEM 构建

重建得到的稀疏点云、图像间的匹配信息及求解的相机参数等都可以直接作为多视图立体视觉算法的输入数据，通过合适、有效的算法可以实现稠密表面的恢复。本节重点描述基于面片的重建方法，通过扩展和过滤生成覆盖目标对象的稠密表面模型。针对地形数据的特性，提出一种逐级加密的面片扩展策略，对几何信息突出，细节特征丰富的区域进行筛选、加密，避免冗余数据的产生。

6.3.1 稠密重建

在相机参数自标定以及稀疏点云生成后，就可以采用合适的重建算法恢复目标对象的稠密表面信息。多视图立体视觉算法是针对一组从不同视角拍摄的图像，利用相互间的可见信息作为约束进行匹配计算，从而重建出完整模型的三维重建方法(Hiep et al.，2009；Goesele et al.，2007，2006)。多视图立体视觉算法可以处理的数据集通常有以下三种：一是物体，一个独立的或紧凑的物体，一般情况下在围绕它拍摄的图像中能完整地看到此物体，因此可以方便地提取其轮廓，由此计算可视外壳；二是场景，目标对象可能嵌入在杂乱背景中或被部分遮挡，其可视视角范围也在一定程度上被局限，导致很难进行有效的计算(比如建筑物和植被遍布的外景)；三是拥挤场景，目标是相对静止不动的，而移动的障碍物出现在多幅图像中不同的位置(如人从建筑物前面经过)。

近年来，多视图立体视觉领域有很多优秀的算法被提出，Seitz 等(2006)将主流算法分为四大类。第一类是基于体素(voxel-based)的方法，通过包围盒模型来求解，精度受体素网格分辨率的限制，适合小型物件的建模。第二类基于多边形网络变形(deformable polygonal mesh)的技术，它需要定义一个较好的初始模型作为起始点，因此限制了此类方法的应用范围。第三类是基于多深度图像(multiple depth map)融合的方法，通过图像的两两匹配得到深度信息融合成一个完整的模型。此类方法操作灵活，且便于并行处理，但重建效果受融合策略的影响很大。第四类是基于块扩展的方法，首先检测并匹配图像特征，根据三角测量得到初始种子点，然后利用局部表面平滑性、光度一致性等作为约束，由种子点通过扩散和过滤得到像素级的稠密表面信息。此类方法使用块模型来描述场景，有很大弹性，操作灵活，给求解带来便利。

本节采用的基于面片(patch-based)的多视图重建 PMVS 属于上述第四类中的代表性算法，用块模型(面片)来描述表面信息，通过种子点扩展与过滤生成贴合目标表面的密集面片(Xiao et al.，2014；Furukawa et al.，2010)。PMVS 能与 SFM 迭代结果进行很好的衔接，可以直接以前一步重建结果作为输入数据。

PMVS 计算流程分为三个步骤：匹配、扩展和过滤。由于 PMVS 可以很好地与 SFM 计算结果衔接，第一步匹配直接使用稀疏重建的结果，以三维空间点初始化种子面片信息，进入扩展和过滤阶段，重建出稠密且精确的面片。

6.3.2 针对三维地形重建的改进面片扩展方法

1. 像素影响值

对于基于图像的三维重建而言，效率是评价整个重建过程的重要指标，在生成足够密集的点云，保证完整描述目标形态、充分刻画目标细节，并满足后续高质量处理、分析和应用需求的基础上，合理控制图像数量、分辨率等参数，达到重建时间的最优化是必须考虑的问题。像素作为图像参数中最重要的属性，对重建的整个流程和结果具有决定性的影响。这里使用 40 幅图像测试了多组不同分辨率下的重建过程，结果见表 6-2。

表 6-2　像素影响值

像素值/pixel	耗时/min			点云数量/个	
	第一步	第二步	第三步	SFM	PMVS
600 万	16.217	1.517	58.383	30899	529209
430 万	18.100	1.850	29.450	45958	355461

续表

像素值/pixel	耗时/min			点云数量/个	
	第一步	第二步	第三步	SFM	PMVS
200 万	21.883	1.500	12.450	47157	164792
130 万	16.717	1.733	6.433	47841	95676
80 万	21.067	0.650	4.917	53260	58061

其中，第一步是特征点检测与匹配，第二步是相机自标定与稀疏重建，第三步是稠密重建。表中的数值直观反映出：①第一步和第三步几乎占据了整个过程90%以上的时间，且像素值的改变对第一步运行时间并没有太大影响，而对第三步影响显著；②随着像素值的减小，第二步重建的点云数量相对稳定，第三步扩展的点云数量却呈现线性下降趋势，像素值减至 80 万后，PMVS 的扩散过程对点的增长几乎没有起到明显作用；③像素值越高，稠密重建的效果越好，相比于 200 万像素时的 2.5 倍，430 万像素时的 6.7 倍，600 万像素时获得 16.1 倍的点云数量增长；④对重建点云形态的分析表明，200 万以上像素值的图像重建效果良好，130 万像素时重建模型边缘出现部分缺失，80 万像素时局部产生孔洞。

2. 逐级加密重建

不同于使用仪器设备获取三维信息，利用图像进行三维重建时，空间中的每一个面片都由图像计算而来，因此最终的精度在很大程度上取决于重建算法。表 6-2 的数据直观反映出，对于时间、空间复杂度都较高的 PMVS 算法，分辨率高的图像能得到精度高的重建结果，然而图像分辨率的增大导致运行过程中计算量、存储需求的相应增大，这种瓶颈非常突出。因此，权衡重建效果和效率之间的关系，考虑在尽量确保精度、反映细节的同时提高效率是值得关注的问题。

在实际重建物体或场景时，往往并不是整个重建对象的任何局部都需要非常稠密的点来描述。对于三维地形而言，仅需要在起伏较多、结构复杂的区域重建出相对稠密的点云，在比较平坦、细节较少的地方适量的点集就能够完整表达其特征。

正是基于以上考虑，本小节介绍了一种改进的基于面片逐级加密重建策略，基本思想是：首先根据重建对象和原图像分辨率的大小确定初始分辨率等级，并在选定的较低等级上执行 PMVS 重建；然后通过计算法向量点积的均值来衡量重建结果中每个面片与其近邻的方向变化，若计算值小于给定的阈值，说明在该面片周围形状变化趋势明显，就有必要对其所在的局部区域在更高的分辨率等级上再进行扩展，如此针对特定区域逐级加密多次，获得理想的结果。

算法可以实现自动定位重建对象的细节部位，并扩散出更稠密、更高精度的点云，在保证重建结果具有完整形态和突出细节的前提下，有效地降低了运行过程中时间、空间的消耗，提高了重建效率。算法的基本流程如图 6-6 所示。

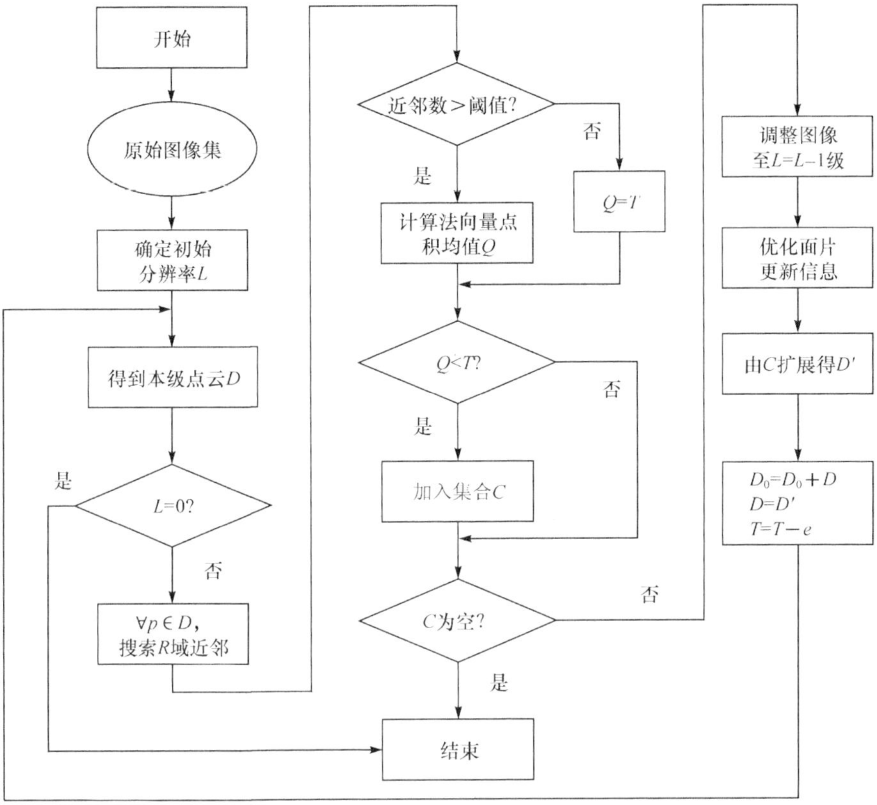

图 6-6　算法的基本流程

3. 实验与分析

实验算法用 Visual C++实现。实验中参数设定为：k=10，W=15，T=0.01，e=0.002，此外与之前对应的 μ=5，β=2。利用测试图像序列(小佛像)和拍摄图像序列(侵蚀沟)，分别进行原始算法与逐级加密的 PMVS 重建。

图 6-7(a)左侧为原始 PMVS 算法在图像原分辨率 $L_v(0)$(1920×2560)上的重建结果，得到的稠密点云模型共有 257027 个点。图 6-7(a)右侧为从 $L_v(1)$到 $L_v(0)$的重建结果，首先在 $L_v(1)$(960×1280)上重建得到 118919 个点，根据逐级加密策略，设置阈值 T=0.01，筛选得到 37206 个种子点，如图 6-7(b)所示(浅色部分代表 Q 值小于 0.01 的点)，然后利用这些点在 $L_v(0)$上进行重建，得到 101962 个点，合并两次重建结果得到图 6-7(a)右侧所示的最终点云模型。通过比较可以看出，采用逐级加密重建在 $L_v(1)$上生成的非加密区域点云已经能够很好地体现总体形态，而在 $L_v(0)$上对种子点的扩展使模型刻画细节方面得到明显增强。

(a) 点云模型

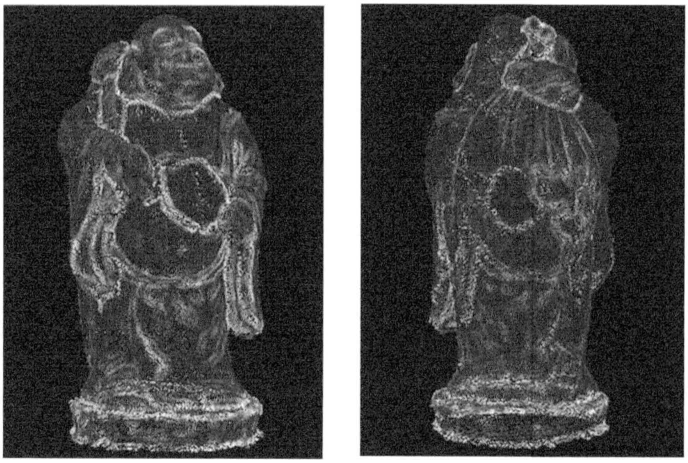

(b) 种子点

图 6-7　小佛像三维重健

很显然，这种基于法向量筛选种子点的逐级加密策略在细节部分占较小比例的对象上更具优势，如图 6-8 所示对侵蚀沟的重建。图 6-8(a)左侧为原始 PMVS 算法在图像原分辨率(2048×1536)上的重建结果，共有 208871 个点。可以看到，在非侵蚀沟主体的平坦边坡处，点的分布仍然相当稠密，而这并不是必要的，或者从一定程度上说是冗余的。图 6-8(a)右侧为从 $L_v(1)$到 $L_v(0)$上的重建结果，首先从 $L_v(1)$(1024×768)上重建得到 91328 个点，然后由阈值 T=0.01 选出 14215 个种子点，如图 6-8(b)所示。将这些点提升到 $L_v(0)$上进行扩展，得到 38595 个点。而这些种子点及其在 $L_v(0)$上加密得到的点大多位于沟的关键部位，是必要的、有意义的点，同时 $L_v(1)$生成的模型中非加密区域的密度相对 $L_v(0)$明显降低，却足以描述相关形态。

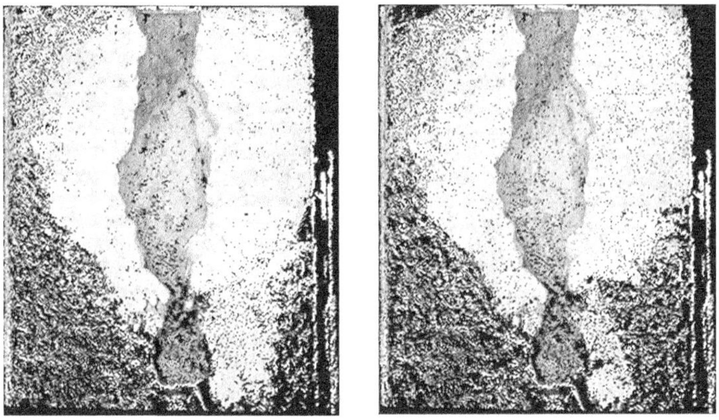

(a) 点云模型

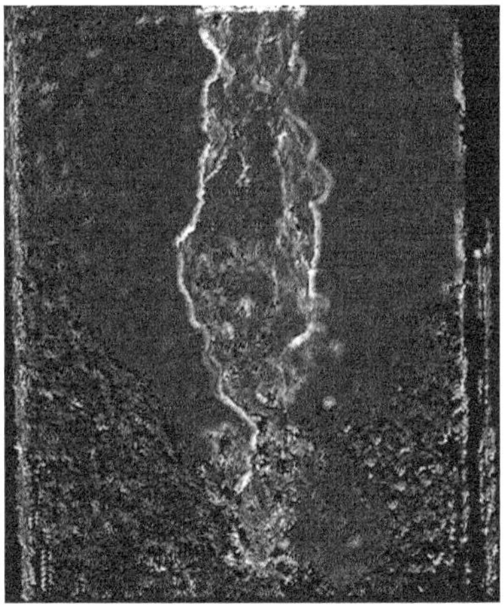

(b) 种子点

图 6-8　侵蚀沟三维重健

表 6-3 给出了不同方式、不同对象的实验耗时，比较可知总体上采用逐级加密的算法比原始算法的运行时间有较大幅度的减少。结合图 6-7 与图 6-8 可以看出，从 $L_v(1)$到 $L_v(0)$逐级加密的结果，相比较 $L_v(0)$上的结果，棱角处点云同样密集，细节处刻画同样突出，同时在其他局部减少了过于稠密的冗余点。且因为图 6-8 所示场景中非平坦部分的比例很低，所以表中数据反映出逐级加密的运算效率和直接在 $L_v(0)$上重建相比，有了更加显著的提高。

表 6-3　运行时间对比

重建对象	运行时间/min		
	PMVS		逐级加密 PMVS
	$L_v(1)$	$L_v(0)$	从 $L_v(1)$到 $L_v(0)$
小佛像	7.3	19.2	14.9
侵蚀沟	6.1	16.8	9.5

本节介绍的基于面片的逐级加密扩展策略，通过分辨率逐级提升来获得更细致的局部特征，抑制了冗余点的生成，节省了内存空间，缩短了运算时间。上述实验已经说明该策略在提升重建效率和保证重建效果方面的性能，而在对大规模场景用海量图像的重建中，逐级加密算法的优势将会更加突出。

6.4　实验验证及结果分析

基于本节研究内容，首先以室内径流冲刷实验后形成的坡面侵蚀沟为对象进行了重建(图 6-9)，得到稠密点云，对其精度进行了计算分析。然后选择黄土丘陵沟壑区典型的侵蚀地形进行野外数据的采集，用拍摄的照片生成了自然降雨冲刷后的切沟三维模型。

图 6-9　室内径流冲刷实验场景

6.4.1　室内实验验证及结果分析

1. 实验环境

实验在西安理工大学水文与水资源重点实验室进行。变坡土槽底部铺填 20cm 厚的细沙，并铺上透水纱布，以使实验土层的透水状态接近自然坡面。采自西安市灞桥地区的实验用土(土壤颗粒以粉粒为主)自然风干后经 5mm 孔径的筛网过滤后装入实验槽内并压实，装填标准是使得坡面土壤干容重控制在 1.3g/cm^3。实验开始前通常均匀洒水让土壤表面达到充分饱和。采用水箱加水泵供水，通过阀门控制流量，安装导流槽以模拟自然坡面降雨时的汇水过程。实验开始后，认真观察动态发展过程，并记录产流发生、侵蚀沟形成等重要时间节点信息。整个实验持续 30min，每分钟取 1 次径流泥沙样。实验结束后，测量各个样本的体积，并烘干用置换法测定其泥沙量。

2. 照片数据获取

考虑到图像重建时特征点提取与匹配过程中需要跟踪照片之间拍摄主体上的定位点来生成三维模型的稀疏点集，使用佳能 550D 相机进行拍摄时，需要保证相邻两个拍摄位置的角度相差不能过大，以防跟踪点丢失。结合实验对象特点及环境条件，对拍摄位置的选取及轨迹、角度的选定进行了合理规划，如图 6-10 所示。

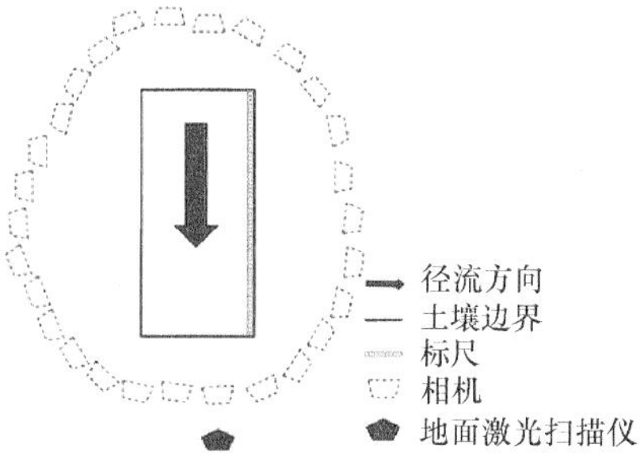

图 6-10　拍摄位置

采用基于图像的三维重建方法，理论上不需要设置控制点，但控制点的设置通常会给特征提取与匹配带来便利，而且这些明显的、稳定的点能够为模型的精确生成提供参考，总体上提高重建效率。本实验中摆放的标尺实际起到了控制点的作用。图 6-11 列出了拍摄的部分原始照片。

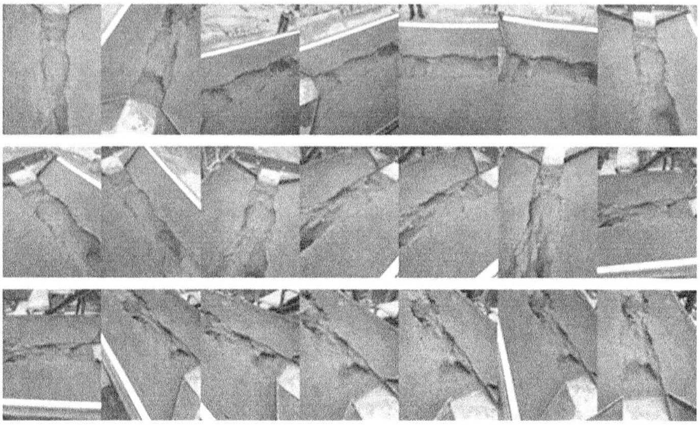

图 6-11　拍摄的原始照片(部分)

3. 三维重建点云生成

由拍摄得到的原始照片，按 6.2 节和 6.3 节所述方法流程，经过特征点提取与匹配(图 6-12)、相机自标定与稀疏重建(图 6-13)和稠密重建(图 6-14)，生成了密集且具有真实颜色的侵蚀沟三维点云模型。

图 6-12　特征点提取与匹配

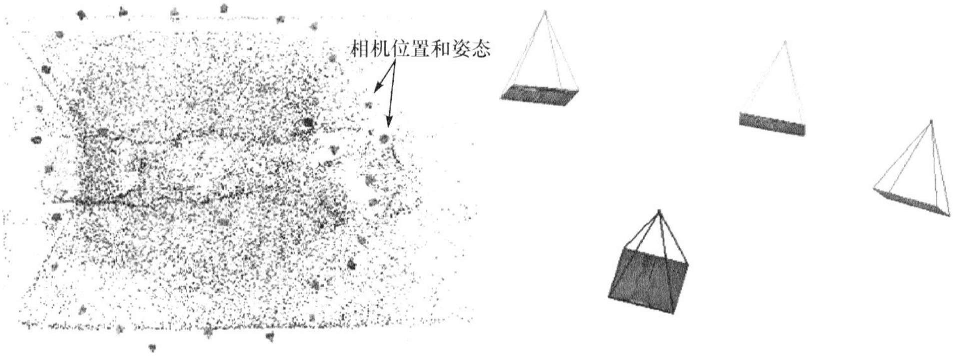

图 6-13　相机自标定与稀疏重建

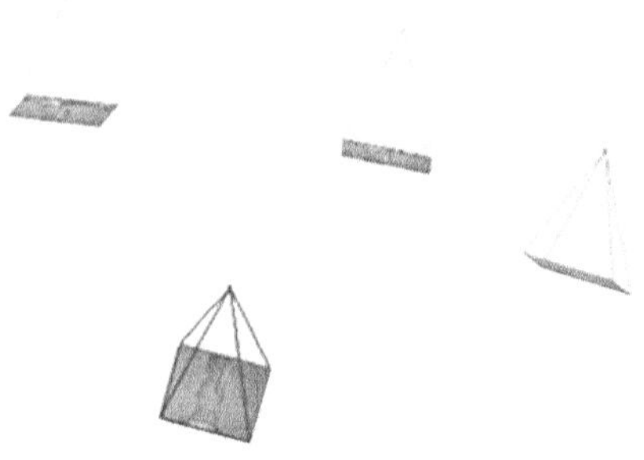

图 6-14　稠密重建

4. 激光扫描点云数据获取

为了对比研究，实验同时使用 Trimble TX5 地面激光扫描仪获取参照点云样本。其设备参数为：扫描速度最大 976000 点/s，精度 ± 2mm(25m)，最大扫描距离 120m，扫描视角范围水平 360°、垂直 300°。根据实际情况，本次扫描设一个站点，获取初始点云并进行滤波等预处理后，分割出感兴趣区域并抽稀至 10000 个点，与抽稀至同样数目的重建点云对比如图 6-15 所示。

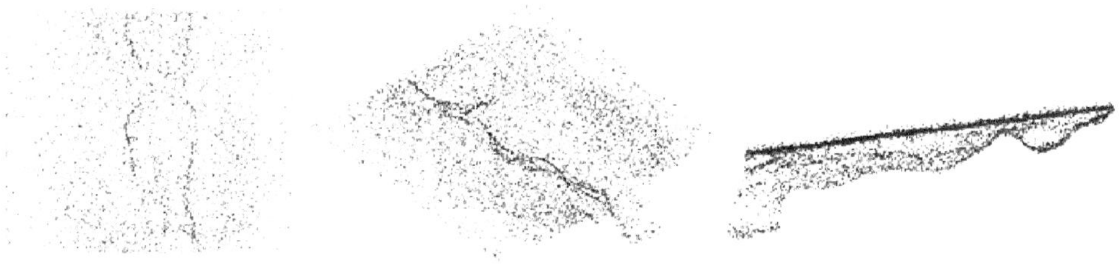

(a) 重建点云

(b) 扫描点云

图 6-15　两种点云对比

比较图 6-15 中多个视角的点云能够直观看出，扫描点云整体分布较为均匀，点密度在各个区域保持相对稳定，而重建点云就不太规则，在具有各自特征的不同区域之间稀疏程度差异较大。总体上看，两种点云都能完整展现侵蚀沟的发育形态，突出体现丰富的细节，并清楚地描述沟宽、沟深和沟底特征。

重建点云和扫描点云并不在同一坐标系下，无法直接比较，需要通过转换将重建坐标和扫描坐标统一。空间直角坐标系之间的转换包括：原点的 3 个平移参数，坐标轴的 3 个旋转参数，以及 1 个尺度变化参数，共 7 个参数。对于传统的布尔莎模型、莫洛坚斯基模型以及范士模型，由于重建过程中初始照片对(建立重建坐标的来源)的选取和扫描仪坐标的设置都是任意的，两者间的旋转角度可能很大，利用这些传统模型进行坐标转换可能会导致解算的平移、旋转和尺度变化参数严重偏离真实值，造成较大的模型误差(代世威，2013；武汉大学测绘学院测量平差学科组，2003)。采用将布尔莎模型在七参数初值处按泰勒级数展开，且仅保留一阶项，通过迭代计算控制舍去误差，获得七参数的改正数；再由 3 个公共点，用最小二乘法求解参数的最优值。通过 MATLAB 编程实现转换，计算出转换参数并将重建点云转换为扫描坐标系下的数据。

5. 三维重建结果分析

1) 点云密度分析

图 6-16 中标记的 A 处侧蚀加剧，沟壁下部扩展造成上部悬空并对沟底边沿

产生遮挡，B 处跌坎凸起，使背侧挡水墙及下方形成的水刷窝被遮挡。实验情况下，这两处都是激光扫描仪无法采集到数据的区域。而采用基于图像的建模方法，就可以针对特定部位，灵活选取有利拍摄的视角和光照条件，使图像中包含充分的细节信息，从而在重建结果中获得沟壁和沟底遮挡处的点云数据。C 处起伏较多，表面粗糙度大，有更为复杂的细节需要体现。重建点云在该区域具有较大的密度(6203Pts/m^2)，显然比扫描点云(4841Pts/m^2)能更好地描述沟底局部细节。

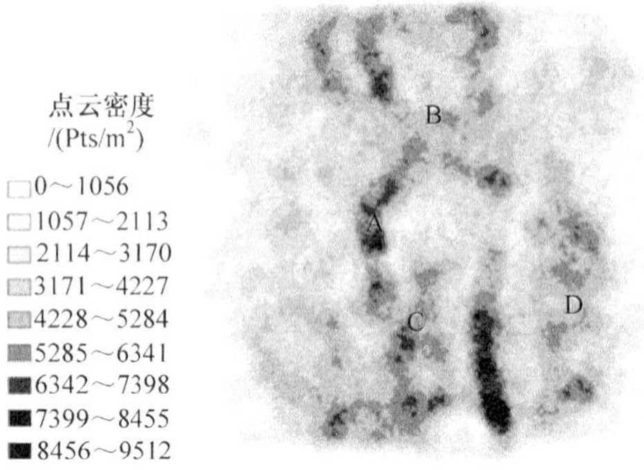

(a) 重建点云

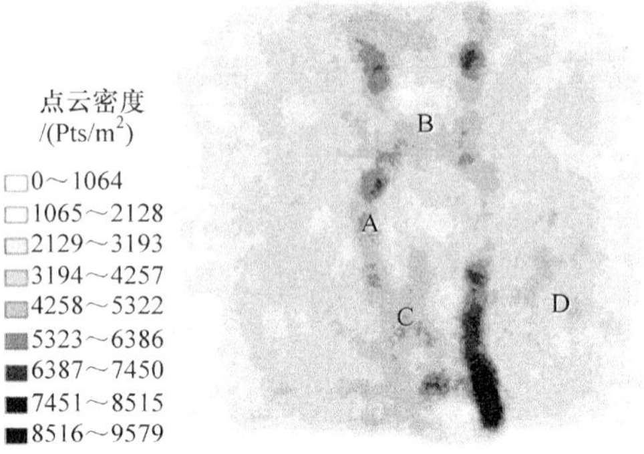

(b) 扫描点云

图 6-16 点云密度分布

Westoby 等(2012)的研究得出结论，图像中刻画的重建目标表面纹理是点云质量的重要影响因素，且点云的数量是图像清晰度、分辨率和数量的函数，这为控制重建点云的质量和数量提供了参考。例如，对图 6-16 中 D 处的平坦边坡，适当分配拍摄视线使之有一个合理的交汇角，保持相机在不同位置拍摄姿态的相对稳定，在一定距离范围内不改变焦距等措施，可使重建点云在此类区域密度均匀。

从表 6-4 不同区域点云密度可以看出，在标记的 A、B、C 三个感兴趣区域，重建点云平均密度是扫描点云的 1.33 倍，也就是在重点关注的沟壁、跌坎和起伏区域前者达到了更好的效果，说明图像重建方法在突出细节、克服遮挡等方面具有优势。

表 6-4 不同区域点云密度

点云	点云密度/(Pts/m^2)			
	A	B	C	D
重建点云	7134	4962	6203	4549
扫描点云	5047	3914	4841	3708

2) C2C 距离检测

使用 CloudCompare 软件计算重建点云和扫描点云之间的 C2C 距离，以检测重建点云的质量。对于同一坐标系下配准的两点云数据，在某 X、Y 取值的足够小邻域内，搜索两点云之间欧氏距离最近的两点，以这两点间的 C2C 距离，并如此迭代，遍历整个 X、Y 取值。相较于普遍使用的传统方法，通过计算 C2C 距离来评价 3D 数据集更加可靠，由于在 GIS 环境下通过比较生成的 DEM 表面 Z 值来计算距离，其本身在构建 DEM 时引入了额外误差并在后续过程中传递。

C2C 距离计算结果见表 6-5 及图 6-17，其中图 6-17(a)直观展现了 C2C 距离误差在不同位置的分布情况，图 6-17(b)对不同 C2C 距离范围内的点数目进行了统计。

表 6-5　C2C 距离计算结果

最小距离/m	最大距离/m	平均距离/m	标准差/m	最大相对误差/%
0	0.0395782	0.00336613	0.00641708	(3.77496+1.48433/d)

注：d>0.0148433。

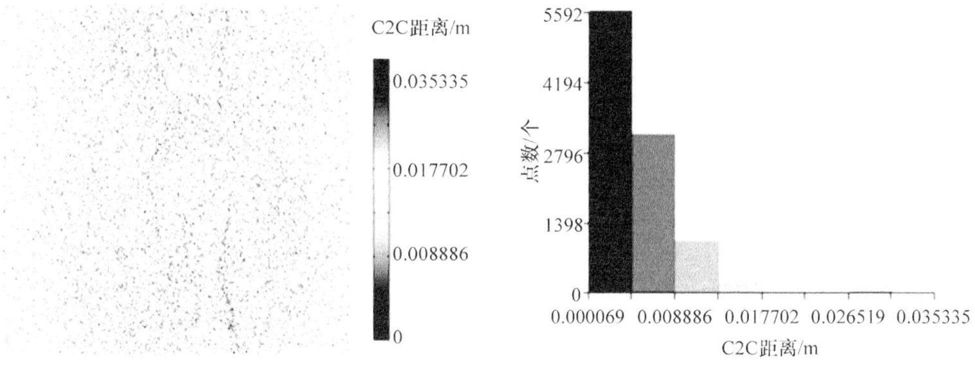

(a) C2C距离分布　　(b) C2C距离直方图

图 6-17　C2C 距离检测

分析发现，较大 C2C 距离产生于重建效果不太理想的点云边缘和扫描仪未采集到数据的遮挡部位，最大值也仅为 0.0396m，而直方图表明侵蚀沟主体部分的 C2C 距离是相当可观的，分布在 0～0.0177m，且就整体而言，绝大部分(83%)C2C 距离均在 0.0089m 以下。表 6-5 中两点云间 0.0034m 的平均 C2C 距离和 0.0064m 的标准差足以说明，就直接求取点云间 C2C 距离来看，图像重建的点云数据具有良好的精度。

3) 侵蚀量估算

取重建点云数据和扫描点云数据进行叠加处理，可分析同一区域的差异。分别对重建点云和扫描点云进行插值，以地面作为 Z 值零点，分别生成 $DEM_{3D\text{-}pr}$ 和 DEM_{tls}，再将 $DEM_{3D\text{-}pr}$ 减去 DEM_{tls}，求出侵蚀沟用重建方法和扫描方法生成的 DEM 体积差，在土壤容重相同的情况下，可得两种方法侵蚀量估算的差值。由点云生成的 DEM 如图 6-18 所示，DEM 相减结果见表 6-6。

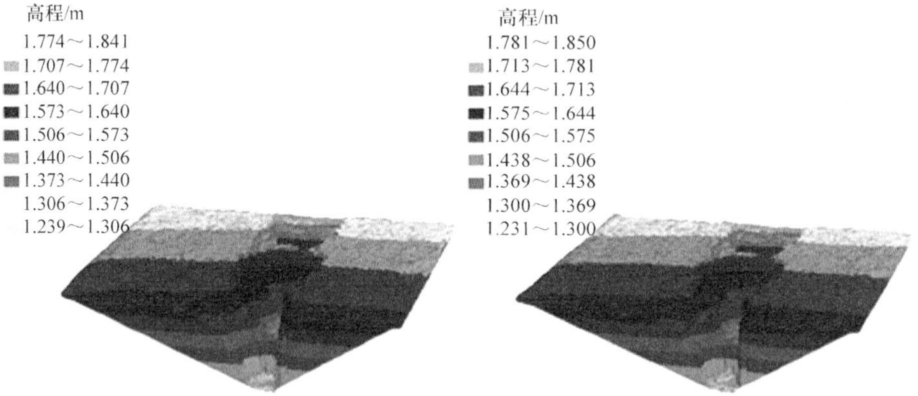

(a) 重建点生成DEM　　(b) 扫描点生成DEM

图 6-18　DEM 模型对比

表 6-6　体积差值计算结果分析

栅格数	体积差< 0	体积差> 0	均值/m³	标准差/m³	总和/m³
1840	82	200	0.000001	0.000092	0.001586

用侵蚀后的 DEM_{tls} 减去实验开始前平坦坡面的 DEM_{tls0}，得到研究区域减少的总体积为 0.019692m³，由此得到本实验中基于图像重建和三维激光扫描重建的侵蚀量相对误差为 8.054%。

4) 特征提取与分析

利用ArcGIS 10.0表面分析工具箱提取 $DEM_{3D\text{-}pr}$ 和 DEM_{tls} 的坡度,结果见图6-19。

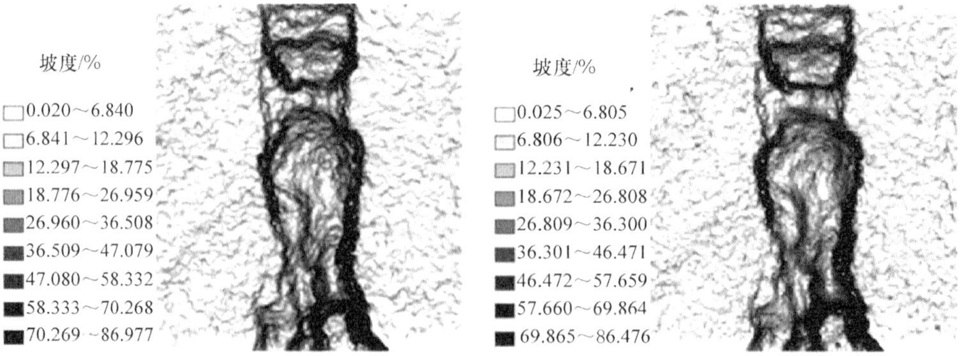

(a) 重建点云　　(b) 扫描点云

图 6-19　坡度对比

由坡度图可明显分辨侵蚀沟的沟底、沟沿和沟壁等轮廓。在坡度图中，颜色越深的栅格代表该处坡度变化越剧烈，据此采用MATLAB图像处理工具箱对边缘线及沟底特征进行提取，结果如图6-20所示。

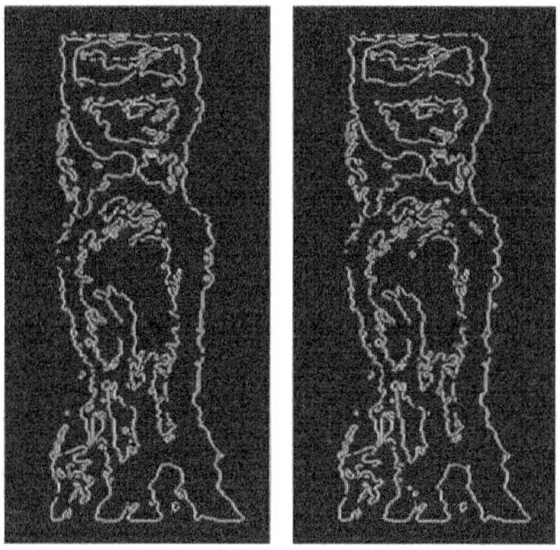

(a) 重建点云　　(b) 扫描点云

图 6-20　特征线对比

不同于使用等高线套合差来衡量DEM质量，本节采用基于数字图像处理的方式计算特征线的匹配程度，以此反映两者差异。对所得到的两特征线分别统计“1”像素的个数 N_r 和 N_t；再对两者进行异或运算，同样对异或结果统计“1”像素得到 N_x，则两者的匹配程度 M 可用以下方式计算

$$M = 1 - \frac{N_x}{(N_r + N_t)/2} \tag{6-23}$$

经统计计算，N_r=5109，N_t=4999，N_x=526，由此得到基于重建点云和扫描点云提取的特征线匹配率为89.592%。

6.4.2　切沟实验验证及结果分析

1. 实验环境

本实验选择切沟位于陕西省榆林市神木县六道沟流域，如图6-21所示。野外切沟所处环境复杂且监测对象规模较大(一般都有数十米范围)，设备架设困难，对相机位置要求很高，因此本章实验只在局部范围内重建了切沟并进行了初步的结果分析，第7章将进一步介绍采用无人机获取切沟图像并进行三维地形重建的过程和方法。

图 6-21　实验选择的切沟

2. 数据获取及点云对比

使用 Trimble TX5 地面激光扫描仪进行非接触式扫描，分 3 站扫描，每站距离目标 3～5m，扫描时间约 15min。

相机获取的照片共 39 张，其中 31 张以 30°左右的俯角环绕目标主体拍摄，其余 8 张为对遮挡区域及细节部位的特写。设置的标靶位置如图 6-22 所示，两种方式生成的点云模型见图 6-23。为方便评价两种方式生成的点云质量，以重建出的标靶点(图 6-22 中标出)为目标分析结果。

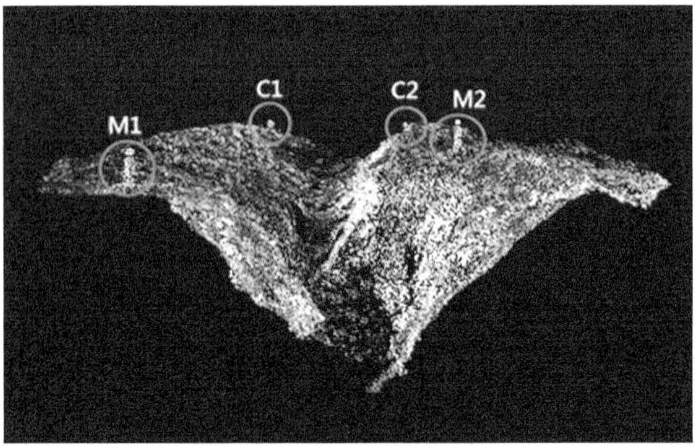

图 6-22　标靶位置

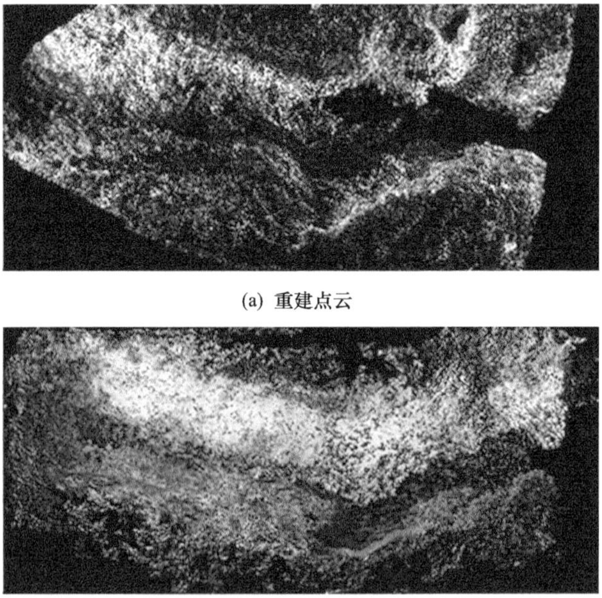

(a) 重建点云

(b) 扫描点云

图 6-23　两种方式生成的点云模型

从两种方式得到的最终点云来看，都较好地展现了整体形态，特别是重建点云在切沟主体之外对标靶点 M1、M2 和控制点 C1、C2 的恢复，取得了满意的效果，具有重要的意义。分别对两种点云上相互可见的四个点 M1、M2、C1、C2 之间线段 C1C2、C1M1、C2M2、M1M2 的值进行测量评定精度，如表 6-7 所示。

表 6-7　线段距离

线段	重建点云 S_1/m	扫描点云 S_2/m	全站仪实测 S_3/m	距离差 dS_{12}/m	距离差 dS_{13}/m	距离差 dS_{23}/m
C1C2	2.368	2.361	2.350	0.007	0.018	0.011
C1M1	7.172	7.201	7.193	–0.029	–0.021	0.008
C2M2	5.630	5.603	5.617	0.027	0.013	-0.014
M1M2	3.217	3.210	3.194	0.007	0.023	0.016

注：RMSE(dS_{12})=0.020m，RMSE(dS_{13})=0.019m，RMSE(dS_{23})=0.013m。

从表 6-7 可知，特征线的全站仪实测长度值与点云模型测量长度值存在一定的偏差，但偏差较小，重建点云与扫描点云之间中误差为 0.02 m，扫描点云与实测数据之间中误差为 0.013 m，重建点云与实测数据之间中误差为 0.019 m，整体偏差距离都在 0.02 m 左右。从精度评定看，整体长度值误差都达到了厘米级，符合一般的地形测量要求。

参考文献

陈兆麟, 2013. 多视图三维重建中的几何建模和纹理映射[D]. 北京：北京大学.

戴嘉境, 2012. 基于多幅图像的三维重建理论及算法研究[D]. 上海：上海交通大学.

代世威, 2013. 地面三维激光点云数据质量分析与评价[D]. 西安：长安大学.

江帆, 2006. DEM 表面建模及精度评估方法研究[D]. 郑州：解放军信息工程大学.

李德毅，孟海军，史雪梅, 1995. 隶属云和隶属云发生器[J].计算机研究与发展,32(6):16-18.

李竞超, 2010. 基于立体视觉的三维重建[D]. 北京：北京交通大学.

马鼎，李斌兵, 2013. 黄土沟壑区切沟植被的激光点云滤波及地形构建[J]. 农业工程学报, 29(15): 237-243.

马颂德，张正友, 2003. 计算机视觉——计算理论和算法基础[M]. 北京：科学出版社.

彭科举, 2012. 基于序列图像的三维重建算法研究[D]. 长沙：国防科学技术大学.

王辉赞，张韧，刘巍, 2011. 支持向量机优化的克里金插值算法[J]. 大气科学报, 34(5): 67-73.

魏振华，刘志锋，邵玉祥，等, 2010. 基于自适应遗传算法的 Kriging 曲面拟合及应用[J]. 微计算机应用, 31(7): 17-21.

武汉大学测绘学院测量平差学科组, 2003. 误差理论与测量平差基础[M]. 武汉：武汉大学出版社.

严华雯，吴健平, 2012. 加权最小二乘法改进遗传克里金[J]. 计算机技术与发展, 22(3): 92-95.

赵彦锋，孙志英，陈杰, 2010. Kriging 插值和序贯高斯条件模拟算法的对比分析[J]. 地球信息科学学报, 12(6): 767-776.

周骏, 2013. 多视图图像三维重建若干关键技术研究[D]. 西安: 西安电子科技大学.

BAY H, TUYTELAARS T, VAN G L, 2006. Speeded up robust features[C]. European conference on computer vision: 404-417.

FISCHLER M A, BOLLES R C, 1981. Random sample consensus: A paradigm for model fitting with applications to image analysis and automated cartography[J]. Readings in computer vision, 24(6): 726-740.

FISHER P F, TATE N J, 2006. Causes and consequences of error in digital elevation models[J]. Progress in physical geography, 30(4): 467-489.

FURUKAWA Y, CURLCSS B, SEITZ S M, et al., 2010. Towards internet-scale multi-view stereo[C]. IEEE conference on CVPR: 1434-1441.

FURUKAWA Y, PONCE J, 2010. Accurate, dense, and robust multiview stereopsis[J]. IEEE transactions on pattern analysis and machine intelligence, 32(8): 1362-1376.

GOESELE M, CURLESS B, SEITZ S M, 2006. Multi-view stereo revisited[C]. IEEE computer society conference on CVPR: 2402-2409.

GOESELE M, SNAVELY N, CURLESS B, 2007. Multi-view stereo for community photo collections[C]. International conference on computer vision: 1-8.

HARRIS C, STEPHENS M, 1988. A combined corner and edge detector[C]. Proceedings of 4th Alvey vision conference: 147-151.

HARTLEY R, ZISSERMAN A, 2003. Multiple View Geometry in Computer Vision(Second Edition)[M]. New York: Cambridge University Press.

HIEP V H, KERIVEN R, LABATUT P, et al., 2009. Towards high-resolution large-scale multi-view stereo[C]. IEEE conference on CVPR: 1430-1437.

KITCHEN L, ROSENFELD A, 1982. Gray-level corner detection[J]. Pattern recognition letters, 1(2): 95-102.

LOURAKIS M, ARGYROS A, 2009. SBA: A software package for generic sparse bundle adjustment[J]. ACM transactions on mathematical software, 36(1): 2-30.

LOWE D J, 2004. Distinctive image features from scale-invariant keypoints[J]. International journal of computer vision, 60(2): 91-110.

LUONG Q T, VIEVILLE T, 1996. Canonical representations for the geometries of multiple projective views[J]. Computer vision and image understanding, 64(2): 193 – 229.

MARQUARDT D W, 2006. An algorithm for least-squares estimation of nonlinear parameters[J]. Journal of the society for industrial and applied mathematics, 11(2): 431-441.

MOREVEC H P, 1977. Towards automatic visual obstacle avoidance[C]. Proceedings of the 5th international joint conference on artificial intelligence: 584.

NISTER D, 2004. An efficient solution to the five-point relative pose problem[J]. IEEE transactions on pattern analysis and machine intelligence, 26(6): 756-770.

SCHMID C, MOHR R, BAUCKHAGE C, 2000. Evaluation of interest point detectors[J]. International journal of computer vision, 37(2): 151-172.

SEITZ S M, CURLESS B, DIEBEL J, et al., 2006. A comparison and evaluation of multi-view stereo reconstruction algorithms[C]. IEEE computer society conference on CVPR: 519-528.

SHI J, TOMASI C, 1994. Good feature to track[C]. IEEE Computer society conference on CVPR: 593-600.

SMITH S M, BRADY J M, 1997. SUSAN——A new approach to low level image processing[J]. International journal of computer vision, 23(1): 45-78.

WESTOBY M J, BRASINGTON J, GLASSER N F, 2012. 'Structure-from-Motion' photogrammetry: A low-cost, effective tool for geoscience applications[J]. Geomorphology, 179(21): 300-314.

WITKIN A, 1984. Scale-space filtering: A new approach to multi-scale description[C]. Acoustics, speech and signal processing, IEEE international conference on ICASSP'84: 150-153.

XIAO J, FURUKAWA Y, 2014. Reconstructing the world's museums International journal of computer vision, 110(3): 243-258.

YANG X S, DEB S, 2009. Cuckoo search via levy flights[C]. World congress on nature and biologically inspired computing: 210-214.

ZHANG J, BOUTIN M, ALIAGA D G, 2006. Robust bundle adjustment for structure from motion[C]. IEEE international conference on image processing: 2185-2188.

第 7 章　基于无人机的切沟三维建模与分析

无人机是一种无须人为驾驶的飞行设备,被广泛应用于情报侦察、搜索导航、地质勘测、火险监控以及搜索救援等领域，并发挥着越来越重要的作用。结合最新的无人机技术与基于图像的三维重建技术(3D photo-reconstruction，3D-PR)所产生的无人机航测技术在近年来得到飞速发展(Siebert et al., 2014; Turner et al., 2012; D' oleireoltmanns et al.，2012)。相比于使用三维扫描设备，利用无人机的数码相机拍摄的二维照片进行地形三维重建对拍摄技术要求不高、真实感强，能真实地反映景物的形状和丰富的明暗、材料与纹理细节；设备价格便宜、携带方便，可结合环境条件灵活运用，在土壤侵蚀监测和水土保持决策中展现出广泛的应用前景。

本章以陕西省榆林市神木县六道沟的两项侵蚀沟航测建模任务为例，详细说明实验的整体流程、软硬件工具以及具体的内/外业作业内容。然后分别对两次建模的成果进行分析，说明依托无人机进行侵蚀沟监测分析的可行性与有效性。

7.1　实 验 流 程

依托无人机的航摄建模有三个关键变量，对整体的处理流程有直接的影响。

(1) 相机内参：可分为已知与未知两类。若相机内参已知，则与传统的航空摄影测量情况类似。但对于大部分的低成本航摄任务而言，难以采用专业的量测型相机，也没有条件进行高精度的相机检校。因此，精确的相机内参，尤其是畸变参数无法获知，往往只有基本的相机参数作为参考。

(2) 相机 POS 信息：可分为无 POS、一般精度 POS 和高精度 POS 三种类型。POS 信息即为相机的外方参数。无人机通常都配备消费级的 GPS 辅助飞行控制，因此通常都可以得到各航图的 POS 信息。在空旷无遮挡的情况下，水平精度可达 1～5m，垂直精度可达 8～10m。但这种精度级别的 POS 信息只能用于航片的初步匹配,无法直接作为外参数进行空三解算。少数无人机配备有高精度的差分 GPS 定位模块，可以实时或通过后处理得到航片拍摄的准确 POS 信息，水平精度可达 1～2cm，垂直精度可达 2～4cm。这种精度级别的数据可以作为相机的外参数辅助内业计算,作为一项控制参数对相机内参数进行辅助优化并提供地理配准参考。但由于消费级无人机云台相机的角度测量精度与专业的高精度云台还有所差距，相机姿态角的误差可达 3°～5°，所以不能完全像传统的航空摄影测量一样直接获得完整、精确的相机外方参数。

(3) 地面控制点：可分为无控制点与有控制点两大类。其中，控制点还可分为人工标记控制点与人工标靶控制点等。

对于基于 SFM 的航摄建模任务，控制点有以下三方面的作用。一是提高模型的几何精度，在高精度地面控制点的辅助下，可以对相机内参进行优化估计，得到可靠的相机内参，相当于相机内参的高精度检校。二是提供准确的地理参考，对于航摄测绘应用，通常都需要将最终的模型成果匹配到特定的地理空间坐标系。对于大部分缺少高精度 POS 信息的航摄任务，只有通过地面控制点才能将模型转换到目标地理参考系。三是对最终成果的精度进行量化评估，通过将部分地面控制点排除在内业处理过程外作为检查点，可以将最终成果(正射影像和 DEM 等)中的同名点与检查点进行比较，从而对模型的精度做出客观的评估。

地面控制点包括本身的地理坐标与其在各航图上的相应标记点两方面的信息。地面控制点的地理坐标可以通过在航图中人工标记地物再通过其他空间数据(如遥感图像和 LiDAR 点云)得到，也可以在航摄的外业操作中实地部署人工标靶再通过高精度测量手段获得。前者适用于具有明显地物与参考数据的情况，能够避免繁重复杂的外业操作，但一般精度较低；后者需要包括标靶点部署、测量与识别等人工作业，但精度较高。但在少数情况下，由于实际地形的复杂或存在危险因素，可能出现人员无法进入航测区域布置人工标靶点的问题。

目前，大部分的消费级无人机产品可以提供普通精度的 GPS 定位数据和较低精度的相机姿态信息。搭载的消费级数码相机无法提供准确的内参数，也难以具备高精度三维检校的条件。因此，需要高精度地面控制点辅助才能得到较为可靠的航测成果，该情况下的航摄流程如图 7-1 所示。

(1) 航图获取：航路规划、相机设定以及相机标定(可选)。

(2) 地面控制点的量测：通常采用实地部署控制点与高精度量测手段得到控制点。少数情况下，通过其他空间数据，在内业处理中人工标记控制点。

(3) POS 信息处理：在无人机的 GPS 记录文件或者航图的 EXIF 信息中提取航图拍摄的 POS 信息。

(4) 相机内/外方参数解算：通过 SFM 算法，根据航图与 POS 信息，得到相机内/外方参数的初步估计。

(5) 地面控制点标记：根据初步计算出的各航图方位与相机参数，在极线约束下对各航图中的地面控制点进行识别与标记。

(6) 连接点稀疏点云编辑与修整：主要包括三个内容，一是在连接点稀疏点云中提取航测目标区域内的点，避免区域外连接点的干扰；二是对可见粗差点进行人工

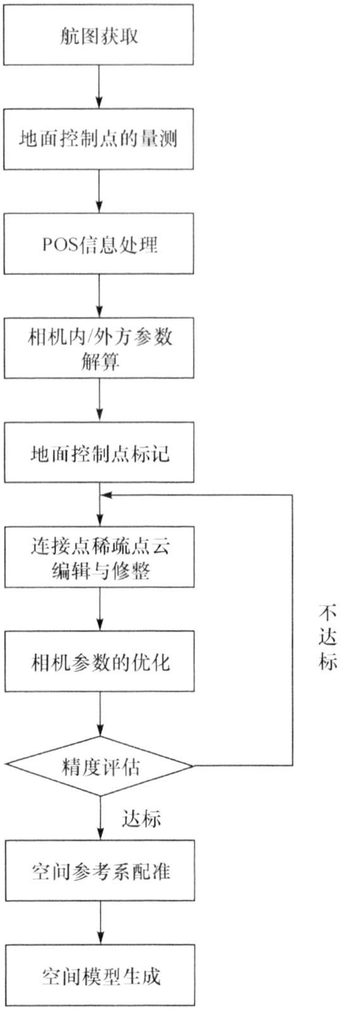

图 7-1　实验整体流程图

剔除，将连接点中明显偏离地形表面的粗差点进行人工识别与删除；三是根据各连接点的质量参数，设定阈值对重投影误差等精度指标不佳的连接点进行筛选与剔除。

(7) 相机参数的优化：通过高精度地面控制点与修整后的连接点，对相机的参数，尤其是内参数进行优化估计，提高模型的精度。

(8) 精度评估：根据保留的地面控制点，对精度进行量化评估，若精度较低，则还需要重复连接点的修整与相机参数的优化直至达到预期精度。

(9) 空间参考系配准：对建立的空间模型，通过地面控制点将其转换到所需要的地理空间坐标系。

(10) 空间模型的生成：根据解算出的相机参数与空间转换参数，可以生成描述实际地形的稠密三维点云，在此基础上可以进一步进行三角网格模型、数字高程模型与正射影像图的构建。

7.2　实验硬件设备与软件工具

7.2.1　无人机——DJI Inspire 1

航摄影像由大疆 Inspire 1(悟 1)一体化无人机系统采集(图 7-2)。Inspire 1 由飞行器、遥控器、云台相机以及配套的飞行控制软件 DJI GO App 组成。飞控系统集成于飞行器机身内，一体式云台相机与飞行器机头部分连接，操作手可以通过移动设备上安装的 DJI GO App 控制云台以及相机。高清图传整合于机身内部，最大室外传输距离达 5km(无干扰、无遮挡以及 FCC 模式条件下)，可用于高清图像传输。最大飞行速度为 20m/s，标配的 4500mA · h 智能飞行电池可以支持最大飞行时间约 18.5min。

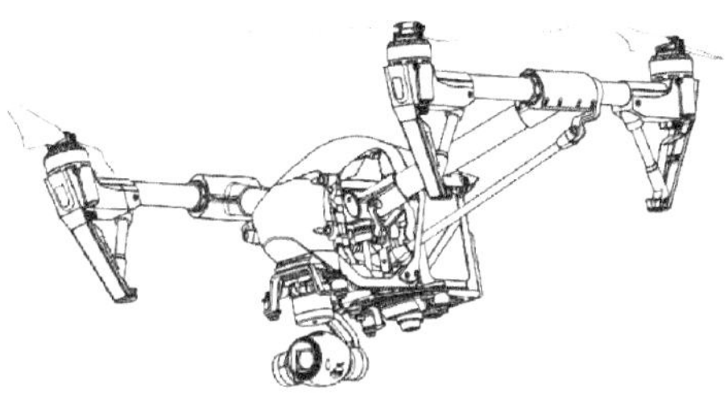

图 7-2　大疆 Inspire 1(悟 1)无人机示意图

Inspire 1 标配的大疆 X3 相机，采用 Sony Exmor R CMOS 影像传感器，CMOS 尺寸为 1/2.3in(1in=2.54cm)，分辨率为 1200 万像素(图 7-3)。相机采用 94°定焦广角镜头，固定光圈 F/2.8(35mm 等效焦距为 20mm)。相机配备高精度三轴增稳云台，角度抖动量为 ± 0.03°，可以在高速大动作飞行的情况下拍摄稳定的图像。操作手可以操控俯仰角(pitch)以及航偏角(yaw)实现多角度拍摄。

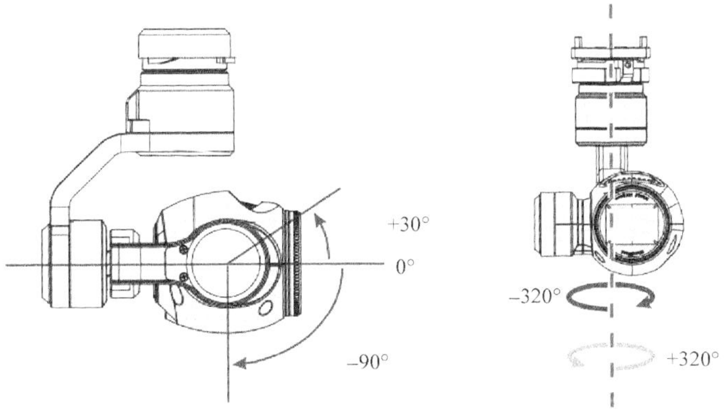

(a) 侧视图　　(b) 前视图

图 7-3　X3 云台相机示意图

7.2.2　RTK GPS——FIOF A30

A30 是苏州一光(FIOF)通过优化电路设计，改进传统制造工艺，在成熟产品的基础上，提高设备轻便性和集成度的新型一体化 RTK 产品。其中包含国内首创的 RTK 倾斜测量校正系统和智能化自动采点系统，极大地提高了作业精度和效率，更适合高强度的野外作业。

该产品具有以下特点：①一体化轻便型 RTK 测量系统，支持多星系统(中国北斗 BDS、美国 GPS、俄罗斯 GLONASS、欧盟 Galileo、SBAS……)；②多款国际尖端 GNSS 解算系统(BD970)；③内置倾斜测量校正系统；④智能化自动测点系统；⑤节能型 OLED 显示屏及中文语音提示系统，使用更简便；⑥内置进口数传电台系统；⑦可选配 2G/3G/3.5G 无线链路系统；⑧高性能工业级手簿；⑨一键设站技术，无须手簿。

该产品技术参数如下所示。

1) 信号跟踪

采用 Trimble BD970 型解算核心，具有 220 个超级通用通道，全面支持 GPS、伽利略和北斗等卫星信号通道，可接收以下信息。

(1) BDS：B1、B2、B3。

(2) GPS：L1C/A、L1C、L2C、L2E、L5。

(3) GLONASS：支持 L1C/A、L1P、L2C/A、L2P、L3。

(4) SBAS：L1C/A、L5(对于支持 L5 的 SBAS 卫星)。

(5) Galileo：支持 GIOVE-A 和 GIOVE-B、E1、E5A、E5B。

配备全星座接收技术，能够支持来自所有现行的和规划中的 GNSS 星座信号。

2) 模块技术

采用 Trimble Maxwell 6TM 高级自定义测量 GNSS 技术。具有成熟的 Trimble 低仰角跟踪技术。支持极低噪声的 GNSS 载波相位测量，1Hz 带宽内的精度<1mm，初始化时间<10s，初始化可靠性>99.9%，差分支持 CMR、CMR+、RTCM 2.1、2.2、2.3、3.0、3.1。输出格式支持 ASCII：NMEA-0183 以及二进制 Trimble GSOF。

3) 接收机精度

(1) 接收到 SBAS 增强卫星时单点定位精度<3m。

(2) 实时 DGPS 定位精度 $25cm+0.5\times10^{-6}D$。

(3) RTK 定位精度：平面 $\pm 8mm+1\times10^{-6}D$；高程 $\pm 15mm+1\times10^{-6}D$。

(4) 快速静态精度：平面 $\pm 5mm+1\times10^{-6}D$；高程 $\pm 10mm+1\times10^{-6}D$。

(5) 静态精度：平面 $\pm 2.5mm+0.5\times10^{-6}D$；高程 $\pm 5mm+0.5\times10^{-6}D$。

7.2.3　航路规划软件——Pix4D capture

无人机的航路规划采用瑞士 Pix4D 公司的 Pix4D capture 软件。Pix4D 是一套完整的测图建模解决方案，功能包括航图获取、建模与数据分析。Pix4D capture 是其推出的免费航路规划软件，可以通过它在移动平板设备上创建飞行计划。它包含了针对二维测图与三维建模任务的航路模板，操作者可以结合任务需要选择相应的模板，设定具体飞行参数，获取最佳的航拍数据。

Pix4D capture 支持以下四种飞行任务模板：

(1) 网格任务模式(Grid Mission)。

(2) 双网格任务模式(Double Grid Mission)。

(3) 环形任务模式(Circular Mission)。

(4) 自由飞行任务模式(Free Flight Mission)。

对于航测任务，常用的是网格任务模式与双网格任务模式。网格任务模式是针对二维测图的 Z 字形航路模板，即通过无人机在任务区域沿 Z 字形飞行，完成对区域的覆盖拍摄。双网格任务模式是针对复杂三维建模的双 Z 字形航路模板，它通过无人机在两个相互正交的 Z 字形航路飞行，实现对区域的全面、多角度覆盖拍摄。

7.2.4　三维建模软件——Agisoft PhotoScan

Agisoft PhotoScan(简称 PhotoScan)是一款由俄罗斯 Agisoft 公司开发的自动化高质量三维模型的专业建模软件。该软件基于最新的多视图三维重建技术，可以在通过控制点辅助或直接根据图像对任意类型的图片进行处理，自动化地完成航图的解算与三维的重建。不同于传统的航空摄影测量，它只要求目标对象至少出现在两张图片上而对拍摄的位置与角度没有特别的限制。不需要配备专用的量测型相机或对相机进行高精度检校，也不需要高精度的相机 POS 数据。

1. 工作原理

PhotoScan 通常的应用目标是获得具有纹理的三维模型。它主要有以下四个步骤。

第一步：航图解算。PhotoScan 在图片中搜索同名点并进行匹配，然后在解算相机位置的同时对相机的参数进行优化估计，最终得到各相机的位置与相机内参数并生成一个稀疏点云。稀疏点云作为航图方位解算的成果不直接参与后续的三维重建处理。PhotoScan 采用相机的位置进行三维的重建。

第二步：稠密点云构建。根据估计的各相机位置与航图，PhotoScan 构建出稠密点云。在对其进行编辑或点分类处理后可以导出三维点云成果或者进行三维模型(Mesh/DEM)的构建。

第三步：三角网格重建。重建过程中可以选择两种算法：针对平面表面重建的高度场(height field)方法以及针对任意几何模型的自由建模方法(arbitrary)。

第四步：纹理映射与正射影像镶嵌。对于第三步生成的表面模型，可以对其进行纹理映射或根据其生成正射影像。

2. 系统要求

PhotoScan 软件的航图处理能力与可用的内存大小和重建参数的设定有关。假设一张图片大小为 1000 万像素，在默认设置下，4GB 内存可以处理 30～50 张图片，16G 内存可以处理 300～400 张图片。对于大规模的三维重建任务，PhotoScan 可以通过调用 GPU 提高处理速度或配置在多机集群上并行处理以提高处理能力。

7.3 实验区域情况

7.3.1 实验地点

实验区位于陕西省榆林市神木县西沟乡蛇圪垯村附近。监测对象为一条典型切沟及其所在的整体沟系。整体沟系的位置如图 7-4 中的矩形框区域，其沟头位置在 38°47′42.50″N，110°22′08.33″E，高程为 1192.513m。独立切沟的位置如图 7-5 中的矩形框区域，其中心坐标为 38°47′46.33″N，110°22′04.56″E，高程为 1182.376m。

图 7-4 实验监测对象位置说明(矩形框为整体沟系区域)

7.3.2 切沟情况

独立切沟的形态呈 Y 字形，由两条沟头发展汇聚而成，还处在逐步发展阶段。整体沟系已基本发展成熟，形成了典型的侵蚀沟地形，沟深可达 8～9m。整个区域均被低矮植被覆盖，独立侵蚀沟在航测前对区域内的植被进行了人工铲除。

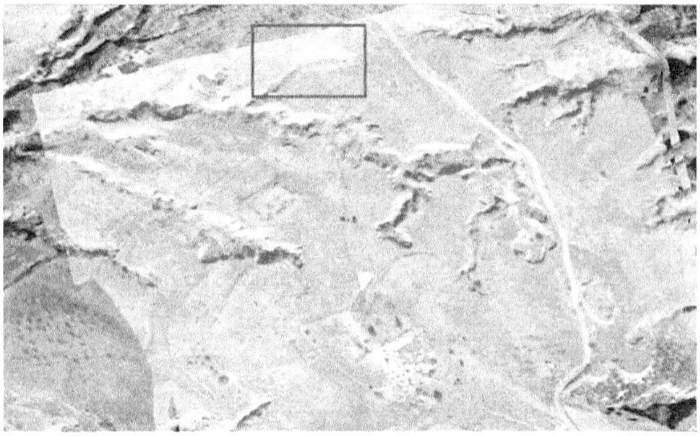

图 7-5　实验监测对象位置说明(矩形框为独立切沟区域)

7.4　外业实施过程

7.4.1　航路规划与执行

无人机的航路规划采用 Pix4D capture 软件,在 Huawei M2 平板上进行规划设置，然后将设置好的航路任务上传至无人机执行。

Pix4D capture 软件主界面中包含任务管理器、使用帮助、软件设置、用户登录以及飞行任务模板等子项(图 7-6)。

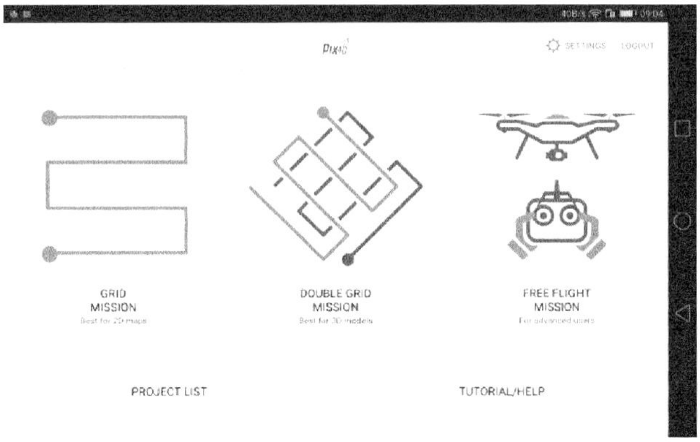

图 7-6　Pix4D capture 软件主界面

在登录账户后,首先需要设定软件参数。与飞行任务相关的参数主要如下所示。

(1) 相机快门触发模式：安全模式与快速模式。

①安全模式：拍照点在任务开始前已设定好并上传无人机，在飞行过程中自动在路径点停下拍摄照片，飞行时间较长。

②快速模式：通过 Pix4D capture 发送指令触发相机快门。无人机在拍摄过程中不停留，需要确保无人机与平板设备的连接不中断。

(2) 无人机速度：可以根据设定的图片重叠度与飞行高度计算出无人机的最大飞行速度，一般可达 2～8m/s。以快速(Fast)表示 100%最大速度。软件定义了 5 种速度级别，软件默认为快速。降低飞行速度可以减少拍摄过程中相机运动造成的模糊。

①慢速(Slow)：最大速度的 60%。

②慢速+(Slow+)：最大速度的 70%。

③正常(Normal)：最大速度的 80%。

④正常+(Normal+)：最大速度的 90%。

⑤快速(Fast)：最大速度。

(3) 相机白平衡：自动(默认)、晴天或阴天。

(4) 相机拍摄角度：网格任务模式可以设为从 0°(水平位置)到 90°(垂直于地面)。通常设为 90°，相机垂直向下指向地面。双网格任务模式可以设定为从 45°～80°，即倾斜拍摄。

(5) 图片重叠度：设定航向重叠度，可以为 70%～90%。

航路的规划主要包括飞行任务区域规划、飞行参数设置和相机拍摄参数设置三部分。

1. 飞行任务区域规划

如图 7-7 所示为航路规划视图，中间的正方形栅格部分即为任务区域，它是飞行任务的主要视图，可以设置背景为平面地图(默认)或卫星图。该界面有如下两方面的功能。

(1) 飞行任务前：设置飞行参数(地面、高度、快门触发模式等)。

(2) 飞行任务中：显示返航点、无人机实时位置、飞行轨迹和飞行状态等。

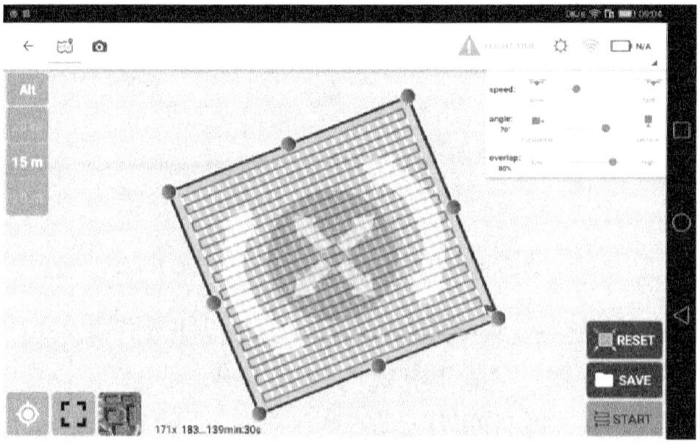

图 7-7 Pix4D capture 软件的航路设置界面

对任务区域的规划就是要根据实际航测目标的区域范围，设置一个矩形区域将其包围。该过程中的主要参考对象是目标区域的卫星地图，对于缺少卫星图辅助的区域，需要根据无人机的位置结合人工判定对任务区范围进行设定。

2. 飞行参数设置

1) 飞行高度

设置好航路区域后，首先要设定的参数是飞行高度(图 7-7 中左上角 Alt 选项)。飞行高度的选取直接决定了最终的成图分辨率，即地面分辨率(ground sampling distance，GSD)。GSD 是图像中相邻两像素中心点对应的实际地面距离，对最终正射影像成果的精度、质量与分辨率有直接影响。对于同一相机，飞行高度越低，拍摄的图片的地面分辨率也就越高，但相应的飞行时间也会增大。采用电池供能的旋翼机的滞空时间通常为 20min 左右，因此飞行时间接近其上限时就需要考虑分区测图或提高飞行高度。制约飞行高度的另一个因素是地形因素，对于起伏的山地与城市居民区域，存在树木、电线杆、楼体以及山体等障碍物，当飞行高度低于障碍物高度时，就会发生撞机事故。因此，为了安全起见，飞行高度应大于任务区域的最高地物的高度。

根据相机的参数，可以设定合适的飞行高度以达到所需要的 GSD(图 7-8)。主要计算参数有：相机传感器的实际宽度 S_w(mm)、相机镜头的实际焦距 F_r(mm)、飞行高度 h(mm)、相片横向分辨率 D_w(mm)。

根据

$$h/F_r = D_w/S_w \tag{7-1}$$

可得

$$h = (D_w \times F_r)/S_w \tag{7-2}$$

一幅图像上的横向分辨率为

$$D_w = (W_{image} \times \text{GSD})/100 \tag{7-3}$$

式中，W_{image} 是图像的宽度(pixel)；GSD 为地面分辨率(cm/pixel)。

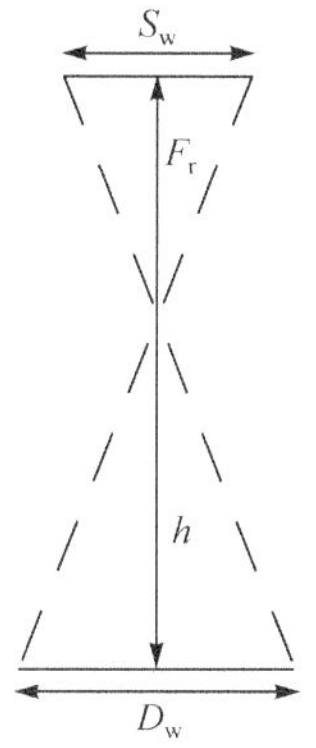

图 7-8　飞行高度与相机参数的关系示意图

最终可得

$$h_m = (W_{image} \times \text{GSD} \times F_r)/(S_w \times 100) \tag{7-4}$$

式中，h_m 为飞行高度(m)。

根据大疆 X3 相机的参数：S_w=6.17mm，F_r=3.6mm，W_{image}=4000pixel，H_{image}=3000pixel。则飞行高度 h_m=20m 时，GSD = 0.86cm/pixel，D_w = 34m，D_h = 26m。

2) 航带重叠度

然后需要设定航带重叠度。为了实现三维重建需要确保相邻两张航图间互相重叠，通常设重叠度为 60%～80%。一方面，重叠度越大，则航路也就越密集，相应的飞行时间越长；另一方面，拍摄的图像越多，后期处理的工作量也越大。因此，一般在飞行时间上限内，根据应用需求选取合适的重叠度。对于大部分的航摄任务，建议将航向重叠度设为 75%以上，旁向重叠度设为 60%以上。航点按照网格均匀分布，相对于地面的飞行高度尽量保持一致以确保达到目标 GSD(图 7-9)。

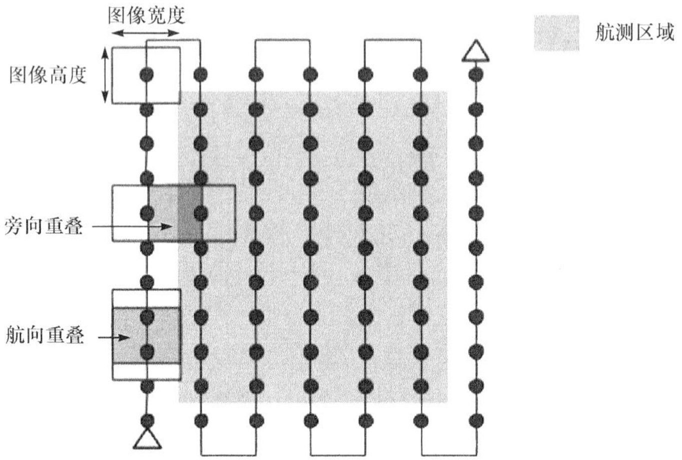

图 7-9　网格航路示意图

3) 飞行速度

在确定了拍摄区域与重叠度后，总的飞行距离也就确定了。飞行速度越快，飞行时间越短，但在拍摄时曝光过程中的移动距离也就越大，给航图造成的运动模糊也就越强，从而降低了图像质量。尤其是在光线较差时，所需要的曝光时间较长，飞行运动速度的影响更大。另外，较高的飞行速度也会降低飞机姿态的稳定性，影响航路执行的质量。综上所述，通常应根据无人机的滞空时间上限，尽量采用较低的飞行速度执行航路任务。

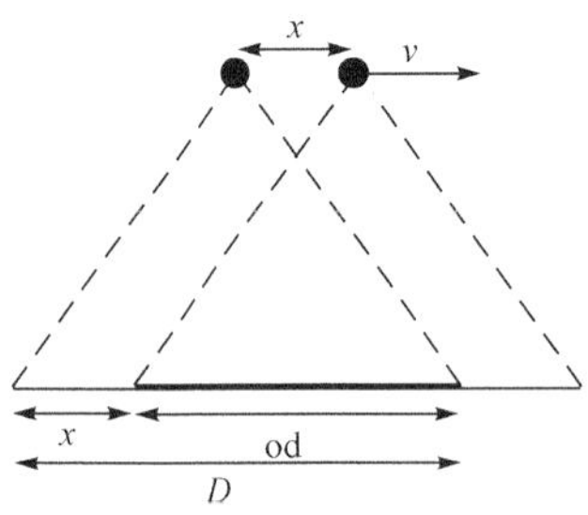

图 7-10　拍摄时间间隔与飞行参数的关系示意图

4) 拍摄时间间隔

对于选定的相机，在设定好飞行高度与速度后，就可以根据需要的重叠度，设定拍摄时间间隔(图 7-10)。

相关参数：D= 相片的航向覆盖距离(m)；overlap = 相片的航向重叠度。od = 相片的航向重叠距离(m)；x= 实地摄影基线长度(m)。v= 飞行速度(m/s)；t= 拍摄间隔(s)。

由图 7-10 可得

$$\mathrm{od} = \mathrm{overlap}\times D \tag{7-5}$$

$$x = D-\mathrm{od} \tag{7-6}$$

$$t = x/v \tag{7-7}$$

若相机传感器的宽度(长边)垂直于飞行方向(图 7-11)，则

$$D = D_{\mathrm{h}}= (H_{\mathrm{image}}\times \mathrm{GSD})/100 \tag{7-8}$$

式中，D_{h}为一幅航图在垂直航向方向上的实际覆盖距离(m)；H_{image}为图像的高度(pixel)；GSD 为地面分辨率(cm/pixel)。则有

$$\begin{aligned} x &= D_{\mathrm{h}}-\mathrm{overlap}\times D_{\mathrm{h}}=D_{\mathrm{h}}\times(1-\mathrm{overlap}) \\ &= [(H_{\mathrm{image}}\times \mathrm{GSD})/100]\times(1-\mathrm{overlap}) \end{aligned} \tag{7-9}$$

最终得到

$$t = x/v = [(H_{\mathrm{image}}\times \mathrm{GSD})/100]\times(1-\mathrm{overlap})/v \tag{7-10}$$

若相机传感器的宽度(长边)平行于飞行方向(图 7-12)，则同理可得

$$t = x/v =[(W_{\mathrm{image}}\times \mathrm{GSD})/100]\times(1-\mathrm{overlap})/v \tag{7-11}$$

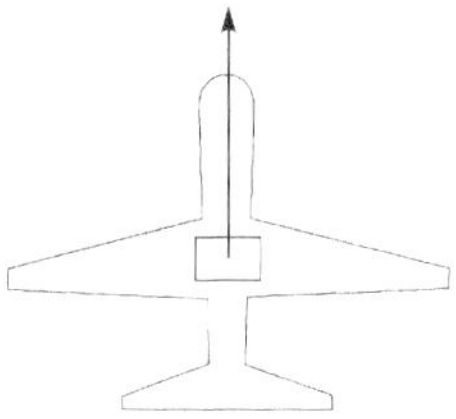

图 7-11　相机传感器的宽度(长边)垂直于飞行方向

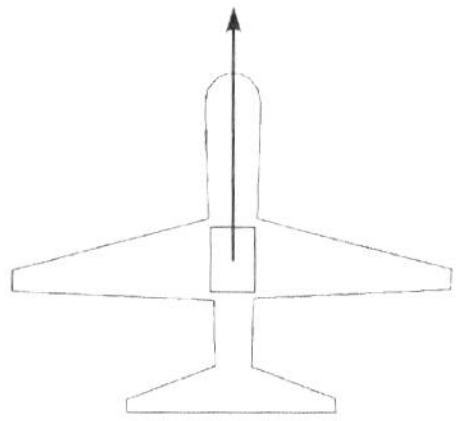

图 7-12　相机传感器的宽度(长边)平行于飞行方向

3. 相机拍摄参数设置

最后对航摄过程中的相机拍摄参数进行设定。

1) 焦距

虽然不同的焦距的镜头都可以用于三维重建，但是推荐对近景与远景两种情况选择合适的镜头。

(1) 航空摄影测量(飞行高度大于 50m)：建议采用 35mm 等效焦距为 22～

80mm 的镜头，以确保良好的 GSD。

(2) 室内/近景摄影测量：推荐采用短焦距的鱼眼镜头，以确保图像间有足够的重叠度。

对于给定的飞行高度，镜头的焦距越短则视场范围越大。因此，当无法执行密集、规则的航点拍摄任务时，可以通过减小焦距达到重叠度要求。但图像的分辨率也就相应减小，从而导致结果的精度降低。对于长焦镜头，因为视场范围小，所以需要较多的航片才能满足重叠度要求。但因为其图像的分辨率更高，所以最终结果精度也较高。

2) 相机朝向

传统的航空遥感一般将相机固定朝向地面就可以满足其测图需要。无人机由于搭载了灵活的多轴稳定云台，可以设定不同的相机朝向角度。对于复杂的三维结构场景，可以采用倾斜拍摄获取目标的立体形态与纹理，提高三维建模质量。

3) 相机参数

航摄相机与一般数码相机相同，可以设置其白平衡、曝光时间以及存储格式等。不恰当的参数会导致运动模糊、高噪点、过/欠曝光以及偏色等问题。因此，需要参照摄影中拍摄原则，根据环境条件进行参数设置。

相机的快门速度、光圈与感光度一般可由相机自动设定。但如果得到的相片模糊较大或噪点较多，则推荐对参数进行人工设定。在光照良好的情况下，一般都能通过设定合适的参数拍摄得到清晰、低噪的相片。但当光照条件不理想时，相片的清晰度与噪声强度就难以保证。

具体的参数设定原则有以下三方面：①相机的快门速度应保持不变，感光度尽可能小，通过自动调整光圈大小以适应不同亮度的拍摄对象。如果参数关系设定的不合适，则可能出现图像的过曝光或曝光不足。②快门速度应设定在适中的速度上(如 1/300～1/800s)，且确保不会因为曝光时间过长产生运动模糊。如果超过 5%的航片出现了运动模糊，则说明需要提高快门速度。③感光度应设定的尽量小，高感光度会产生大量的噪点，直接影响建模质量。

在设定好了快门速度与感光度后，最好由相机自动设定光圈大小。光圈大小由镜头决定，光圈越大，进光量也就越多。对焦模式推荐采用手动对焦或无穷远对焦，它们是航空摄影测量的标准对焦模式。但对于近景摄影测量，如果镜头焦距较大，该模式可能造成相片失焦。

4. 特殊任务类型处理

针对一些特别的任务类型，还有以下一些额外的注意事项。

1) 森林与稠密植被

它们是由成千上万的枝叶构成的复杂几何结构，因此难以在两张重叠相片中提取出共同的特征点。为了对该任务类型得到较好的处理效果，推荐采用网格状航点，并对以下几个参数进行调整。

(1) 增加重叠度，将航向重叠度提高到 85%，旁向重叠度提高到 70%。

(2) 提高飞行高度。飞行高度越高，视角变化造成的变形也就越小，植被的整体特征也就越明显，从而可以更好地确定重叠相片之间的关系。飞行高度与图像像素尺寸以及相机的焦距共同决定了最终的地面采样分辨率。对于植被，最佳的 GSD 为 10cm/pixel 以上。

2) 建筑物

对于立体建筑物，需要通过多次的飞行任务才能获得高质量的模型(图 7-13)。首先，以 45°的拍摄角度环绕建筑物进行航摄；然后，逐步减小拍摄角度，增加飞行高度，进行第二、三次航摄。推荐根据目标的尺寸与拍摄距离，每隔 5°～10°拍摄一幅图片以确保图像间的重叠度。目标尺度越大拍摄距离越近，需要的拍摄角度间隔也就越小。

3) 城市重建

由于存在遮挡与视角问题，城市区域的三维重加需要采用双网格航路，以确保每个建筑的四个外立面(东、南、西、北)都能被拍摄到(图 7-14)。拍摄角度范围为 10°～35°，不能采用垂直拍摄。

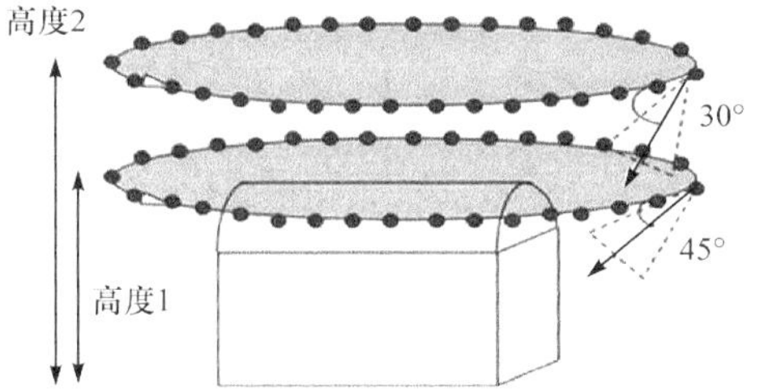

图 7-13 建筑物航路规划示意图

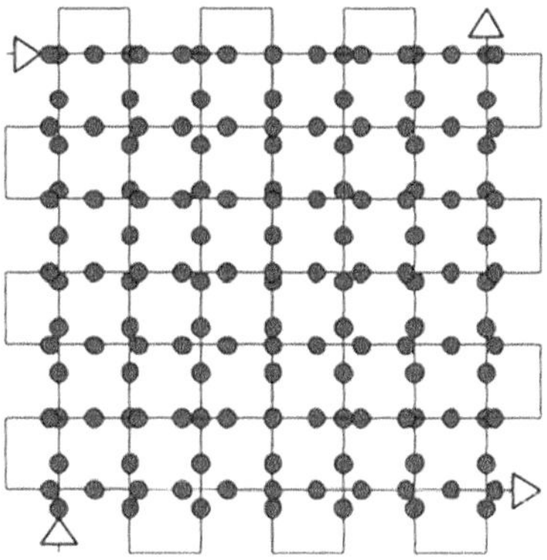

图 7-14 城市三维建模航路规划示意图

4) 带状目标

对于铁轨、道路与河流等狭长目标的航测需要至少两条航路。并且最好通过地面控制点提高三维重建与空间配准的精度。两条航路的航向重叠度应不少于 85%，旁向重叠度应不少于 60%。对于平坦地面，推荐直接采用垂直摄影。如果采用倾斜航图，相机拍摄方向应指向廊带中线。

如果只能拍摄一条航路，则在确保 85%以上的航向重叠度以及地面控制点辅助的情况下也可以进行三维重建，需要注意的是地面控制点需要沿航向之字形布置。

5) 雪地与沙地

因为其视觉图像特征较少，所以需要进行以下操作。

(1) 设定高重叠度：航向重叠度至少 85%，旁向重叠度至少 70%。

(2) 设定合适的相机曝光参数，确保相片的对比度。

6) 水面

水面几乎没有视觉图像特征，并且水面的阳光反射与波纹也无法作为匹配特征。因此，需要进行以下操作。

(1) 海洋无法进行图像三维重建。

(2) 河流与湖泊可以通过地面特征的辅助进行重建，这就需要提高飞行高度，以确保航图中包含足够多的地面特征。

7) 多航路任务的拼接

对于多个航路任务拼接的综合三维建模，需要保证以下条件。

(1) 每个航路任务的重叠图满足要求。

(2) 在两次航路任务间有足够大的重叠区域。

(3) 两次航路任务的拍摄参数基本接近(光照角度、天气以及人工变化等)。

图 7-15 与图 7-16 分别为正确与错误的多航路合并覆盖关系示例。

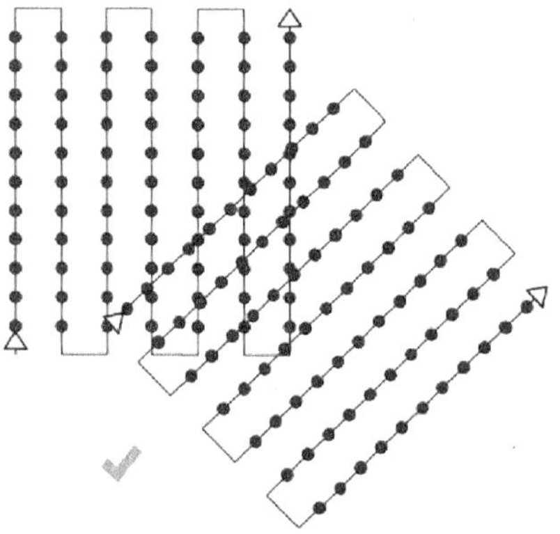

图 7-15　正确的多航路合并覆盖关系

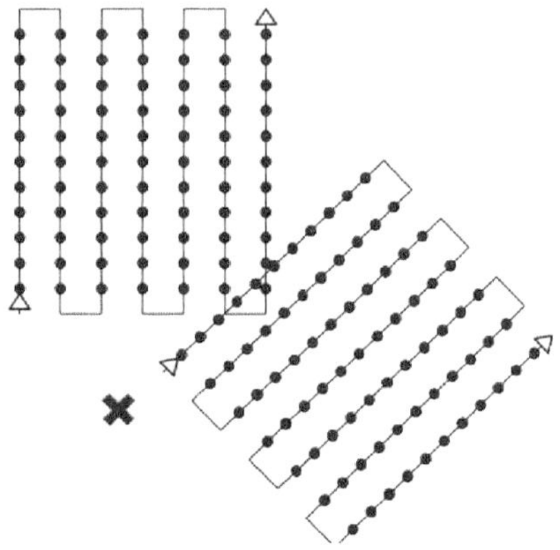

图 7-16　错误的多航路合并覆盖关系

7.4.2　地面控制点布置与量测

对于既没有图片坐标又没有地面控制点辅助的航测建模任务，会存在三个问题：①最终成果没有尺度、朝向与坐标系信息，因此无法用于空间量测、连续监测对比等；②因为缺少表面朝向，所以生成的模型的表面方向可能会颠倒；③部分重建表面可能与实际目标表面不符。

因此，对于低空无人机航测等缺少图片精确空间坐标的建模任务，强烈建议采用地面控制点提高建模精度与质量。地面控制点是分布在建模区域的一系列已知坐标点，其坐标可以通过全站仪、RTK 等测量手段获得，也可以通过 LiDAR 或已有的地图数据得到。使用地面控制点能够显著地提高模型的空间参考精度，还能通过检查点为模型的精度提供度量。在地面控制点的辅助下，可以在相片精确坐标位置未知的情况下生成符合实际地理坐标系的三维模型，并提高模型内部的几何精度。它还能与相机的空间坐标结合，提高模型的地理与几何精度，将 GPS 造成的偏移由米级降为厘米级。

为了提高建模的几何精度与空间参考精度，本小节采用光盘作为反光标靶布置在侵蚀沟区域内构成地面控制点。地面控制点坐标的量测采用 RTK 定位技术。RTK 定位技术是基于载波相位观测值的实时动态定位技术，它能够实时地提供测站点在指定坐标系中的三维定位结果，可达到厘米级精度。在 RTK 作业模式下，基准站通过数据链将其观测值和测站坐标信息一起传送给流动站。流动站不仅通过数据链接收来自基准站的数据，还要采集 GPS 观测数据，在系统内组成差分观测值进行实时处理，从而给出厘米级定位结果，定位历时不超过 1s。流动站可处于静止状态，也可处于运动状态。可在固定点上先进行初始化后再进入动态作业，也可在动态条件下直接开机，并在动态环境下完成整周模糊度的搜索求解。在整周未知数解固定后，即可进行每个历元的实时处理，只要能保持四颗以上卫星相位观测值的跟踪和必要的几何图形，流动站就可随时给出厘米级定位结果。

1. 地面控制点的数目与分布

为了更好地辅助建模，地面控制点需要在研究区域内均匀分布，以确保整体精度。另外，可以在研究区域中心加密布置地面控制点以进一步提高建模精度。理论上，三维重建至少需要 3 个地面控制点，每个地面控制点需要至少出现在 2 张图片上。实践中，建议至少采用 5 个地面控制点，一般可设 5～10 个地面控制点，每个地面控制点至少出现在 5 张图片上。这样可以尽可能减小测量误差的影响，也可以对地面控制点的质量进行评估。但对于一般的大尺度研究区域，即使增加地面控制点数目也不会显著提高模型精度。但对于复杂的场景，增加地面控制点对提高建模精度的效果较为明显。地面控制点应在研究区域内均匀布置，以减小模型的尺度与朝向误差。还要避免在研究区域边缘布置地面控制点，那样会导致地面控制点的可见图片数不足。

2. 地面控制点空间坐标系

空间坐标系是由一系列参数定义的二维/三维空间坐标系。根据实际需要，可以选择以下三种不同的空间坐标系。

(1) 全球坐标系：定义了一个地球的三维椭球模型，空间点的坐标一般由经度、纬度与高程组成。

(2) 国家坐标系：适用于国家范围的空间投影模型，空间点的坐标一般由 *X*、*Y* 和高程组成。

(3) 本地坐标系：由用户自行定义的原点与方向的投影坐标系，空间点的坐标一般由 *X*、*Y* 和高程组成。高程可以为地理坐标(以椭球面为参考)，也可以采用正射坐标(以平均海平面为参考)。

3. 地面控制点精度

地面控制点的精度直接决定了最终建模成果的精度，因此地面控制点的精度要高于预期的成果精度。假如最终成果只是用来快速检查，则其精度为米级就能满足要求，因此也就不需要厘米级精度的高精度地面控制点。但如果要根据建模成果进行准确的量测，则至少应采用厘米级精度的地面控制点。

为了确保能够在图片中准确地识别出地面控制点，其实际尺寸应为地面控制点的 2～10 倍。如果地面控制点为地形特征点或特定地物而不是人工标靶，则可能会由于地面控制点的问题而难以在图片中识别与标记。地面控制点的精度不应高于地面控制点的 1/10。假如地面控制点为 10cm，则低于 1cm 的地面控制点精度完全没有必要，因为它们难以在图片中准确标记。

7.5 内业处理过程

在 PhotoScan 软件中导入航图、POS 信息以及地面控制点信息，处理生成三维模型、DEM 以及正射影像等成果。

7.5.1 相机模型与校准

相机模型描述了相机坐标到图片像素位置的映射关系，是图像三维重建的重要基础，其中比较重要的参数有：相机的光心位置、焦距及畸变参数等。这些参数构建的相机模型除了可以准确描述相机拍摄的物像关系以外，还能够对相机和镜头在工业设计与制造中产生的畸变问题进行校正。相机在成像时由于镜头汇聚光线并不是一个平面，且越靠近边缘曲率越大，因此一般相机都会产生径向畸变，如图 7-17(a)所示。搭载于无人机云台上的镜头一般都是用于航拍，偏向于广角镜头，因此比普通的相机畸变大得多。切向畸变可以简单理解为工业误差，主要是因为镜头和成像面的放置误差造成，所以产生了图 7-17(b)所示的畸变。

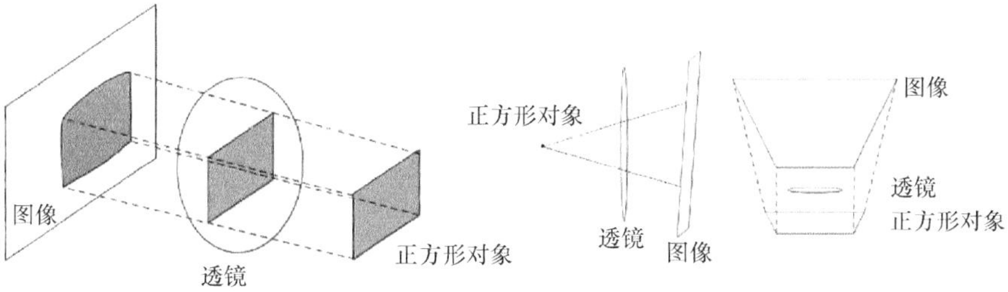

(a) 径向畸变　　(b) 切向畸变

图 7-17　相机几何畸变

PhotoScan 可以对四种主要的相机模型进行处理，包括幅框式相机(frame camera)、鱼眼式相机(fisheye camera)、球面相机(spherical camera)以及柱面相机(cylindrical camera)。在正式处理前，需要选定准确的相机模型以克服畸变的影响。所有模型均以中心投影相机(针孔相机)为基础。相机坐标的原点在相机的投影中心，Z 轴指向拍摄方向，X 轴指向右方，Y 轴指向下方，坐标系单位为 pixel。非线性畸变由 Brown(1966)畸变模型描述。图片坐标系的原点在图片的左上角像素，该像素的中心坐标为(0.5，0.5)。各相机模型相关参数定义如下所示。

(1) (X, Y, Z) ：相机坐标系下的点坐标。

(2) (u, v) ：坐标点在图片坐标系中的投影坐标，单位为 pixel。

(3) f: 镜头焦距，单位为 pixel。一般根据图片 EXIF 信息中的相机焦距(以 mm 为单位)与传感器的尺寸(以 mm 为单位)就可以得到以 pixel 为单位的相机焦距。

(4) c_x, c_y：主点坐标，光轴与感光平面的交点，单位为 pixel。

(5) K_1, K_2, K_3, K_4：径向畸变系数(radial distortion coefficients)，描述了光线弯曲程度随着入射点与投影中心距离的增大而增加所造成的畸变。

(6) P_1, P_2, P_3, P_4：切向畸变系数(tangential distortion coefficients)，描述了相机制作过程中透镜与感光元件平面没有严格平行放置造成的畸变。

(7) B_1, B_2：仿射变换系数(affinity coefficients)与偏斜系数(skew coefficients)，描述了感光元件实际放置的水平与垂直轴线与光路的水平与垂直轴线的夹角造成的畸变。

(8) w, h：图片的宽度与长度，单位为 pixel。

1) 幅框式相机

模型描述为

$$\begin{cases} x = X/Z \\ y = Y/Z \\ z = \sqrt{\left(X^2 + Y^2\right)} \end{cases} \tag{7-12}$$

$$\begin{cases} x' = x\left(1 + K_1r^2 + K_2r^4 + K_3r^6 + K_4r^8\right) + \left(P_1\left(r^2 + 2x^2\right) + 2P_2xy\right)\left(1 + P_3r^2 + P_4r^4\right) \\ y' = y\left(1 + K_1r^2 + K_2r^4 + K_3r^6 + K_4r^8\right) + \left(P_2\left(r^2 + 2y^2\right) + 2P_1xy\right)\left(1 + P_3r^2 + P_4r^4\right) \end{cases} \tag{7-13}$$

$$\begin{cases} u = w \times 0.5 + c_x + x'f + x'B_1 + y'B_2 \\ v = h \times 0.5 + c_y + y'f \end{cases} \tag{7-14}$$

2) 鱼眼式相机

搭载超广角镜头的幅框式相机需要采用鱼眼式相机模型对超广角镜头造成的畸变进行纠正。模型描述为

$$\begin{cases} x_0 = X/Z \\ y_0 = Y/Z \\ z_0 = \sqrt{\left({x_0}^2 + {y_0}^2\right)} \end{cases} \tag{7-15}$$

$$\begin{cases} x = x_0 \times \arctan\dfrac{r}{r_0} \\ y = y_0 \times \arctan\dfrac{r}{r_0} \\ r = \sqrt{\left(x^2 + y^2\right)} \end{cases} \tag{7-16}$$

$$\begin{cases} x' = x\left(1 + K_1r^2 + K_2r^4 + K_3r^6 + K_4r^8\right) + \left(P_1\left(r^2 + 2x^2\right) + 2P_2xy\right)\left(1 + P_3r^2 + P_4r^4\right) \\ y' = y\left(1 + K_1r^2 + K_2r^4 + K_3r^6 + K_4r^8\right) + \left(P_2\left(r^2 + 2y^2\right) + 2P_1xy\right)\left(1 + P_3r^2 + P_4r^4\right) \end{cases} \tag{7-17}$$

$$\begin{cases} u = w \times 0.5 + c_x + x'f + x'B_1 + y'B_2 \\ v = h \times 0.5 + c_y + y'f \end{cases} \tag{7-18}$$

3) 球面相机

该相机模型没有额外的参数进行畸变纠正。具体相机模型为

$$\begin{cases} x = X/Z \\ y = Y/Z \\ z = \sqrt{\left(X^2 + Y^2\right)} \end{cases} \tag{7-19}$$

$$
\begin{aligned}
u &= w\times 0.5+f\times \arctan\left(\frac{X}{Z}\right)v \\
&= h\times 0.5+f\times \arctan\left(\frac{Y}{\sqrt{X^2+Z^2}}\right)
\end{aligned} \tag{7-20}
$$

式中，

$$
f = w/(2\pi) \tag{7-21}
$$

4) 柱面相机

柱面相机是指根据圆柱投影建立的全景图片，该模型也没有额外的相机畸变参数。具体相机模型为

$$
\begin{cases}
u = w\times 0.5+f\times \arctan(X/Z) \\
v = h\times 0.5+f\times Y/\sqrt{X^2+Z^2}
\end{cases} \tag{7-22}
$$

式中，

$$
f = w/(2\pi) \tag{7-23}
$$

传统的航空摄影测量采用专业的量测型相机进行拍摄，因此可以预先获得相机的内参数。但该相机的重量较大、价格高昂难以适用于轻小型无人机航测。对此，一种解决方法是通过相机的预检校(pre-calibrate)获得其内参数。PhotoScan 软件也专门提供了 Lens 工具辅助相机的检校。但需要注意的是，由一般显示器或打印呈现的小尺度棋盘校验得到的相机参数精度难以满足大尺度航测的要求。需要采用大幅面的显示屏或标靶布才能满足基本航测要求。而要想确保平面与高程的解算精度，需要采用专业的高精度室内三维检校场或室外高精度检校场进行相机的预检校。另一种方法是针对没有高精度检校条件的情况，PhotoScan 等新型航测软件可以通过原始航图进行相机的自检校。如果再有地面高精度控制点的辅助，就可以得到可靠的相机内参数。

7.5.2　航图导入与检查

在 PhotoScan 软件中新建一个三维重建项目，在 Workspace 中的 Chunk1 下导入航摄任务所获得的全体影像。使用软件自带的图像质量评估工具计算各航图的质量(主要是清晰度)，评分低于 0.5 分(评分在 0～1)的图片可能存在曝光、对焦问题。根据 PhotoScan 软件建议，这些图片不适宜参与后续的三维重建。

图 7-18 即为主沟采集的部分航图信息，PhotoScan 可以通过读取图片的 EXIF 信息得到相机的厂商、型号、焦距、光圈、ISO 以及曝光时间等拍摄信息。各航图的质量评分基本在 0.8 左右，所有航图的评分都大于 0.5，均可用于后续处理。

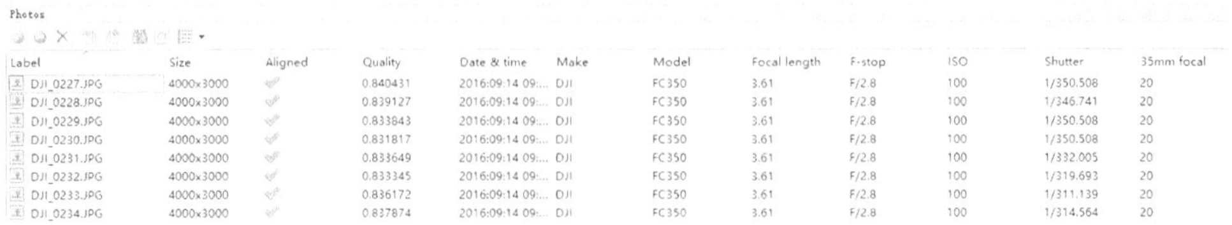
Photos

Label	Size	Aligned	Quality	Date & time	Make	Model	Focal length	F-stop	ISO	Shutter	35mm focal
DJI_0227.JPG	4000x3000	✓	0.840431	2016:09:14 09:...	DJI	FC350	3.61	F/2.8	100	1/350.508	20
DJI_0228.JPG	4000x3000	✓	0.839127	2016:09:14 09:...	DJI	FC350	3.61	F/2.8	100	1/346.741	20
DJI_0229.JPG	4000x3000	✓	0.833843	2016:09:14 09:...	DJI	FC350	3.61	F/2.8	100	1/350.508	20
DJI_0230.JPG	4000x3000	✓	0.831817	2016:09:14 09:...	DJI	FC350	3.61	F/2.8	100	1/350.508	20
DJI_0231.JPG	4000x3000	✓	0.833649	2016:09:14 09:...	DJI	FC350	3.61	F/2.8	100	1/332.005	20
DJI_0232.JPG	4000x3000	✓	0.833345	2016:09:14 09:...	DJI	FC350	3.61	F/2.8	100	1/319.693	20
DJI_0233.JPG	4000x3000	✓	0.836172	2016:09:14 09:...	DJI	FC350	3.61	F/2.8	100	1/311.139	20
DJI_0234.JPG	4000x3000	✓	0.837874	2016:09:14 09:...	DJI	FC350	3.61	F/2.8	100	1/314.564	20

图 7-18　图片质量指标示意图

对于航图质量不理想的情况，可以通过预处理对原始图像进行去噪或增强。

1. 航图去噪方法

图像去噪主要目标是去除无人机拍摄图像上的噪声，以减少后续配准操作中产生的错误(钱江等，2010)。在无人机环境中最常见的一种噪声是无人机飞行过程中因各种原因导致的机身颤抖而引起的视景图像模糊，这种噪声在计算机领域属于“运动模糊图像参数的估计与校正”(邢孟道等，2001)。在此噪声的处理过程中，如何评估无人机机身抖动的运动过程尤为重要。在运动估计过程中，主要依赖的是机身运动时存在的惯性，这样在图像采集的短暂时间内可以从当前的原始抖动图像出发，估计机身的运动轨迹，并根据轨迹对机身运动进行复原。

2. 航图增强方法

无人机成像序列的图像增强算法主要是为了强化图像中的细节，以便后续图像配准过程能够提取更多的特征信息(狄颖辰等，2011)。在无人机环境中，如何通过图像增强的方法增强图像的能见度和亮度是一个常见的技术问题，而在计算机视觉中，这类问题的处理方法统称为“图像去雾处理”(禹晶等，2011)。

“图像去雾处理”也是近年来研究的一个经典课题，许多学者进行了相关的探索，比较突出的有：Levin 等(2007)实现了暗色校验下的图像复原理论，该方法能够很好地从较大程度的景深图像中复原原始图像的真实场景，去除拍摄过程中由于灰尘、光照带来的图像雾化问题；Yuan 等(2007)基于概率论对雾化图像进行建模，将由雾化图像求解原始真实场景的过程视为后验概率和先验概率问题，并使用贝叶斯公式完成了图像去雾处理。

目前，图像去雾领域主流的算法按照原理不同一般归为以下几类。

(1) 基于全局直方图模型进行均衡化来提升图像的整体对比度。这种方法的优点在于算法相对容易实现且易操作，缺点是对于雾化并不均匀的场景，通常不会获得好的结果。

(2) 采用局部直方图进行均衡化。局部直方图能够在一定程度上弥补全局直方图的缺点，对于分布不均匀的雾化问题能够获得一个好结果，缺点在于计算复杂度高，且局部计算模块划分难以确定。

(3) Retinex 算法是一种基于色彩纹理信息分析统计的恒常性算法，优点是能够较好地增强由于光照不均匀带来的对比度下降问题(Land，1977)。

7.5.3　POS 信息处理

在无人机拍摄得到的每张图片中，除了记录的拍摄区域影像信息外，在其 EXIF 字段中还保存了拍摄时无人机与相机的状态信息。其中拍摄时的 POS 数据是后期航图处理的重要辅助信息。该数据由各厂商自行定义，无法自动读取，需要采用图像 EXIF 信息编辑工具 ExifTool 从航图中批量读取。通过在航图文件夹下执行命令：

exiftool.exe -c “%d %d %.8f” -GPSLatitude -GPSLongitude -AbsoluteAltitude-GimbalRollDegree -GimbalYawDegree -GimbalPitchDegree -csvdir *.jpg > POS.csv

可以将各图片的纬度(Latitude)、经度(Longitude)、高程(Altitude)、航偏角、俯仰角以及横滚角(Roll)数据导出到 POS.csv 文件中。其中，经纬度及高程数据来自机载导航系统(由 GPS 与超声波、视觉定位系统融合)，定义在 GPS 的 WGS84 坐标系。姿态角(Roll、Yaw、Pitch)来自机载云台，定义如图 7-19 所示。

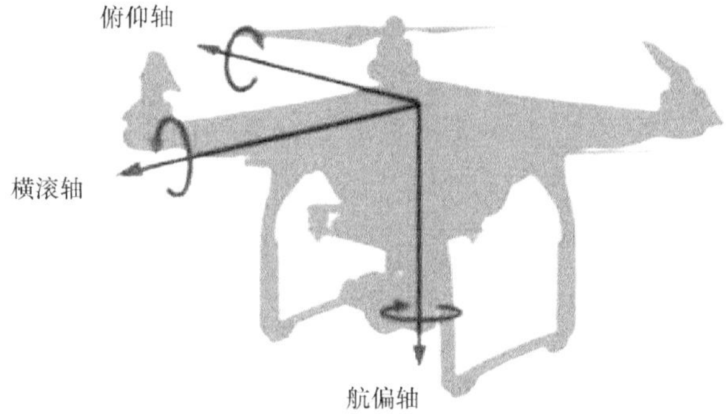

图 7-19　相机姿态角的定义

表 7-1 为独立切沟航图的部分 POS 数据示意。

表 7-1　独立切沟航图的部分 POS 数据示意

航图编号	GPS 坐标(WGS84)			姿态角/(°)		
	北纬/(°)	东经/(°)	高程/m	横滚角	航偏角	俯仰角
DJI_0227.JPG	384747.1627	110225.0821	1183.91	0	145.0	–70.1
DJI_0228.JPG	384747.0963	110225.1264	1183.71	0	145.0	–70.1
DJI_0229.JPG	384747.0195	110225.1916	1184.11	0	145.1	–70.1
DJI_0230.JPG	384746.9463	110225.2552	1184.21	0	145.1	–70.0
DJI_0231.JPG	384746.8707	110225.3170	1184.21	0	145.2	–70.1

7.5.4　相机内/外参数解算

PhotoScan 软件中，相机内外参数的解算由 Align Photos 模块执行。对于相机内参数未知的航摄任务，它首先在整个航图集合中选取相互重叠的匹配像对，然后将各航图依据匹配关系划分为若干子块(block)，对各子块分别解算相机参数后，再自底向上对其进行两两合并，最终解算出所有相机的内外参数。通过这种增量迭代的方法，避免了直接 SFM 算法在大规模航图解算中的误差累积。相关主要参数如下所示。

1) 精度(accuracy)

精度参数可以控制航图解算的精度，它包括 Lowest、Low、Medium、High 以及 Highest 共五级精度。不同的精度级别对应不同的航图缩放比例。设原始航图尺寸为 $M\times N$，则精度级别 High 对应原始航图。精度级别 Highest 对应原始航图的两倍放大，即尺寸为 $2M\times 2N$。精度级别 Medium、Low 与 Lowest 的航图尺寸分别为 $1/2M\times 1/2N$、$1/4M\times 1/4N$ 与 $1/8M\times 1/8N$。航图中特征点定位精度直接影响着连接点的精度，因此通过对原始航图超采样(即采用 Highest 精度级别)可以一定程度上提高连接点的定位精度。但这也要求原始航图具有较好的锐度，否则对模糊图像的超采样也难以提高特征点的定位精度。另外，随着精度的提高，计算时间也急剧增大，有些情况下可能需要先采用低精度参数快速得出粗略结果。

2) 重叠像对选择(pair preselection)

航图解算的一项重要计算开销就是在两两航图间进行特征点比对以寻找重叠像对。对于规模为 N 的航图数据，直接寻找重叠像对需要 $N\times N$ 次比较。因此，随着航图规模的扩大，寻找重叠像对的计算开销急剧增大。对此，有必要通过预先选择匹配像对以减小其开销。在 PhotoScan 软件中可以通过开启 Generic 模式，将原始航图降采样为原始分辨率的一半后再提取特征点，再采用 RANSAC 算法计算特征点之间的对应关系，从而提高匹配速度。而对于具有 POS 信息的航图，还可以通过开启 Reference 模式通过各航图的位置与朝向直接计算重叠像对。

3) 特征点数量上限(key point limit)

该参数对每张图片中的特征点个数进行限制，默认值为 40000 个。将该上限值设为 0，则 PhotoScan 会在各航图中尽可能多地搜索特征点，但这也会引入大量不可靠的特征点。

4) 连接点数量上限(tie point limit)

该参数的默认值为 4000 个。对该参数的调整可以在基本不影响最终建模精度的情况下，优化处理性能。但过高或过低的参数值可能会导致稠密点云中部分区域的缺失。这是因为 PhotoScan 只对匹配点数目大于阈值(通常为 100 个)的匹配像对生成深度图像。

5) 自适应相机模型估计(adaptive camera model fitting)

启用该选项可以通过在光束法平差过程中自适应估计相机参数，提高相机模型估计的可靠性。对于几何明显的航摄对象，不同角度与高度拍摄的建筑物航图，可以在航图的初始解算中对较多的相机参数进行估计；而对于几何特征不明显的航摄对象，该选项可以避免参数估计的分歧。例如，如果航图中目标对象只占航图中心的小片区域而其余为杂乱背景，则对相机径向畸变的纠正就可能适得其反。若不启用该选项，则 PhotoScan 只对几个固定相机参数进行估计，包括焦距 f、主点位置 c_x/c_y、三个径向畸变参数(K_1、K_2、K_3)与两个切向畸变参数(P_1、P_2)。

PhotoScan 首先采用 SIFT 算法在各航图中提取特征点。图 7-20 与图 7-21 分别为两幅待匹配航图中提取的特征点及特征向量，两图共有 2695 个特征点对。无人机获取的图像范围较大，地物信息非常复杂，在使用 SIFT 算法完成特征点的检测和匹配后会出现大量的误匹配点。在 PhotoScan 中，会通过采用 RANSAC 算法对匹配点做出筛选。对于上述两幅航图，RANSAC 算法确认 2019 个特征点对有效，得到的匹配结果如图 7-22 所示(深色线段为有效匹配，浅色线段为错误匹配)。由匹配结果可见，重叠相关度越高的航图间的有效匹配点对越高，也就能更精确地计算出两图间的相对位置。

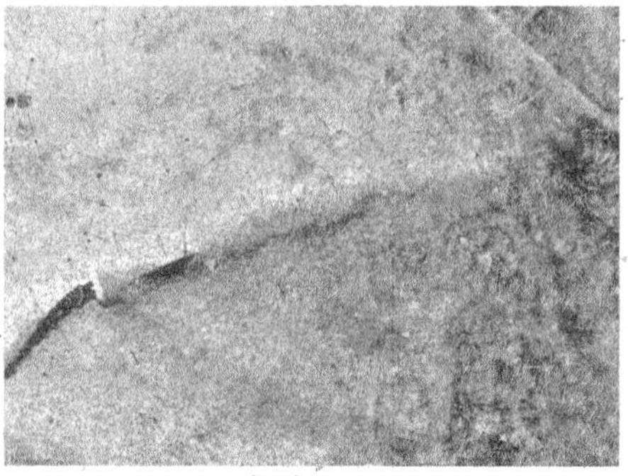

图 7-20　待匹配航图 1

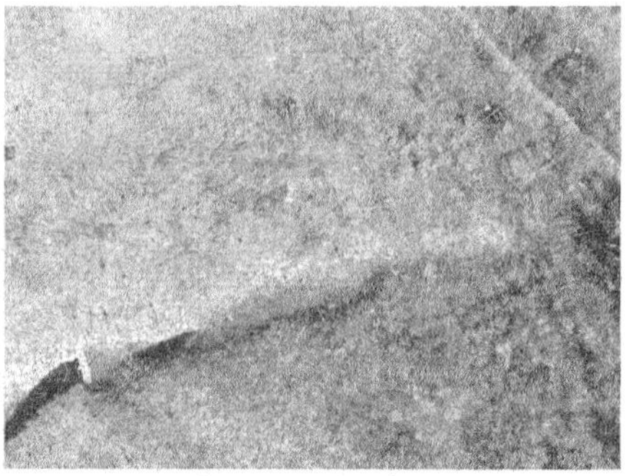

图 7-21　待匹配航图 2

由两幅航图的匹配点对，可以通过 SFM 算法恢复出其连接点稀疏点云，如图 7-23 所示。

但对于包含大量航图的三维重建任务，简单的 SFM 算法会造成误差的累积。因此，需要对航图进行分块处理，自底向上不断采用光束法平差减小误差的累积。

7.5.5　连接点的编辑与修整

PhotoScan 提供了几个不同的连接点属性，可以设定阈值后对误差较大的点进行滤除。具体包括以下几个方面。

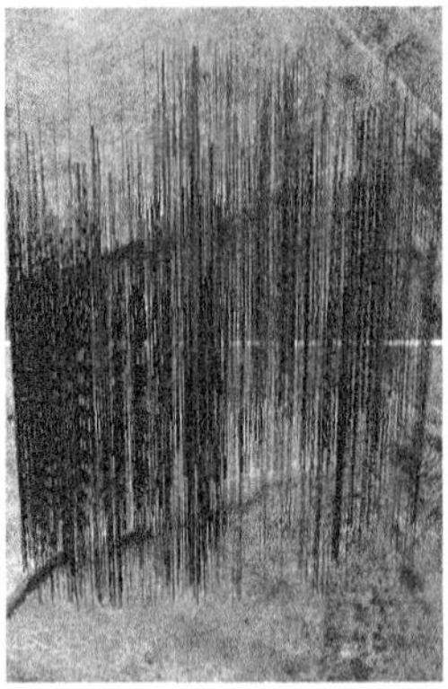

图 7-22　两图匹配结果

图 7-23　两图重建得到的稀疏点云

1) 重投影误差(reprojection error)

重投影误差较大的连接点说明其在特征点匹配过程中存在误匹配，剔除这些点可以提高后续的精度。

2) 重建不确定度(reconstruction uncertainty)

由基线距离较短的相邻两幅航图重建得到的连接点具有较大的位置不确定度。这些点可能会偏离实际的场景表面，形成噪声点。剔除这些点可以提高三维建模的效果。

3) 图片数(image count)

PhotoScan 软件会对至少出现在两张图片上的同名点进行重建。但是图片较少的情况下重建点的误差也较大，因此可以将图片较少的点进行剔除。

4) 投影精度(projection accuracy)

投影精度反映了特征点尺寸造成的投影不确定性。

除此之外，还可以通过人工编辑，对稀疏点云进行裁剪、选择与删除。

7.5.6　相机参数优化

相机参数可能只需要控制点在各图片上的投影，而不需要其空间坐标，因此也可以称其为基于人工连接点的相机参数优化。

PhotoScan 软件在相机参数解算过程中对相机的内方参数与外方参数同时进行估计，默认只能对相机的参数 f、c_x、c_y、k_1、k_2、k_3 进行估计，而且只使用了图像信息而没有控制点辅助，因此各图像的误差会不断累积，导致最终的三维重建模型中存在非线性形变。对此，通过引入已知的地面控制点，能将这些非线性变形进行纠正，得到相机各参数的准确估计。在 PhotoScan 软件中该过程称为相机参数的优化。它通过光束法平差对相机参数与控制点的估计坐标进行优化，以使连接点的重投影误差之和与控制点的估计误差之和最小。该方法能显著地提高模型的空间配准精度,因此对于需要进行精确空间测量的航测对象需要采用该优化。

该方法的优化对象由相机内外参数解算生成的连接点与地面控制点两部分组成。因此，为了进一步提高参数优化效果，可以通过手动编辑，在参数优化前预先对连接点中明显的粗差点进行剔除；而对于地面控制点，需要对其在图片上的投影位置进行准确标记。

航图方位的优化既可以通过已知的相机内外方位元素，也可以通过已知的地面控制点加以优化。但通常地面控制点的量测精度远高于相机的 POS 精度，因此一般只采用地面控制点进行航图方位的优化。

1. 主要参数

(1) 标靶点标记精度(image coordinates accuracy for markers)：该参数是对图片中标靶点位置标记精度的估计，单位为 pixel。

(2) 标靶测量精度(maker accuracy)：该参数是对标靶点测量精度的估计，单位一般为 m。可以对经度、纬度与高程分别设定独立的精度参数。

(3) GPS/INS 偏移量(GPS/INS offset)：对于采用 RTK 等高精度(厘米级)定位设备的无人机，可以设定 GPS/INS 模块相对于机载云台相机的偏移量进行相应的校正。

2. 误差指标

航图优化完成后会提供各地面控制点的误差信息以及相机的误差信息用于评估优化效果。相机有以下误差指标。

(1) Error(m)：相机位置估计与机载 POS 数据中相机位置的误差。

(2) Error(deg)：相机的姿态角估计与 POS 数据的误差的均方根。

(3) Error(pixel)：航图中各特征点的重投影误差的均方根。重投影误差是航图中一重建三维点在航图上的投影点的位置与其原始点位置的距离，是评估三维重建精度的一个基本指标。

控制点有以下误差指标。

(1) Error(m)：地面控制点的估计位置与测量位置间的距离。

(2) Error(pixel)：控制点在各航图上重投影误差的均方根。

如果个别控制点的重投影误差较大，则需要检查其在各航图上的标记点是否正确。

3. 对“果冻效应”的校正

目前，相机主要有全局快门与卷帘式快门两种类型。

全局快门通过整幅图片在同一时间曝光实现。感光元件上的所有像素点同时收集光线，同时曝光。当到达预设的曝光时间时，传感器停止收集光线，并将曝光图像转成电子图像。因此，全局快门的曝光时间比卷帘式快门要短，曝光后输出的是整帧像素数据。它一般使用 CCD 作为感光元件，对像素点输出的带宽的要求较高，造价也相对 CMOS 较高。

卷帘式快门则是通过控制芯片逐行曝光的方式实现，通过通断电控制感光元件，使其不同部分在不同时间下对光的敏感度不同，从而逐行进行曝光，直至所有像素点都被曝光。所有的曝光动作在很短的时间内完成，一般情况为 1/48～1/60s。卷帘式快门一般使用 CMOS 作为感光元件，对像素点输出的带宽的要求较低，造价也相对较低。但假如物体与摄像头在拍摄期间处于快速运动状态，拍摄结果就可能出现“倾斜”、“摇摆”或“部分曝光”等情况，即“果冻效应”(rolling shutter effect)。尺寸越小的 CMOS“果冻效应”越明显。当前许多消费级数码相机以及手机都采用卷帘式电子快门以在拍摄性能与价格之间取得平衡。主流的无人机相机厂商，如大疆与 GoPro 也都采用这种类型快门。表 7-2 中常见相机的卷帘式快门读取时间为几种常见无人机相机的卷帘式快门读取时间。

表 7-2　常见相机的卷帘式快门读取时间

厂商	型号	读取时间/ms
DJI	Phantom 2	74
	Phantom 3	33
	Phantom 4	33
	Inspire 1-FC330	30
	Inspire 1-FC350	33
	Inspire 1-X5	47
3DR	3DR Solo	30
GoPro	GoPro Hero 4 Black	30

当卷帘式电子快门造成垂直方向上偏移大于 2 个像素时，有必要对其进行纠正。该偏移的计算公式为

$$\varDelta \approx \frac{V \cdot T \cdot f}{S \cdot h} \tag{7-24}$$

式中，$\varDelta$ 是垂直方向偏移量(pixel)；V 是无人机飞行速度(m/s)；T 为卷帘式电子快门的读取时间(ms)；f 为镜头焦距(mm)；S 为感光元件的垂直尺寸(mm)；h 为

相对飞行高度(m)。

显然，对于选定的相机，飞行速度越高，飞行高度越低，偏移量越大。以大疆 Inspire 的镜头 FC350 为例，其卷帘式电子快门的读取时间是 33ms，则飞行器以 8m/s 的速度在 20m 的高度飞行，会在垂直方向产生 10.4pixel 的偏移，需要进行校正。

根据卷帘式电子快门开始读取图像与结束读取图像时的相机位置进行线性插值，可以得到图像中每行像素的拍摄位置估计。这种估计方法尤其适用于对带有自稳定云台的四旋翼无人机垂直拍摄航图的校正。通过该校止方法，消费级的四旋翼无人机能够以更高的速度执行飞行任务而不必担心过大的“果冻效应”。

7.5.7　空间配准

空间配准是一个线性的变换，通过选定的地面控制点将模型转换到目标参考系。为了进行精度的评估，一般将地面控制点分为空间参考点与检查点两类。检查点不参与到空间配准过程中，因此可以通过检查点与其在模型中的同名点的距离对最终成果的精度进行评估。

在地理空间应用中，空间数据需要符合统一定义的坐标系才能够进行距离、面积以及体积的量测与比对等操作。对三维模型的空间配准(georeferencing)采用的是 7 参数线性变换(3 个位移参数、3 个旋转参数和 1 个缩放参数)。这种变换只能对模型进行线性的校正而无法消除非线性形变，也就导致空间配准的误差。

PhotoScan 软件可以由地面标靶点的坐标或相机 POS 信息进行坐标系校正，它至少需要 3 个真实空间点才能够设定数据的空间参考坐标系。根据应用需求，可以采用标靶点坐标、相机坐标或者两者结合定义参考坐标系。建模对象可以采用简单的本地欧几里得坐标系或者地理参考坐标系。PhotoScan 软件支持一系列地理参考系，包括 GPS 系统通用的 WGS84 坐标系。除此以外还包括大部分的欧洲石油勘探组织(European Petroleum Survey Group, EPSG)定义的一大批坐标系。

在采用地面标靶点进行空间配准时，需要对图片中标靶点的位置进行人工标记，而通过相机 POS 信息进行空间配准不需要人工操作，因此效率较高。但地面标靶点测量精度通常高于 POS 精度，因此可以更精确地实现空间坐标系配准。

PhotoScan 软件对标靶点的设定包括两部分：一部分是各标靶点的测量坐标(精度、纬度和高程)、测量精度与空间参考坐标系(一般为 WGS84)的设定；另一部分是各标靶点在图片上的投影位置的标记。一个标靶点至少要在两张图片上的投影才能形成一个完整的参考标靶点。

PhotoScan 软件可以对标靶点的投影进行人工或半自动辅助标记。人工标靶点标记是通过人工识别在每张图片上对各标靶点进行标记，该方法不需要三维模型的辅助，甚至可以在航图的解算前进行标记。但在相机方位已知的情况下，PhotoScan 可根据一张航图上标记出的标靶点与极线几何关系，在其他航图上标示出该标靶点可能位置的参考线，从而提高人工标记的效率。而在两张以上图片中标记出标靶点后，PhotoScan 软件就可以根据标记出的标靶点与各相机位置，估计出该标靶点在其他图片上的投影位置。

半自动辅助的标靶标记需要三维模型的辅助。在三维模型中标记出标靶点后，PhotoScan 软件通过光线法，根据各相机的位置自动在各图片中寻找标靶点的投影，然后再通过人工识别精确定位。对于大规模的无编码标靶点，它能够显著地提高标记速度并避免误标。因此，推荐在大部分情况下采用该方法进行标靶点的标记。

7.5.8 稠密点云构建

根据解算出的各航图方位，可以分别计算出各航图的深度信息，然后通过 PMVS 算法得到航测区的稠密点云。主要参数如下所示。

1) 点云重建质量(quality)

该参数可以控制生成的稠密点云的质量，设定的质量越高，最终获得的稠密点云也就越精细，但也就需要更长的处理时间。该参数有 Lowest、Low、Medium、High 与 Ultra High 五个级别，其定义与航图解算中的精度参数类似。Ultra High 质量级别对应于直接采用原始航图进行稠密点云重建。其他低质量等级分别采用相对于上一级航图边长缩小 1/2 的低分辨率航图。Lowest 质量级采用 $1/16M\times1/16N$ 的降采样航图。

2) 深度图像滤波模式(depth filtering modes)

由于噪声点或图像对焦问题，在稠密点云重建过程中会产生一些粗差点。针对粗差点，PhotoScan 软件可以采用 Aggressive、Moderate、Mild 和 Disable 共四种滤波模式处理。

如果需要重建的对象包含与整体场景相异的小尺度细节(如建筑航图中的屋顶)，则推荐采用 Mild 模式以避免重要的细节特征被滤除；而如果航图中不包含重要的细小特征，则建议采用 Aggressive 模式以尽量剔除粗差点的干扰。对常见的航图也推荐采用该模式；Moderate 模式的滤波强度在 Aggressive 模式与 Mild 模式两者之间，可以通过试验，具体比较其对特定航图的处理效果；Disable 模式下 PhotoScan 不对粗差点进行滤波处理，显然这会产生大量的噪声点，因此通常不推荐采用。

7.5.9 栅格高程模型构建

根据稠密点云，PhotoScan 可以通过 DEM 插值算法得到栅格高程模型。除此之外，还可以基于空间配准或尺度校正后的稀疏点云或三角网格模型得到栅格高程模型。主要参数如下所示。

1) 源数据(source data)

可以选定由稀疏点云或稠密点云进行栅格高程模型构建。通常推荐采用稠密点云作为源数据，稀疏点云主要用于高程模型的快速构建。

2) 插值方法类型(interpolation)

PhotoScan 软件的插值方法可设定为 Disable、Enable 与 Extrapolated 三种类型。Disable 即不执行插值操作，也就是直接采用原始点进行栅格重建，因此不会引入插值误差。但因为点云一般分布不均，所以推荐设为 Enable 以对缺乏点云覆盖的区域进行插值。Extrapolated 类型则进一步通过不断的插值运算，确保模型区域内不包含空洞。

7.5.10　三角网格构建

通过三角剖分可以根据稠密点云构建出航摄区域的三角网格模型(TIN)，结合原始航图还可以对其进行表面纹理贴图与着色，生成包含原始色彩纹理的 TIN 模型。主要参数如下所示。

1) 网格表面类型(surface type)

根据不同的建模对象，可以设定为 Arbitrary 与 Height Field 两种表面类型。Arbitrary 表面类型可用于任意闭合模型的三角网格重建，如雕塑、建筑等，对建模表面没有任何预先假设，因此需要较大的内存开销；Height Field 表面类型用于平面表面的建模，如平坦的地面。对于一般的正射航图建模，建议采用该设置以减小内存开销与计算时间。

2) 源数据

可以选定由稀疏点云或稠密点云进行三角网格的构建。显然，稀疏点云的三角网格重建耗时较小而建模精度较低，稠密点云的三角剖分计算开销较大但可以得到精细的三角网格模型。

3) 多边形个数(polygon count)

该参数限定了生成的三角网格中多边形个数的上限，建议值有三个等级：High、Medium 与 Low。不同的等级对应了不同三角网格分辨率，其值分别对应于点云中点个数的 1/5、1/15 与 1/45。该参数取值过小则生成的三角网格模型会较为粗糙，而取值过大则有可能造成后续显示与处理的困难。

4) 插值方法

该参数可设定为 Disable、Enable 与 Extrapolated 三种选项。Disable 选项对应于直接采用原始点进行三角网格重建，因此不会引入插值误差，但需要对生成的点云进行后期的空洞填补，因此通常推荐采用 Enable 选项。此时，PhotoScan 软件会对原始点云按照一定的半径进行插值，因此大部分的空洞可以自动被填补，但也可能存在少量的空洞需要后期人工修补处理。而在 Extrapolated 选项下，PhotoScan 软件会对原始点云不断地进行插值处理，最终确保生成的点云中没有空洞。该方法可能会生成一些成片的冗余三角面片，可以通过后期修整与裁剪将其剔除。

7.5.11　纹理映射

由三角网格模型，可以得到航测区域的高程信息，直观地看到地形地貌。但要获得包含实地场景图像信息的三维模型，还需要进行纹理映射。

1. 纹理映射方法

(1) 通用(generic)：默认的纹理方法。没有对场景的任何假设条件，因此它能够对任意的几何对象进行纹理映射。

(2) 自适应正射(adaptive orthophoto)纹理映射：将目标场景划分为水平部分与垂直部分。对水平部分采用正射投影映射纹理，再对垂直部分单独处理并保持纹理的一致性。

(3) 正射(orthophoto)纹理映射：将所有区域均按照正射影像映射纹理，显然在垂直部分会造成一定的错误映射,因此适用于没有垂直面存在的场景纹理映射。

(4) 球面纹理映射(spherical)：仅适用于球形对象的纹理映射。

(5) 单一(single)图像纹理映射：通过单一图像进行纹理映射。通过设定“Texture from”参数列表，添加用于纹理映射的图片。

2. 主要参数

1) 拼接模式(blending mode)

该参数决定了采用何种方法将不同图片中的像素融合到最终的纹理中，包含 Mosaic、Average、Max Intensity、Min Intensity 与 Enable 五种选项。PhotoScan 软件中默认为 Mosaic 方法,该方法将同一重叠区域不同航图的低频部分进行拼接融合，以避免出现拼接线问题。对重叠区域的高频部分，选取一张分辨率较好且与重建表面方向一致的图片作为高频纹理的来源以保持细节纹理特征，以保持细节纹理特；Average 方法则通过直接将各图像整体加权平均的方法进行拼合融合；Max Intensity 方法以各图片中像素强度最高的点作为对应纹理处的像素值；Min Intensity 方法与其相反,采用像素强度最低的点作为对应纹理处的像素值；Disable 方法与 Mosaic 方法中的高频部分类似,在各图片中选取一张拍摄角度与重建表面最相符的图片进行纹理映射。

2) 纹理像素文件大小与数目(texture size/count)

可以通过该参数对纹理像素的大小进行设定。另外，通过 texture count 对输出的纹理文件个数进行设定。由于内存的限制，对于大场景推荐采用多个文件保存纹理，以提高分辨率，避免内存不足导致纹理映射失败。

3) 色彩校正(enable color correction)

对于亮度变化剧烈的航图，可以通过色彩校正对纹理进行修正，但耗时较长。

4) 空洞填补(enable hole filling)

该参数默认启用以避免复杂表面的纹理映射产生细小的空洞。

7.5.12　正射影像

根据栅格数字高程模型或三角网格模型可以生成正射影像成果，用于辅助量测与制图等测绘应用。主要参数如下所示。

1) 建模表面

PhotoScan 软件可以根据 DEM 或 TIN 生成正射影像。其中，以 DEM 为建模表面可以满足一般的航摄需求，且能够避免三角剖分的计算开销，效率较高。而基于 TIN 的正射影像构建可以满足如建筑侧面影像等特殊情况的处理。

2) 拼接方法

拼接方法包括 Mosaic、Average 与 Disable 三种模式。默认选择 Mosaic 模式，该模式下 PhotoScan 软件在不同的频域范围上分别对图像进行拼接。高频部分仅沿镶嵌线边缘进行拼接，从而减小参与拼接区域的大小；Average 模式使用各图像中像素点的加权平均进行拼接；Disable 模式采用视点方向与建模表面法向方向最接近的一幅航图上的颜色值作为相应表面处的像素值。

3) 色彩校正

启用该功能可以对包含剧烈明暗变化的航图进行颜色校正。但需要的计算开销较大，因此仅建议在确认正射影像中存在明显问题的情况下启用该功能。

4) 像素大小

默认的正射影像像素大小(pixel size)与航片的 GSD 相符。将其设定为小于 GSD 的值只会增大正射影像的尺寸，无法提高实际的分辨率。

7.6　独立切沟实验结果与分析(倾斜摄影)

7.6.1　航图获取

如图 7-24 与图 7-25 所示，独立切沟的任务区域设置为一个 34m×34m 的正方形，方向沿切沟的发展方向。飞行高度设为 15 m，重叠度为 80%，航路总长 528 m。采用双 Z 字形航路模板，相机角度设为 70°。起飞点为沟底的一小块平地。无人机于 2016 年 9 月 14 日上午 9 点 18 分起飞，然后飞至矩形右下角开始执行航路任务。经过 6 分 54 秒的飞行后完成航路任务并降落，共获得了 194 张航图。

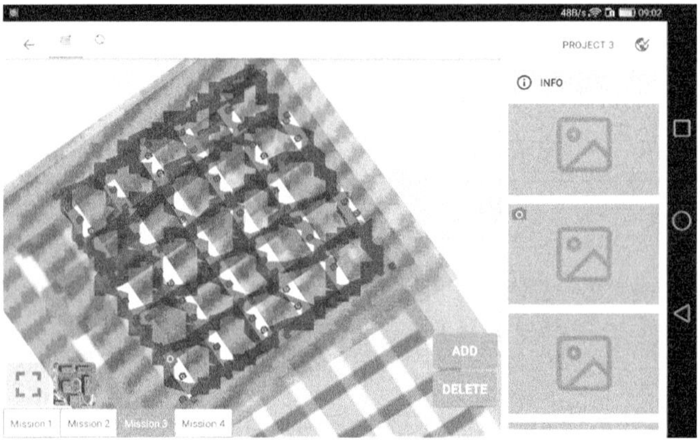

图 7-24　独立切沟航路规划示意图

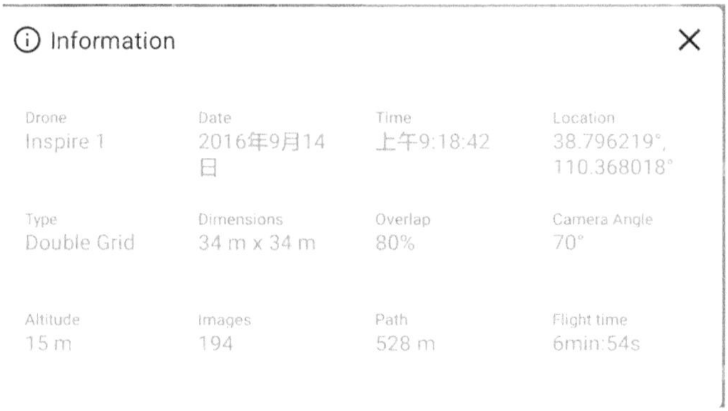

图 7-25　独立切沟航路规划参数

相机采用中心平均测光方法。感光度(ISO)设为 100。使用自动曝光模式(program AE)，由相机根据测光的结果自动设定合适的光圈快门参数对场景进行准确曝光。对焦方法为无穷远对焦，超焦距为 0.86m。白平衡为相机自动模式。对比度、饱和度与锐度均设为正常。

图 7-26 为一幅航片的 EXIF 信息，从中可见该航片拍摄时的感光度为 100，光圈为 F/2.8，快门为 1/419.111。其中还包含有相机的信息：厂商名称 DJI、型号 FC350、镜头标称焦距 3.61 mm 以及图片的分辨率 4000×3000。

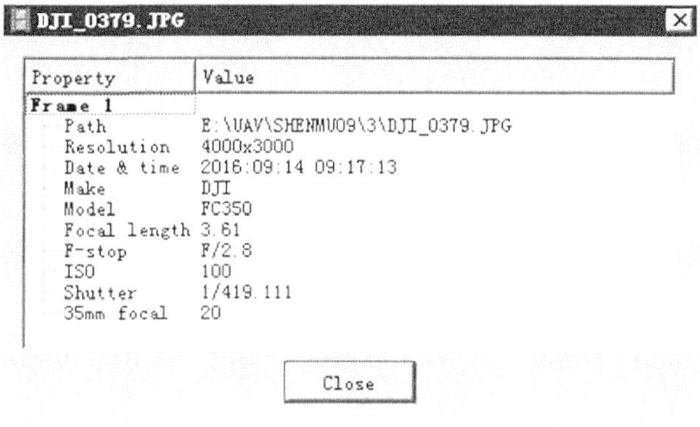

图 7-26　航图拍摄参数信息

7.6.2　POS 信息处理

采用 ExifTool 软件，从航图中批量提取出拍摄坐标与姿态角。编辑整理为 CSV 表格文件，导入 PhotoScan 软件。在 Reference 面板中可见导入的各航图的 POS 信息，如图 7-27 所示。

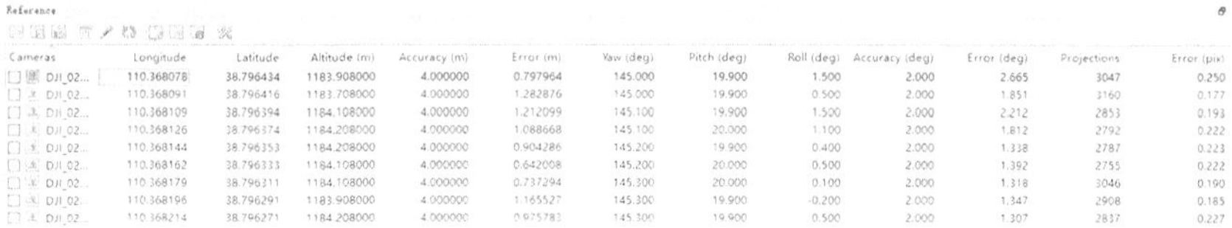

Reference

Cameras	Longitude	Latitude	Altitude (m)	Accuracy (m)	Error (m)	Yaw (deg)	Pitch (deg)	Roll (deg)	Accuracy (deg)	Error (deg)	Projections	Error (pix)
DJI_02...	110.368078	38.796434	1183.908000	4.000000	0.797964	145.000	19.900	1.500	2.000	2.665	3047	0.250
DJI_02...	110.368091	38.796416	1183.708000	4.000000	1.282876	145.000	19.900	0.500	2.000	1.851	3160	0.177
DJI_02...	110.368109	38.796394	1184.108000	4.000000	1.212099	145.100	19.900	1.500	2.000	2.212	2853	0.193
DJI_02...	110.368126	38.796374	1184.208000	4.000000	1.088668	145.100	20.000	1.100	2.000	1.812	2792	0.222
DJI_02...	110.368144	38.796353	1184.208000	4.000000	0.904286	145.200	19.900	0.400	2.000	1.338	2787	0.223
DJI_02...	110.368162	38.796333	1184.108000	4.000000	0.642008	145.200	20.000	0.500	2.000	1.392	2755	0.222
DJI_02...	110.368179	38.796311	1184.108000	4.000000	0.737294	145.300	20.000	0.100	2.000	1.318	3046	0.190
DJI_02...	110.368196	38.796291	1183.908000	4.000000	1.165527	145.300	19.900	-0.200	2.000	1.347	2908	0.185
DJI_02...	110.368214	38.796271	1184.208000	4.000000	0.975783	145.300	19.900	0.500	2.000	1.307	2837	0.227

图 7-27　各航图的 POS 信息

在主界面中，可以看到各航图的拍摄点，检查其与设定的航路是否相符。图 7-28 为独立切沟的航路拍摄点示意图，可见其由两条互相垂直的 Z 字形航路组成，垂直方向与水平方向分别均匀分布 6 条航带。

图 7-28　独立切沟的航路拍摄点示意图

7.6.3　地面控制点量测

如图 7-29 所示，沿独立切沟均匀布置了 30 个地面控制点。图中矩形框内的旗帜点为 25 号地面控制点，附近为 RTK 基准站。

图 7-29　独立切沟的控制点布置示意图

其中，基准站处有一根插入地下的固定钢管。无人机航测时在钢管顶部放置一张光盘，光盘圆心与钢管中心重合。航测完成后，将 RTK 主机连接短杆后直接插入钢管固定作为基准站。再持另一 RTK 主机分别量测各控制点处光盘的中心坐标，得到以基准站为参考的地面控制点坐标。

将各控制点按照顺序编号，将测量的经纬度与高程编辑整理为 CSV 文件，导入 PhotoScan 软件中，如图 7-30 所示。然后，选定 3 的倍数，即第 3 号，6 号……30 号地面控制点为检查点，不参加空间匹配计算，用于建模结果的精度评估。其余 20 个点作为参考点，作为空间匹配的基准。

7.6.4　相机参数解算

以航图为输入，设定 Key point limit 为 40000，Tie point limit 为 10000。精度级别为 High。航图匹配采用 Generic preselection 与 Reference preselection 方法。

Reference

Markers	Longitude	Latitude	Altitude (m)	Accuracy (m)	Error (m)	Projections	Error (pix)
point 1	110.368052	38.796153	1183.603000	0.008000	10.589323	37	0.864
point 2	110.368009	38.796127	1183.069000	0.008000	10.632381	47	0.747
point 3	110.367953	38.796132	1182.736000	0.008000	10.572133	47	1.105
point 4	110.367897	38.796118	1182.041000	0.008000	10.569564	40	0.713
point 5	110.367865	38.796116	1181.575000	0.008000	10.560748	33	0.664
point 6	110.367822	38.796106	1180.879000	0.008000	10.556832	33	2.600
point 7	110.367828	38.796153	1180.126000	0.008000	10.365075	34	0.798
point 8	110.367913	38.796177	1181.056000	0.008000	10.373458	52	0.864
point 9	110.367975	38.796166	1181.591000	0.008000	10.446166	51	0.768
point 10	110.368007	38.796164	1181.841000	0.008000	10.511568	46	0.508
point 11	110.368051	38.796184	1182.974000	0.008000	10.472262	49	0.694
point 12	110.368078	38.796187	1183.440000	0.008000	10.495514	40	0.585
point 13	110.368007	38.796203	1183.244000	0.008000	10.400901	37	0.668
point 14	110.367992	38.796227	1183.321000	0.008000	10.307520	36	0.744
point 15	110.367958	38.796247	1183.567000	0.008000	10.221053	34	0.819
point 16	110.367923	38.796232	1183.056000	0.008000	10.231963	42	1.553
point 17	110.367871	38.796207	1182.226000	0.008000	10.273633	37	0.819
point 18	110.367853	38.796181	1181.277000	0.008000	10.321573	36	1.957
point 19	110.367839	38.796204	1181.244000	0.008000	10.249346	44	1.266
point 20	110.367869	38.796232	1181.930000	0.008000	10.200755	42	1.375
point 21	110.367903	38.796261	1182.777000	0.008000	10.146941	38	0.850
point 22	110.367945	38.796304	1183.644000	0.008000	10.091620	36	1.751
point 23	110.367989	38.796333	1184.316000	0.008000	10.006417	36	2.138
point 24	110.367978	38.796347	1184.445000	0.008000	9.963748	33	1.645
point 25	110.367916	38.796319	1184.052000	0.008000	10.021980	29	2.200
point 26	110.367893	38.796282	1183.562000	0.008000	10.091124	41	1.224
point 27	110.367856	38.796268	1183.121000	0.008000	10.119958	38	1.333
point 28	110.367816	38.796229	1182.192000	0.008000	10.192649	36	1.174
point 29	110.367804	38.796196	1181.425000	0.008000	10.274216	38	1.407
point 30	110.367769	38.796179	1181.287000	0.008000	10.299440	29	1.717
Total Error					**10.320397**		**1.258**

图 7-30　PhotoScan 中导入的控制点坐标

相机内参模型采用自适应优化方法进行估计(图 7-31)。得到连接点稀疏点云如图 7-32 所示。

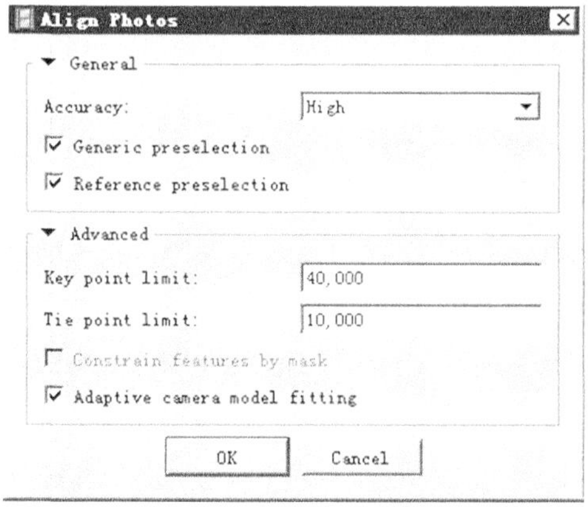

图 7-31　相机参数解算的参数设置

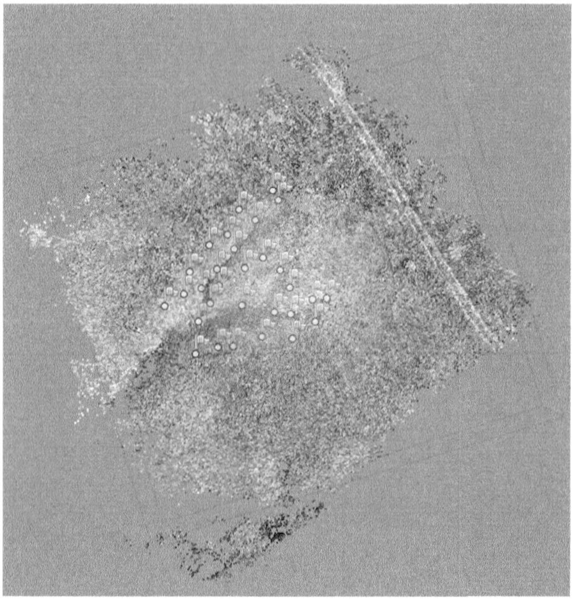

图 7-32　连接点稀疏点云成果

连接点的均方根重投影误差为 0.808pixel，最大重投影误差为 41.1435pixel，特征点的平均尺寸为 3.8pixel，各连接点的平均投影数为 3.18 个(图 7-33)。

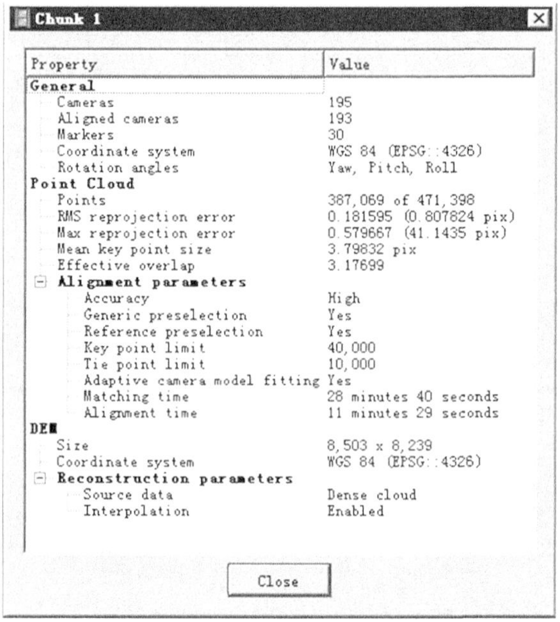

图 7-33　连接点质量指标

航图 POS 解算精度如图 7-34 所示。

Cameras	Long. err (m)	Lat. err (m)	Alt. err (m)	Accuracy (m)	Error (m)	Yaw err (°)	Pitch err (°)	Roll err (°)	Accuracy (deg)	Error (deg)	Projections	Error (pix)
☑ DJI_04···	0.030765	0.080095	-0.159840	1.000000	0.181413	-2.900	-1.487	0.147	2.000	3.262	8501	0.671
☑ DJI_04···	0.124886	0.198147	0.455768	1.000000	0.512429	-3.091	-1.188	1.265	2.000	3.545	5676	0.969
☑ DJI_04···	0.034108	0.184646	0.014720	1.000000	0.188346	37.928	-1.424	-0.957	2.000	37.966	1906	2.162
☑ DJI_04···	-0.377874	0.303225	-1.559654	1.000000	1.633173	-1.255	-1.167	4.725	2.000	5.026	6496	0.682
☑ DJI_04···	-0.270446	0.215229	-2.109030	1.000000	2.137164	-1.943	-0.431	5.039	2.000	5.418	9161	0.437
☑ DJI_04···	-0.255058	0.210723	-1.843509	1.000000	1.872961	-0.830	0.003	5.731	2.000	5.791	8043	0.688
☑ DJI_04···	-0.212438	0.109601	-1.439797	1.000000	1.459506	0.223	0.281	3.638	2.000	3.656	3120	0.751
☑ DJI_04···	-0.145430	0.136525	-0.888991	1.000000	0.911095	0.972	0.497	1.759	2.000	2.070	6870	0.653
☑ DJI_04···	-0.119994	0.116914	-1.331138	1.000000	1.341639	1.579	0.732	3.769	2.000	4.152	7908	0.710
☑ DJI_04···	-0.012525	0.034362	-1.122253	1.000000	1.122849	2.062	0.846	4.275	2.000	4.822	8565	0.567
☑ DJI_04···	-0.014774	-0.008686	-1.538570	1.000000	1.538666	2.390	0.955	4.986	2.000	5.611	7587	0.680
☑ DJI_04···	0.094378	-0.115405	-1.619603	1.000000	1.626450	2.596	1.104	3.651	2.000	4.614	4811	0.773
☑ DJI_04···	0.183958	-0.083086	-1.346650	1.000000	1.361694	2.743	1.029	2.895	2.000	4.119	6202	0.690
☑ DJI_04···	0.084369	-0.274875	-0.749652	1.000000	0.802902	2.863	1.223	1.950	2.000	3.674	6034	0.701
☑ DJI_04···	0.359395	-0.237745	-0.631416	1.000000	0.764444	2.997	1.187	2.321	2.000	3.972	6945	0.766
☑ DJI_04···	0.269204	-0.210508	-0.917810	1.000000	0.979367	3.097	4.919	2.110	2.000	6.184	4227	1.407
Total Error	0.417374	0.491663	0.687657		0.942764	6.062	1.380	2.115		6.567		

图 7-34 航图 POS 解算精度

可见，拍摄位置的水平估计误差为 0.4～0.5m，垂直估计误差约为 0.68m，综合定位误差为 0.942m，姿态角误差分别为 6.06°、1.38°和 2.12°。

但由地面控制点误差可见，初步得到的稀疏点云模型在实际地面控制点处有 0.235m 的经度误差、0.609m 的纬度误差和 10.33m 的高程误差(图 7-35)。显然，地面控制点的精度远高于该结果，因此需要使用地面控制点优化相机参数。

Markers	Long. err (m)	Lat. err (m)	Alt. err (m)	Accuracy (m)	Error (m)	Projections	Error (pix)
☐ point 1	0.442322	-0.432148	-10.561075	0.008/0.015	10.579164	37	1.045
☐ point 2	0.382282	-0.454516	-10.598711	0.008/0.015	10.615338	47	1.145
☐ point 3	0.228814	-0.629250	-10.547664	0.008/0.015	10.568894	47	3.670
☐ point 4	0.384117	-0.713669	-10.536247	0.008/0.015	10.567372	40	0.787
☐ point 5	0.434661	-0.753075	-10.526494	0.008/0.015	10.562345	33	0.642
☐ point 6	0.418361	-0.859153	-10.517632	0.008/0.015	10.560954	33	2.376
☐ point 7	0.335915	-0.596823	-10.370312	0.008/0.015	10.392901	34	2.128
☐ point 8	0.289768	-0.512915	-10.388102	0.008/0.015	10.404793	52	1.723
☐ point 9	0.308328	-0.462247	-10.446754	0.008/0.015	10.461520	51	2.726
☐ point 10	0.218402	-0.438497	-10.508675	0.008/0.015	10.520087	46	1.621
☐ point 11	0.224294	-0.275251	-10.471566	0.008/0.015	10.477584	49	1.259
☐ point 12	0.192034	-0.350067	-10.491393	0.008/0.015	10.498988	40	0.887
☐ point 13	0.164007	-0.399008	-10.416933	0.008/0.015	10.425862	37	0.821
☐ point 14	-0.022084	-0.366750	-10.337527	0.008/0.015	10.344054	36	0.993
☐ point 15	-0.020547	-0.470359	-10.254778	0.008/0.015	10.265580	34	1.709
☐ point 16	0.048503	-0.505319	-10.262592	0.008/0.015	10.275139	42	3.471
☐ point 17	0.153291	-0.588807	-10.296971	0.008/0.015	10.314931	37	1.135
☐ point 18	0.277469	-0.580010	-10.339455	0.008/0.015	10.359427	36	4.451
☐ point 19	-0.006603	-0.723890	-10.270402	0.008/0.015	10.295884	44	3.469
☐ point 20	0.051628	-0.737775	-10.225641	0.008/0.015	10.252352	42	3.838
☐ point 21	0.005416	-0.634646	-10.184219	0.008/0.015	10.203975	38	2.104
☐ point 22	-0.100668	-0.621372	-10.138420	0.008/0.015	10.157943	36	1.604
☐ point 23	-0.148880	-0.606667	-10.062069	0.008/0.015	10.081441	36	5.186
☐ point 24	-0.172223	-0.566287	-10.024143	0.008/0.015	10.041603	33	4.363
☐ point 25	-0.246198	-0.639170	-10.066879	0.008/0.015	10.090154	29	1.162
☐ point 26	-0.143973	-0.625875	-10.132909	0.008/0.015	10.153240	41	2.526
☐ point 27	-0.015026	-0.728776	-10.152569	0.008/0.015	10.178703	38	3.502
☐ point 28	0.162451	-0.788818	-10.206137	0.008/0.015	10.237864	36	3.854
☐ point 29	0.137540	-0.833735	-10.279175	0.008/0.015	10.313849	38	1.750
☐ point 30	0.078143	-0.813937	-10.296571	0.008/0.015	10.328987	29	0.881
Total Error							
Control p···							
Check poi···	0.235282	0.609316	10.331693		10.352319		2.572

图 7-35 地面控制点误差指标示意图

7.6.5 地面控制点标记

首先，将地面控制点量测坐标导入软件中，建立地面控制点；其次，直接在稀疏点云或者正射影像成果中对各控制点逐一进行标记，根据之前估计得到的相机参数和模型中的控制点，PhotoScan 软件可以通过光束投影得到其在各航图上的估计位置；最后，对每个控制点在航图上的估计位置进行检查与修正，将其标识于准确的图像位置，最终得到完整准确的控制点系统。

7.6.6　相机参数优化

根据建立的控制点系统通过光束法平差对相机的参数进行优化。在进行优化前，首先在连接点稀疏点云中将目标区域分割出来，排除无关部分的影响；其次通过视觉观察，将明显远离地形表面的粗差点进行人工剔除；最后结合连接点的精度指标，设定相应的阈值，将误差较大的连接点剔除。

在 Reference 面板中选择部分控制点作为参考点，然后在参考点精度参数设置中对参考点的量测精度、重投影精度以及连接点的重投影精度进行设定(图 7-36)。PhotoScan 软件就可以根据参考点与选定的参数计算出更准确的相机参数。

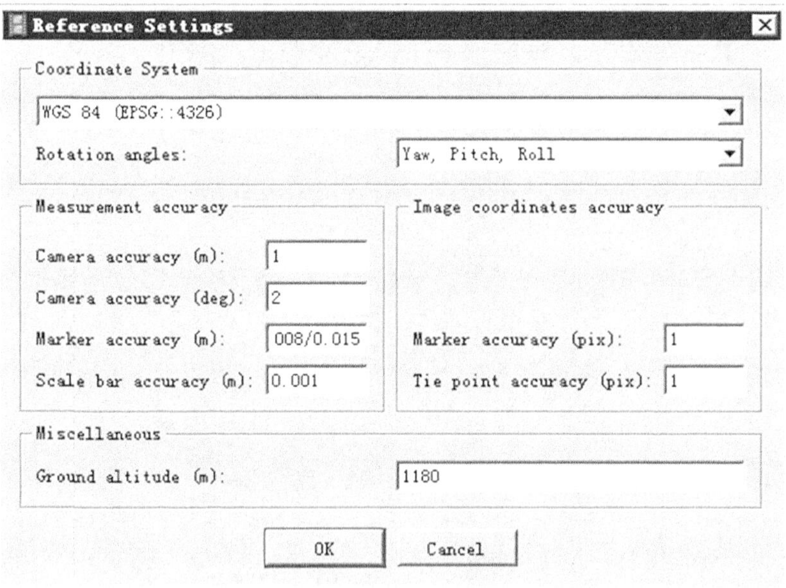

图 7-36　地理参考系与精度设置

在参数优化结束后，可以在 Reference 面板中直观地看到参考点与检查点的精度，而在项目信息中，可以查看到优化后的连接点重投影精度。需要注意的是，一次优化后并不一定能够直接得到较为准确的相机参数。通常需要在一次优化后，采用人工检查的方法对明显的粗差点进行剔除，并不断调整阈值，降低稀疏点云的误差。最终，通过 4 次优化将该航测任务的控制点重投影误差降低到 0.538 pixel

左右，连接点的均方根重投影误差也降低到了 0.51 pixel 左右。最大重投影误差降为约 7.8 pixel(图 7-37)。

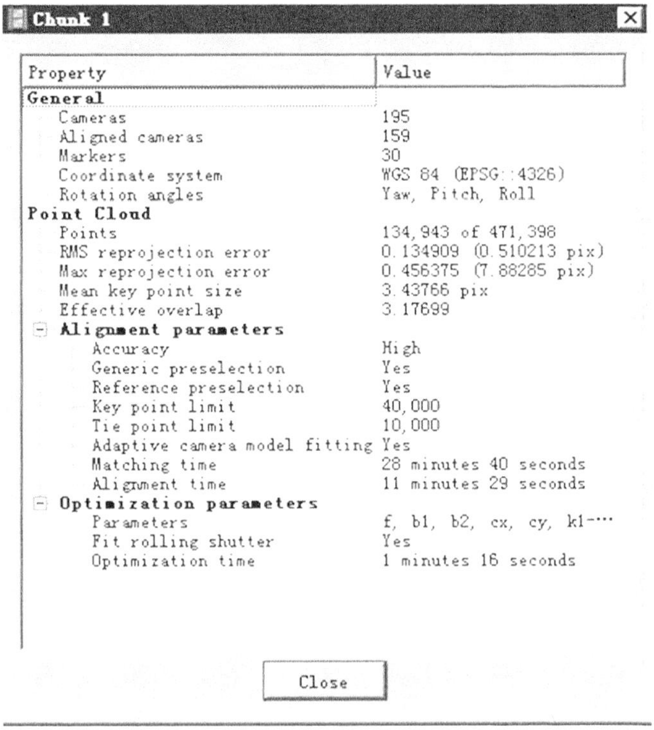

图 7-37　优化后的连接点质量指标

表 7-3 与表 7-4 分别为地面参考点与检查点的误差。可见，地面检查点的 X 误差约为 7cm，Y 误差约为 7cm，Z 误差约为 1.8cm，总体误差约为 10cm。可以看到检查点的各项误差与地面参考点接近，说明检查点的误差可以反映整体的误差水平。

表 7-3　地面控制点(参考点)的误差

编号	总体误差/m	X 误差/m	Y 误差/m	Z 误差/m
point 1	0.161191	0.123929	−0.102224	0.013206
point 2	0.039888	0.001235	−0.03751	0.013509
point 4	0.078411	0.000605	−0.073852	0.026342
point 5	0.081865	0.053454	−0.05765	0.022827
point 7	0.162863	0.075758	0.138823	0.038902
point 8	0.095691	0.076878	0.056463	0.007639

续表

编号	总体误差/m	X误差/m	Y误差/m	Z误差/m
point 10	0.071555	–0.047243	–0.052793	–0.010052
point 11	0.039372	0.004507	0.038915	0.003931
point 13	0.025231	0.001284	0.014053	–0.020916
point 14	0.142656	–0.113635	0.084021	–0.019452
point 16	0.091962	–0.025335	0.088207	–0.005888
point 17	0.100695	0.021766	0.098215	–0.004421
point 19	0.138637	–0.136782	0.018724	0.012664
point 20	0.054012	–0.014334	–0.052072	–0.000549
point 22	0.079778	0.019213	–0.064894	–0.04224
point 23	0.133973	0.049942	–0.124283	–0.002849
point 25	0.089551	–0.085775	–0.00894	–0.024125
point 26	0.094532	–0.081331	0.044886	–0.017516
point 28	0.090798	0.090277	0.009635	–0.001252
point 29	0.024977	–0.014335	–0.017635	0.010361
整体误差	0.098649	0.067177	0.069749	0.018816

表 7-4 地面控制点(检查点)的误差

编号	总体误差/m	X误差/m	Y误差/m	Z误差/m
point 3	0.162269	–0.129594	–0.097143	0.010002
point 6	0.092623	0.017127	–0.08436	0.034191
point 9	0.060918	0.055298	–0.015566	0.02027
point 12	0.088498	–0.030584	–0.082782	0.006614
point 15	0.081789	–0.057462	0.057059	–0.011482
point 18	0.154773	0.084942	0.128585	0.014329
point 21	0.020639	0.01473	–0.004886	–0.013606
point 24	0.085277	0.06402	–0.055942	–0.006633
point 27	0.030733	0.013245	0.008722	–0.026325
point 30	0.136496	–0.110837	0.07698	0.020508
整体误差	0.1021622	0.0695514	0.072521	0.0184486

对地面控制点的误差进行深入统计分析，得到 X 误差、Y 误差、Z 误差与总体误差的统计指标见表 7-5。

表 7-5　独立切沟地面控制点误差统计指标

误差类别	控制点类别	统计指标/m						
		均值	方差	最小值	第一四分位数	中位数	第三四分位数	最大值
X 误差	1	3.9×10^{-6}	0.06892	−0.13678	−0.03629	0.00126	0.0517	0.12393
	2	−0.00791	0.07284	−0.12959	−0.05746	0.01399	0.0553	0.08494
Y 误差	1	4.45×10^{-6}	0.07156	0.12428	−0.05522	3.475×10^{-4}	0.05067	0.13882
	2	−0.00693	0.07609	−0.09714	−0.08278	−0.01023	0.05706	0.12859
Z 误差	1	6.05×10^{-6}	0.0193	−0.04224	−0.01378	-9.005×10^{-4}	0.01294	0.0389
	2	0.00479	0.01878	−0.02633	−0.01148	0.00831	0.02027	0.03419
总体误差	1	0.08988	0.04171	0.02498	0.06278	0.09017	0.11733	0.16286
	2	0.0914	0.04811	0.02064	0.06092	0.08689	0.1365	0.16227

注：控制点类别 1 为参考点，控制点类别 2 为检查点。

由表 7-5 可见，*X*、*Y*、*Z* 三个方向上的误差均值均为毫米级，说明生成的模型没有显著的系统误差。各方向上，参考点与检查点的统计指标基本接近，说明两者的误差分布相符，检查点可以代表整体的模型误差情况。根据统计指标生成各方向上误差的箱形图如图 7-38 所示。由图可见，参考点与检查点的各方向误差中位数与均值基本接近。参考点的误差基本对称分布，检查点的误差存在一定的正负偏移，所有误差都没有异常值。

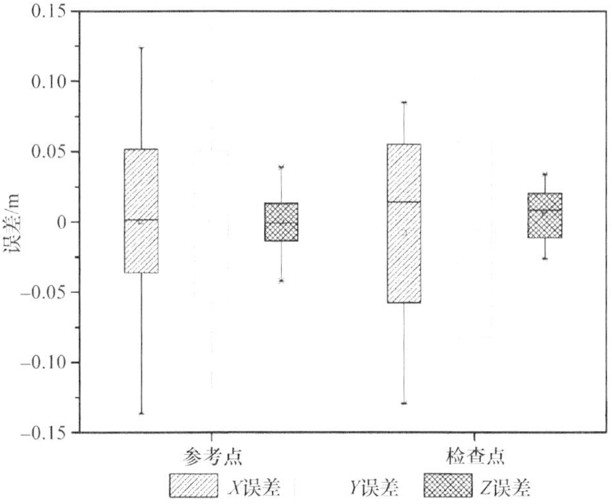

图 7-38　独立切沟误差箱形图

根据国家测绘局在 2010 年发布的《低空数字航空摄影测量内业规范》

(CH/Z 3003—2010)，数字线划图(B 类)与数字正射影像图(B 类)的地物点对附近野外控制点的平面位置中误差不应大于表 7-6 的规定。数字线划图(B 类)的高程注记点和等高线附近野外控制点的高程中误差不应大于表 7-7 的规定。其中，地形分类的定义来自《1：500，1：1000，1：2000 地形图航空摄影测量数字化测图规范》(GB 15967—2008)，具体规定如下所示。

(1) 平地：绝大部分地面坡度在 2°以下的地区。

(2) 丘陵地：绝大部分地面坡度在 2°～6°的地区。

(3) 山地：绝大部分地面坡度在 6°～25°的地区。

(4) 高山地：绝大部分地面坡度在 25°以上的地区。

可见，独立切沟的坡度满足山地地形的定义。

表 7-6　平面位置中误差　　(单位：m)

项目	比例尺 1：500		比例尺 1：1000		比例尺 1：2000	
地形类型	平地/丘陵地	山地/高山地	平地/丘陵地	山地/高山地	平地/丘陵地	山地/高山地
地物点	0.6	0.8	1.2	1.6	2.5	3.75

表 7-7　高程中误差　　(单位：m)

项目		比例尺 1：500				比例尺 1：1000				比例尺 1：2000			
		平地	丘陵地	山地	高山地	平地	丘陵地	山地	高山地	平地	丘陵地	山地	高山地
基本等高距		1.0	1.0	1.0	2.0	1.0	1.0	2.0	2.0	2.5	2.5	5.0	5.0
中误差	注记点	0.5	0.5	0.7	1.5	0.5	0.5	1.2	1.5	1.2	1.2	2.5	3.0
	等高线	0.7	0.7	1.0	2.0 地形变换点	0.7	0.7	1.5 地形变换点	2.0 地形变换点	1.5	1.5	3.0 地形变换点	4.0 地形变换点

独立切沟的水平中误差为 X 误差(error$X$)与 Y 误差(error$Y$)的均方根，由 error$X$=0.0695514m，error$Y$=0.072521m，可得平面位置中误差 errorXY=0.071051716m。因此，地面控制点精度满足 1：500 比例尺数字线划图(B 类)与数字正射影像图(B 类)的要求。高程中误差即为 Z 误差 error$Z$=0.0184486m，同样满足 1：500 比例尺数字线划图(B 类)的高程注记与等高线标注的要求。

7.6.7　稠密点云构建

根据优化得到的相机参数与各航图，可以构建出航摄区域的稠密点云模型。

设定稠密点云质量参数为 High，滤波方法为 Aggressive。得到包含 16494336 个点的稠密点云(图 7-39、图 7-40)。由图可见，稠密点云详细反映了切沟的表面形态，点密度较高且基本分布均匀，除了沟头内凹的小块区域空洞外，在沟壁、沟头部分没有明显的空洞。

图 7-39　稠密点云俯视图

图 7-40　稠密点云立体视图

7.6.8　DEM 模型构建

通过稠密点云插值构建 DEM 模型，得到尺寸为 5190×4275 的独立切沟 DEM 模型，分辨率为 1.09 cm/pixel(图 7-41)。

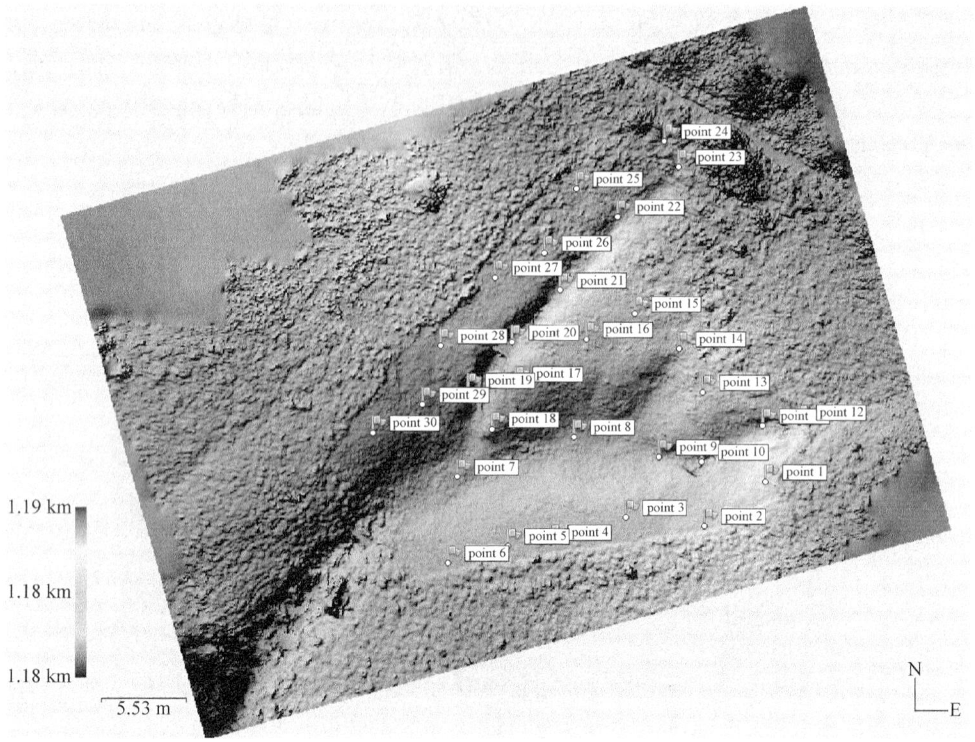

图 7-41　由稠密点云构建出的栅格高程模型

7.6.9　TIN 模型构建

通过稠密点云构建 TIN 模型，表面类型设为 Arbitrary，质量设为 High，采用插值方法填补细小空洞。生成了包含 3298802 个三角面片的独立切沟 TIN 模型。然后对其进行纹理映射，得到描述独立切沟地形与表面纹理的 TIN 模型(图 7-42)。

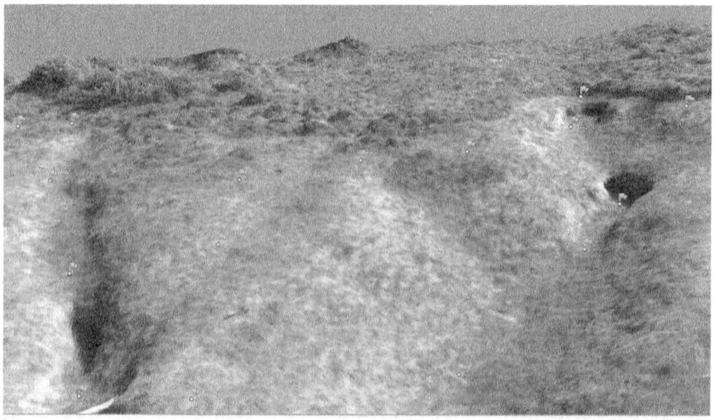

图 7-42　由稠密点云构建出的三角网格模型

由图可见，模型与真实地形基本相符，包括内凹的沟头与沟壁都能够正确建模。

7.6.10　正射影像构建

通过独立切沟的 TIN 模型构建其正射影像，生成尺寸为 9744×8315 的正射影像，分辨率为 5.47 mm/pixel(图 7-43)。将其与微软 Bing 卫星影像对比，可见得到的正射影像的分辨率远高于卫星影像，能够详细地描述独立切沟的形态。

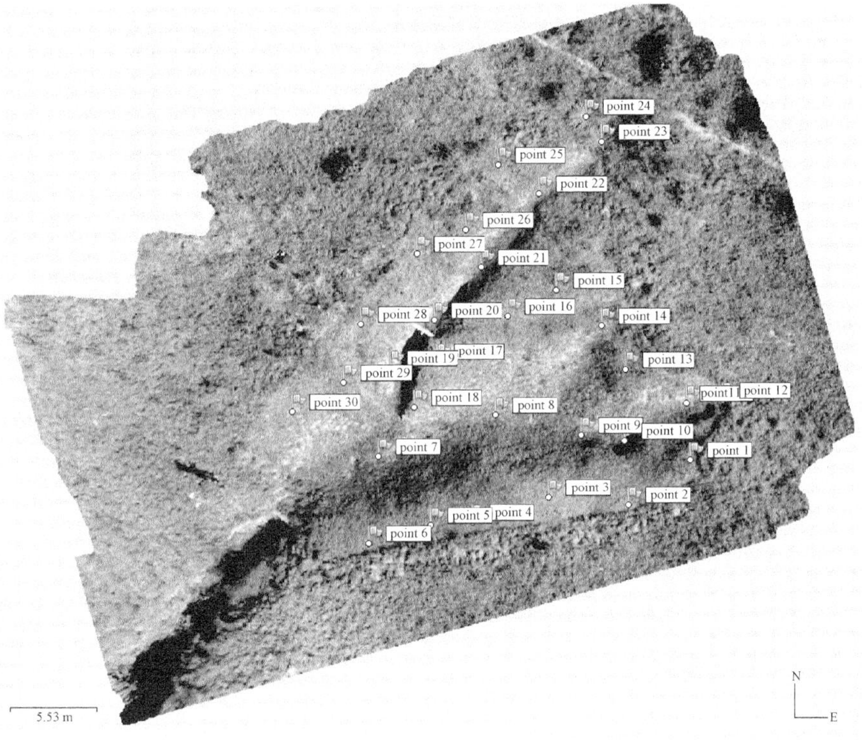

图 7-43　正射影像成果

7.7　整体沟系实验结果与分析(正射摄影)

7.7.1　航图获取

如图 7-44 与图 7-45 所示，整体沟系的任务区域设置为一个 172m×183m 的正方形，方向沿沟系的发展方向。飞行高度设为 40m，重叠度为 80%，航路总长 2037m。因为区域范围较大且地形起伏尺度相对于飞行高度可以接受，所以采用 Z 字形航路模板，相机角度设为 90°，即垂直向下，起飞点为沟系顶端的一小块平地。无人机于 2016 年 9 月 14 日上午 11 点 52 分起飞，然后飞至矩形左上角开始执行航路任务。经过 11 分 27 秒的飞行后完成航路任务并降落，共获得了 216 张航图。

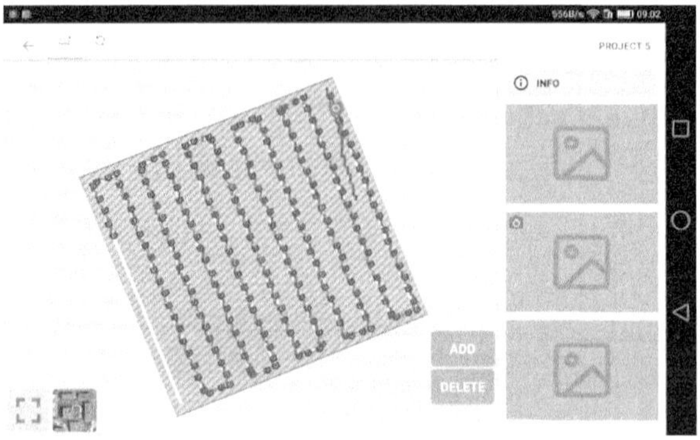

图 7-44　整体沟系航路规划示意图

图 7-45　整体沟系航路规划参数

7.7.2　POS 信息处理

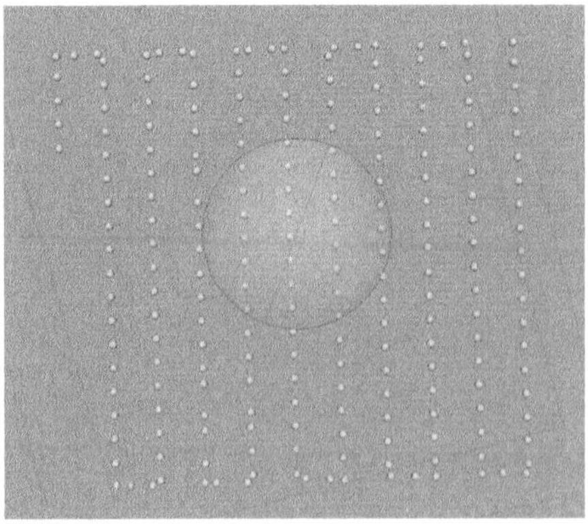

图 7-46　整体沟系航路执行情况

同样采用 ExifTool 软件，从航图中批量提取出拍摄坐标与姿态角。编辑整理为 CSV 表格文件，导入 PhotoScan 软件。在主界面中，检查各航图的拍摄点与设定的航路是否相符(图 7-46)。如图可见一条 Z 字形航路，均匀分布 11 条航带。

7.7.3　地面控制点量测

整体沟系的地面控制点布置与量测方法和独立切沟的方法相同。在沟系周围均匀布置 15 个地面控制点，采用与独立切沟相同的基准站，通过 RTK 测量得到各点的高精度坐标。与独立切沟类似，对整体沟系的 15 个地面控制点，取 8 个奇数地面控制点为参考点，7 个偶数地面控制点为检查点。与独立切沟不同，由于飞行高度较高，航图中的光盘标靶较小，对其标记的误差有可能大于 1pixel。

7.7.4　相机参数解算与优化

以航图为输入，设定 Key point limit 为 40000，Tic point limit 为 8000，精度级别为 Highest，航图匹配采用 Reference preselection 方法，相机内参模型采用默认参数估计。

根据生成的连接点稀疏点云建立稠密点云，在稠密点云中识别并标记各地面控制点。然后对稀疏点云进行人工编辑与修整，再根据地面控制点对相机参数进行优化。每次优化后检查控制点与连接点的误差，不断剔除粗差点，最终得到精度较高的连接点与相机参数。经过 4 次优化，该航测任务的控制点的重投影误差降低到了 1.5pixel 左右，连接点的均方根重投影误差也降低到了 0.64pixel 左右(图 7-47)。

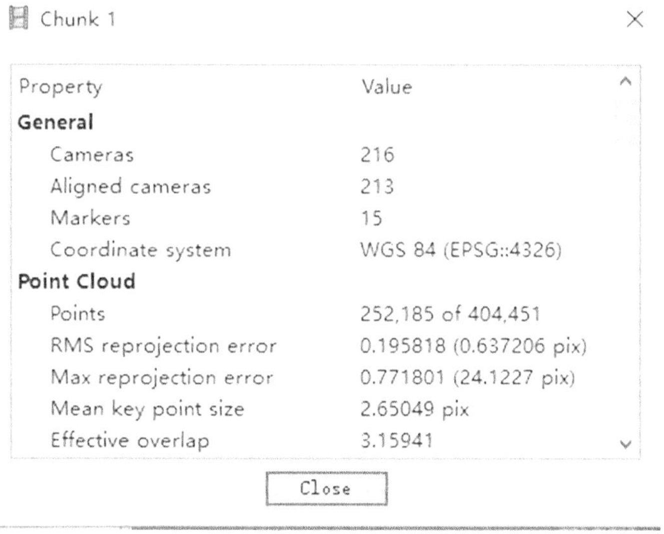

图 7-47　连接点质量指标

表 7-8 与表 7-9 分别为参考点与检查点的误差。可见地面检查点的 X 误差约为 8.4cm，Y 误差约为 5cm，Z 误差约为 6cm，总体误差约为 11.5cm。可以看到检查点的 Y 误差与地面参考点接近，而 X 误差与垂直误差是地面参考点的近 2 倍。

表 7-8　地面控制点(参考点)误差

编号	总体误差/m	X 误差/m	Y 误差/m	Z 误差/m
point 1	0.05253	0.028218	0.039788	0.019494
point 3	0.050443	0.029606	−0.025197	0.032141
point 5	0.063271	−0.054254	−0.021204	−0.024703
point 7	0.075179	−0.024817	0.053924	−0.046133
point 9	0.087741	−0.036986	−0.002046	0.079539
point 11	0.130759	0.061802	−0.110961	0.031082
point 13	0.054089	0.04715	−0.026443	0.001802
point 15	0.134794	−0.050813	0.091187	−0.085278
整体误差	0.087214	0.043624	0.057994	0.048373

表 7-9　地面控制点(检查点)误差

编号	总体误差/m	X 误差/m	Y 误差/m	Z 误差/m
point 2	0.063343	0.009332	−0.059361	0.02004
point 4	0.096854	0.081339	0.048613	0.020038
point 6	0.203211	0.178781	−0.038396	−0.088643
point 8	0.065494	0.061666	0.010695	−0.019297
point 10	0.118746	0.054861	0.007251	0.105064
point 12	0.075094	0.033745	0.047774	−0.047096
point 14	0.120991	0.056618	0.090037	−0.057677
整体误差	0.115483	0.084365	0.050592	0.060493

对地面控制点的误差进行深入分析，得到 *X* 误差、*Y* 误差、*Z* 误差与总体误差的统计指标见表 7-10。由表可见，*X*、*Y*、*Z* 三个方向上的误差均值均为毫米级，说明生成的模型没有显著的系统误差。*X* 方向上，检查点的误差相对参考点整体偏高，甚至出现了一个误差大于区间的粗差点 point 6；*Y* 方向上，参考点与检查点的统计指标基本接近；*Z* 方向上，检查点相对参考点的误差也偏高。根据统计指标生成各方向上误差的箱形图如图 7-48 所示。由图可见，参考点与检查点的各方向误差中位数与均值有一定的偏差。说明整体沟系的地面控制点数量不足，分布不够密集，检查点的误差情况不能真实反映实际整体误差情况，实际的模型误差接近于检查点误差的两倍左右。

表 7-10　整体沟系地面控制点误差统计指标

误差类别	控制点类别	统计指标/m						
		均值	方差	最小值	第一四分位数	中位数	第三四分位数	最大值
X 误差	1	3.9×10^{-6}	-1.175×10^{-5}	−0.05425	−0.0439	0.0017	0.03838	0.0618
	2	−0.00791	0.06805	0.00933	0.03374	0.05662	0.08134	0.17878
Y 误差	1	4.45×10^{-6}	-1.19×10^{-4}	−0.11096	−0.02582	−0.01163	0.04686	0.09119
	2	−0.00693	0.01523	−0.05936	−0.0384	0.0107	0.04861	0.09004
Z 误差	1	6.05×10^{-6}	9.93×10^{-4}	−0.08528	−0.03542	0.01065	0.03161	0.07954
	2	0.00479	−0.00965	−0.08864	−0.05768	−0.0193	0.02004	0.10506
总体误差	1	0.08988	0.0811	0.05044	0.05331	0.06922	0.10925	0.13479
	2	0.0914	0.10625	0.06334	0.06549	0.09685	0.12099	0.20321

注：控制点类别 1 为参考点，控制点类别 2 为检查点。

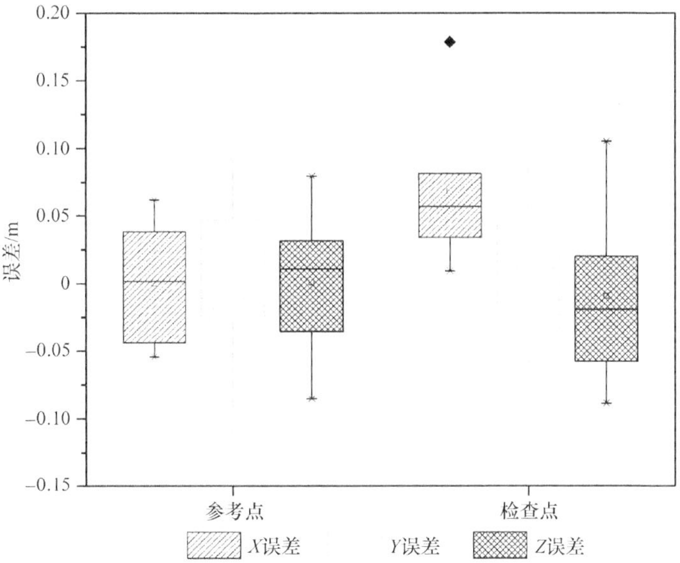

图 7-48　整体沟系误差箱形图

由 error$X$=0.050592m，error$Y$=0.060493m，可得整体沟系的平面位置中误差 errorXY=0.055762682m。因此，地面控制点精度满足比例尺 1∶500 数字线划图(B 类)与数字正射影像图(B 类)的要求。高程中误差即为 Z 误差 error$Z$=0.084365288m，同样满足比例尺 1∶500 数字线划图(B 类)的高程注记与等高线标注的要求。

最终得到相机内参数为如图 7-49 所示。可见各参数求解精度较高，除了焦距 f 与 k_1、k_2 以及 k_1～k_4 存在相关性外，其他参数间不具有显著的相关性。该相机模型的误差如图 7-50 所示，可见相机模型基本符合，但四角误差较大。

	Value	Error	f	C_x	C_y	B_1	B_2	K_1	K_2	K_3	K_4	P_1	P_2
f	2397.47	1.41452	1.00	0.12	0.05	−0.30	−0.15	−0.94	0.88	−0.59	0.57	−0.08	−0.07
C_x	−1.55345	0.0545398		1.00	−0.04	−0.07	−0.24	−0.16	0.11	−0.08	0.06	−0.59	0.01
C_y	0.535804	0.0629746			1.00	0.15	0.17	−0.10	0.03	0.01	−0.03	0.11	−0.64
B_1	0.810845	0.063404				1.00	0.09	0.25	−0.26	0.19	−0.19	0.12	−0.14
B_2	−0.402213	0.0545463					1.00	0.13	−0.14	0.11	−0.11	0.30	−0.19
K_1	−0.143786	0.000186979						1.00	−0.96	0.78	−0.74	0.06	0.13
K_2	0.142948	0.000385849							1.00	−0.90	0.87	−0.08	−0.06
K_3	−0.0494746	0.000305185								1.00	−0.99	0.07	0.03
K_4	0.0160473	0.000136438									1.00	−0.08	−0.01
P_1	0.000516812	9.39014e−06										1.00	−0.15
P_2	−3.75052e−05	1.08505e−05											1.00

图 7-49　整体沟系最终得到的相机内参数

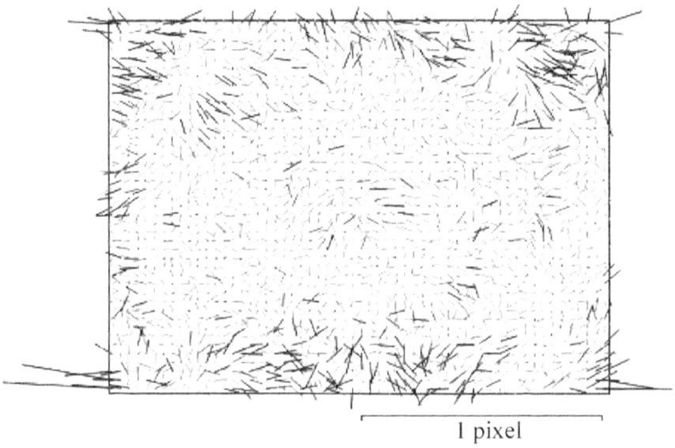

图 7-50　整体沟系最终得到的相机模型的误差图

7.7.5　DEM 模型构建

根据优化得到的相机参数，生成稠密点云。稠密点云质量设为中等，生成了 12271282 个点，点密度为 195.127 点/m^2。根据稠密点云插值得到 DEM 模型(图 7-51)。DEM 尺寸为 4794×4096，分辨率为 7.16cm/pixel。

7.7.6　正射影像生成

根据 DEM 进一步构建正射影像,生成尺寸为 18256×15028 的正射影像(图 7-52),分辨率为 1.79 cm/pixel。将整体沟系的正射影像叠加于分辨率为 0.298 m/pixel 的微软 Bing 地图卫星影像上(图 7-53)。可见生成的正射影像与卫星影像整体相符，且分辨率显著提高。

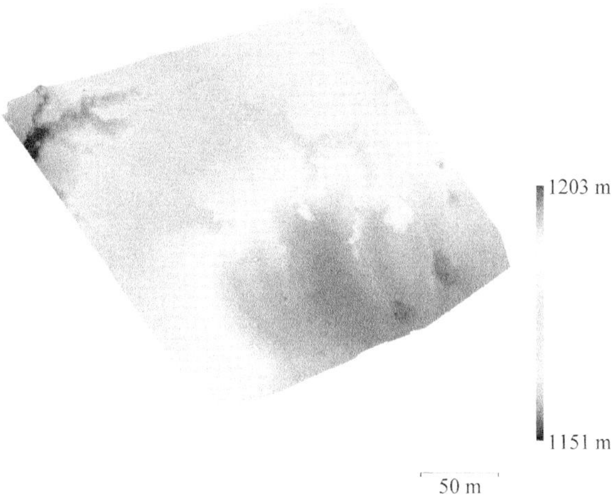

图 7-51　整体沟系生成的 DEM 模型

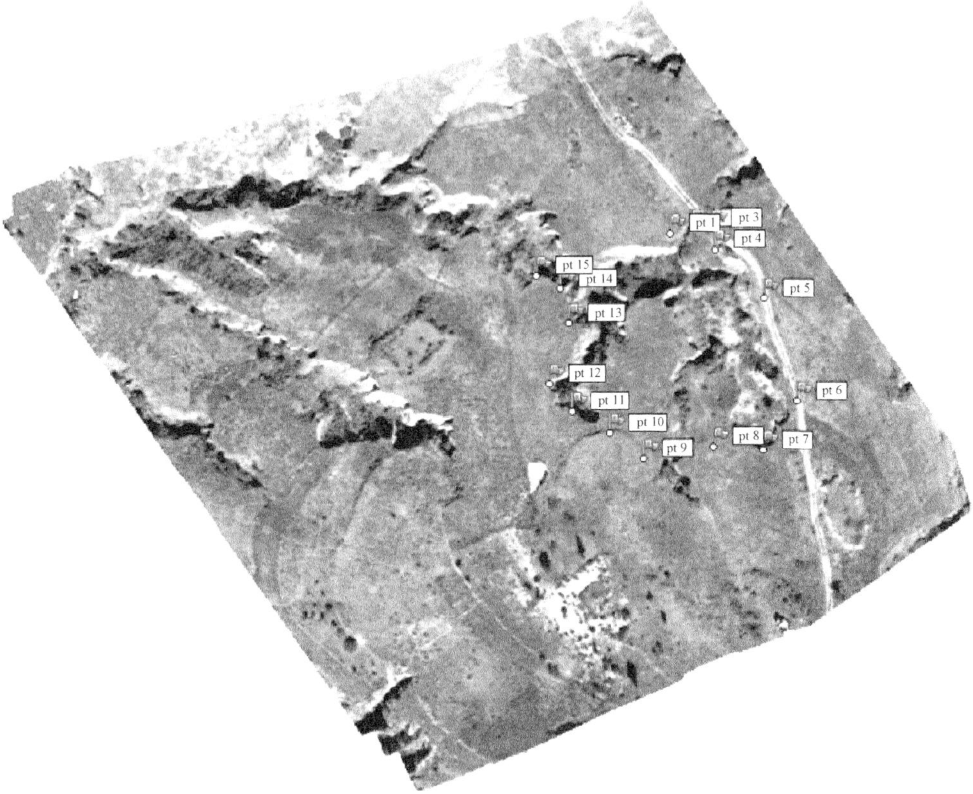

图 7-52　整体沟系生成的正射影像

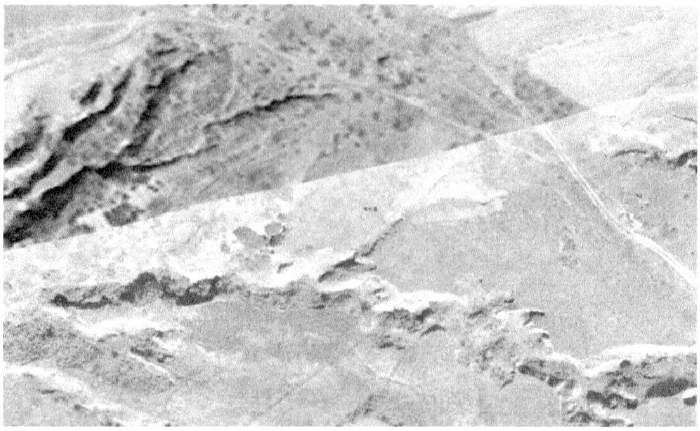

图 7-53　整体沟系生成的正射影像与 Bing 卫星地图叠加

通过内外业处理，实现了对目标区域侵蚀沟的航摄与建模，整体航摄与建模效率较高。在高精度的地面控制点辅助下构建得到的高分辨率可量测三维地形模型，对侵蚀沟的研究具有较好的辅助作用，说明依托无人机的侵蚀沟建模与监测具有较好的应用前景。

参 考 文 献

狄颖辰, 陈云坪, 陈莹莹, 等, 2011. 无人机图像拼接算法综述[J]. 计算机应用, 31(1):170-174.

钱江, 吕孝雷, 邢孟道, 等, 2010. 机载三通道 SAR/GMTI 快速目标运动参数估计[J]. 西安电子科技大学学报(自然科学版), 37(2):235-241.

邢孟道, 保铮, 2001. 基于运动参数估计的 SAR 成像[J]. 电子学报, 29(1):1824-1828.

禹晶, 徐东彬, 廖庆敏, 2011. 图像去雾技术研究进展[J]. 中国图象图形学报, 16(9):1561-1576.

AGRAWAL M, KONOLIGE K, BLAS M R, 2008. CenSurE: Center surround extremas for realtime feature detection and matching[C]. European conference on computer vision: 102-115.

BAY H, TUYTELAARS T, GOOL L V, 2006. SURF: Speeded up robust features[J]. Computer vision and image understanding, 110(3):404-417.

BROWN D C, 1966. Decentering the distortion of lenses[J]. Photogrammetric engineering, 32(1): 444-462.

D'OLEIREOLTMANNS S, MARZOLFF I, PETER K D, et al., 2012. Unmanned aerial vehicle (UAV) for monitoring soil erosion in morocco[J]. Remote sensing, 4(11):3390-3416.

KALAL Z, MIKOLAJCZYK K, MATAS J, 2010. Forward-backward error: Automatic detection of tracking failures[C]. 20th international conference on ICPR: 2756-2759.

LAND E H, 1977. The retinex theory of color vision[J]. Scientific American, 237(6):108.

LEVIN A, FERGUS R, DURAND F, et al., 2007. Image and depth from a conventional camera with a coded aperture[J]. ACM transactions on graphics, 26(3):70.

LIANG Y, LIU L, XU Y, et al., 2011. Multi-task GLOH feature selection for human age estimation[C]. 18th IEEE international conference on ICPR: 565-568.

MIKOLAJCZYK K, SCHMID C, 2005. A performance evaluation of local descriptors[J]. IEEE transactions on pattern analysis and machine intelligence, 27(10):1615-1630.

MIKOLAJCZYK K, TUYTELAARS T, SCHMID C, et al., 2005. A comparison of affine region detectors[J]. International journal of computer vision, 65(1-2):43-72.

SIEBERT S, TEIZER J, 2014. Mobile 3D mapping for surveying earthwork projects using an unmanned aerial vehicle (UAV) system[J]. Automation in construction, 41(2):1-14.

TURNER D, LUCIEER A, WATSON C, 2012. An automated technique for generating georectified mosaics from ultra-high resolution unmanned aerial vehicle (UAV) imagery, based on structure from motion (SfM) point clouds[J]. Remote sensing, 4(5):1392-1410.

YUAN L, SUN J, QUAN L, et al., 2007. Image deblurring with blurred/noisy image pairs[J]. ACM transactions on graphics, 26(3):204-213.

ZHANG Z, 2000. A flexible new technique for camera calibration[J]. IEEE transactions on pattern analysis and machine intelligence, 22(11):1330-1334.

ZHANG Z, 2004. Camera calibration with one-dimensional Objects[J]. IEEE transactions on pattern analysis and machine intelligence, 26(7):892-901.

ZHUANG H, WANG K, ROTH Z S, 1995. Simultaneous calibration of a robot and a hand-mounted camera[J]. IEEE transactions on robotics and automation, 11(5):149-154.